新世纪普通高等教育机械类课程规划教材
国家级一流本科课程配套教材

Fundamentals of Control Engineering

控制工程基础

主 编 孙 晶 张 洋 王林涛
副主编 马 赛 刘行健 王 宇
　　　 刘吉宇

大连理工大学出版社

图书在版编目(CIP)数据

控制工程基础 / 孙晶,张洋,王林涛主编. -- 大连：大连理工大学出版社,2024.8.(2024.12重印) -- ISBN 978-7-5685-5113-7

Ⅰ.TP13

中国国家版本馆 CIP 数据核字第 2024WM8333 号

KONGZHI GONGCHENG JICHU

大连理工大学出版社出版

地址：大连市软件园路 80 号　邮政编码：116023
营销中心：0411-84707410　84708842　邮购及零售：0411-84706041
E-mail:dutp@dutp.cn　URL:https://www.dutp.cn
大连图腾彩色印刷有限公司印刷　　　大连理工大学出版社发行

幅面尺寸:185mm×260mm　　　印张:15.25　　　字数:352千字
2024 年 8 月第 1 版　　　　　　2024 年 12 月第 2 次印刷

责任编辑:王晓历　　　　　　　　　　　　　　责任校对:孙兴乐
　　　　　　　　　封面设计:对岸书影

ISBN 978-7-5685-5113-7　　　　　　　　　　　　定　价:51.80 元

本书如有印装质量问题,请与我社营销中心联系更换。

前言

　　控制工程基础是工程控制论的基础理论,是利用控制理论解决工程实际问题的一门重要技术学科。本教材旨在为学生和相关技术人员提供系统建模、时频域分析、系统校正等经典控制理论的基本概念、基本原理及基本方法,以便于读者掌握分析和解决控制系统动态问题的能力,从而更好地应对实际工程中的挑战。

　　为增强教材的实用性和针对性,编者特别引入了机械工程领域的相关应用实例。这些实例对于读者理解理论知识、将理论应用于实际工程,以及分析复杂控制系统动态问题均有重要帮助,尤其对学生读者毕业后在工程领域的职业发展具有重要意义。本教材在每章的开头给出了有关该章核心和难点的框图,不仅能起到预习指导作用,对全章知识脉络的梳理也具有重要作用。

　　本教材响应党的二十大精神,提供了与控制理论知识点深度融合的思政案例库,主要包括工程师必备的工程素养、工程师的非技术能力、从科学家到我们,以及控制理论与人生哲理等多个专栏。思政案例以二维码的形式放置于与其相对应的知识点附近,贯穿全书。思政案例不仅丰富了教材内容,也令读者在学习专业知识的同时得到思想上的启发。

　　附录 A 给出拉普拉斯变换、逆变换的定义及拉普拉斯变换的性质,并给出应用实例。附录 B 给出了与教材章节内容对应的 MATLAB 应用实例,使得前述章节中有关控制系统的分析和设计更加直观、更加精确。

　　本教材由大连理工大学孙晶、张洋、王林涛任主编,大连理工大学马赛、刘行健、王宇,东北林业大学刘吉宇任副主编。具体编写分工如下:第 1 章、第 6 章、每章知识点框图及所有课后习题由孙晶编写;第 2 章由刘行健、王宇编写;第 3 章由王林涛编写;第 4 章由马赛编写;第 5 章由张洋编写;附录 A 及附录 B 由刘吉宇编写。大连理工大学雷宜达同学编写了附录 B 中的程序。本教材由孙晶统稿并定稿。

在编写本教材的过程中，编者参考、引用和改编了国内外出版物中的相关资料及网络资源，在此表示深深的谢意！相关著作权人看到本教材后，请与出版社联系，出版社将按照相关法律的规定支付稿酬。

限于水平，书中仍有疏漏和不妥之处，敬请专家和读者批评指正，以使教材日臻完善。

编 者

2024 年 8 月于大连

所有意见和建议请发往：dutpbk@163.com

欢迎访问高教数字化服务平台：https://www.dutp.cn/hep/

联系电话：0411-84708462　84708445

目录

第1章 绪 论 1
  1.1 从自动控制到控制论 2
  1.2 工程控制论与控制工程基础 4
  1.3 控制理论发展简史 4
  1.4 控制系统的工作原理 11
  1.5 控制系统的基本类型 16
  1.6 本教材主要内容 21

第2章 控制系统的数学模型 24
  2.1 控制系统的微分方程建模 25
  2.2 控制系统的传递函数建模 33
  2.3 传递函数框图 39
  2.4 信号流程图与梅森增益公式 46

第3章 时间响应分析法 51
  3.1 一阶系统的时间响应 53
  3.2 二阶系统的时间响应 56
  3.3 高阶系统的时间响应 66
  3.4 时间响应性能指标 68
  3.5 控制系统的稳定性 75
  3.6 控制系统的稳态误差 84

第4章 根轨迹分析法 95
  4.1 根轨迹的基本概念 96
  4.2 绘制根轨迹的基本规则 100
  4.3 根轨迹法的应用 112

第 5 章　频率特性分析法 ………………………………………………… 123

5.1　频率特性分析概述 …………………………………………………… 124
5.2　频率特性的图形表示法 ……………………………………………… 128
5.3　开环频率特性的图形表达 …………………………………………… 146
5.4　几何稳定判据 ………………………………………………………… 152
5.5　控制系统的相对稳定性 ……………………………………………… 158
5.6　控制系统的闭环频率特性 …………………………………………… 162

第 6 章　控制系统的校正 …………………………………………………… 173

6.1　PID 控制规律概述 …………………………………………………… 175
6.2　PID 控制规律的串联实现 …………………………………………… 185
6.3　并联校正 ……………………………………………………………… 196
6.4　复合校正 ……………………………………………………………… 200

参考文献 …………………………………………………………………… 205

附录 A　拉普拉斯变换及其逆变换 ……………………………………… 206

A.1　拉普拉斯变换定义 …………………………………………………… 206
A.2　常见函数的拉普拉斯变换 …………………………………………… 206
A.3　拉普拉斯变换的性质 ………………………………………………… 211
A.4　拉普拉斯逆变换 ……………………………………………………… 214

附录 B　控制系统设计与分析的 MATLAB 实现 ………………………… 221

B.1　MATLAB 简介及其在控制领域的主要应用 ……………………… 221
B.2　控制系统建模的 MATLAB 实现 …………………………………… 221
B.3　控制系统时间响应的 MATLAB 实现 ……………………………… 224
B.4　根轨迹的 MATLAB 实现 …………………………………………… 230
B.5　频率特性分析的 MATLAB 实现 …………………………………… 232
B.6　控制系统设计与校正的 MATLAB 实现 …………………………… 235

第1章 绪 论

本章重点内容与学习思路

1.1 从自动控制到控制论

自动控制：为达成某种目标，对控制对象施加必要操作的动态过程；在动态过程里用反馈削弱或增强偏差，并以偏差影响和改变系统原本的动态过程

控制论：生物、社会、机器等都是通过"由反馈和循环因果律逻辑来控制的行为"来实现自身目的的

1.2 工程控制论与控制工程基础

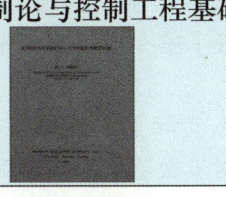

工程控制论：研究机器设备和工程系统自动控制问题的技术科学，是控制论与工程技术交叉融合而成的新兴学科

控制工程基础：工程控制论的基础理论；利用控制理论解决工程实际问题的一门技术学科；主要研究内容是工程系统动力学问题

1.3 控制理论发展简史
由自动控制技术对人类进步的无数贡献组成

- **早期控制阶段**：朴素的控制思想以及机械化
- **经典控制阶段**：控制理论与电力技术共同发展
- **现代控制阶段**：控制理论与数字化同频共振
- **智能控制阶段**：控制理论与智能化

1.4 控制系统的工作原理

1.4.1 系统建模与系统分析
- 系统：由具有因果关系变量组成的相互作用元素的集合
- 系统建模：描述系统的方程组被称为数学模型
- 系统分析：系统建模+系统响应

1.4.2 控制系统的组成

1.4.3 控制系统的特征
稳定性、准确性、快速性、鲁棒性

1.5 控制系统的基本类型

- **1.5.1 按系统来源**：自然控制、人造控制
- **1.5.2 按偏差来源**：人工控制、自动控制
- **1.5.3 按反馈形式**：开环、闭环、半闭环
- **1.5.4 按输入信号**：恒值控制、程序控制、随动控制
- **1.5.5 按传递信号**：连续控制、离散控制
- **1.5.6 按线性特性**：线性控制、非线性控制
- **1.5.7 按系统参数**：定常控制、非定常控制
- **1.5.8 按输入输出**：单变量控制、多变量控制
- **1.5.9 按回路数量**：单回路控制、多回路控制
- **1.5.10 其他**：按物理属性分类、按设备及工艺分类

1.6 本书主要内容

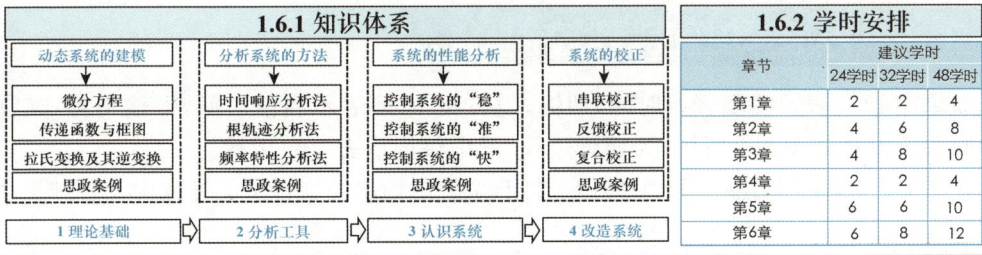

1.6.1 知识体系

动态系统的建模	分析系统的方法	系统的性能分析	系统的校正
微分方程	时间响应分析法	控制系统的"稳"	串联校正
传递函数与框图	根轨迹分析法	控制系统的"准"	反馈校正
拉氏变换及其逆变换	频率特性分析法	控制系统的"快"	复合校正
思政案例	思政案例	思政案例	思政案例

1 理论基础 ⇒ 2 分析工具 ⇒ 3 认识系统 ⇒ 4 改造系统

1.6.2 学时安排

章节	建议学时		
	24学时	32学时	48学时
第1章	2	2	4
第2章	4	6	8
第3章	4	8	10
第4章	2	2	4
第5章	6	6	10
第6章	6	8	12

1.6.3 学习方法
掌握理论基础　分析系统性能　实施系统再造　理论与实验结合　博采众长

首先，让我们从两个重要概念走进控制工程基础的世界——反馈和动态。

民以食为天，以一顿晚饭为例。

今晚18:00你要在家宴请几位好友，故一早开始准备。计划采购时间2小时，烹饪时间4小时。首先列好菜单，并根据家里食材情况整理采购清单。但就在12:00准备出门采购时，单位需要你临时加班，加班结束已是14:00。于是你调整了采购计划，放弃较远的大超市，改去附近的市场。采购后得知晚宴新增一位女性朋友。你立刻修改菜单，增加一道甜品，因此格外花费1小时，于是将原菜单中的两个复杂菜肴改为简单的蒸菜。在朋友们陆续抵达后，你发现自己忘记准备主食，于是果断下单外卖。最终宾主尽欢，难忘今宵。

如果将准备这顿晚宴相关的人员、工具、事件看作一个系统，其开始时间18:00是目标，即该系统的输入，从着手准备开始，多次出现事件"反馈"：

(1)临时加班导致若按原计划进行，晚宴开始时间要推迟到20:00，于是进行了第1次反馈调整，即为弥补加班耽误的时间而改变采购食材的地点。

(2)由于为临时增加的女性客人准备甜品，发现若按原计划进行，晚宴开始时间要推迟到19:00，于是进行了第2次反馈调整，即为新增甜品而改变菜单。

(3)在临近晚宴开始时刻，发现忘记准备主食，于是进行了第3次反馈调整，即为弥补疏忽而下单外卖。

(4)在准备晚宴的一整天里，除上述3次反馈调整之外，实际上全天都在根据晚宴开始时间18:00调整节奏，这些都是反馈。通过启动电磁炉同步做菜来加快速度，或者喝杯咖啡稍事休息，这些也是反馈。

由上述描述可知，准备晚宴的过程由于这些反馈的存在而动态变化。其中，(4)中的反馈为该动态过程的主反馈，(1)~(3)中的反馈为内反馈。反馈是一种控制方法，该方法将输出作用于输入。

在该动态(Dynamic)过程中，你要不断地看手表确定时间，此为测量(Measurement)；将结合菜品完成度及各种干扰判断的开宴时间——输出(Output)，与晚宴开始时间18:00——输入(Input)，进行比较，此为反馈(Feedback)；当前时间与晚宴开始时间的差，此为偏差(Deviation)；根据偏差调整菜单，此为执行(Actuate)。

该动态过程或该系统可用微分方程(Differential Equation)描述，各反馈过程是在微分方程的输入项和输出项之间建立某种关联，用于削弱或增强各类偏差。

对于主反馈来说，就是晚宴理想开始时间和预测晚宴开始时间之间建立的关联；对于各内反馈来说，就是各干扰出现前后的输入时间和输出时间之间建立的关联，这些关联即为偏差，对于晚宴系统而言，通过反馈环节削弱各类偏差是有意义的。这些反馈环节改变了该动态过程或系统本来的微分方程。这种改变就是系统校正。

1.1 从自动控制到控制论

如果用$r(t)$表示晚宴开始时间，即输入量；用$y(t)$表示当前时间，即输出量；晚宴时间控制系统原理如图1-1所示，为简化过程，图中仅假设有2个干扰。

在图1-1中，系统的输入为理想开宴时间，系统的输出为结合菜品完成度及各种干扰判断的开宴时间。为实现理想开宴时间，需要不断地对被控对象施加必要操作，系统及各环节的输出通过反馈不断地叠加至系统的输入端及各环节的输入端。在这一动态过程中，当系统的输入与输出的差即偏差达到某个阈值时，系统停止工作。上述这种为达成某种目标，对被控对象施加必要操作的动态过程即 自动控制（Automatic Control）。换言之，自动控制是在动态过程里用反馈削弱或增强偏差，并以偏差影响和改变系统原本的动态过程。

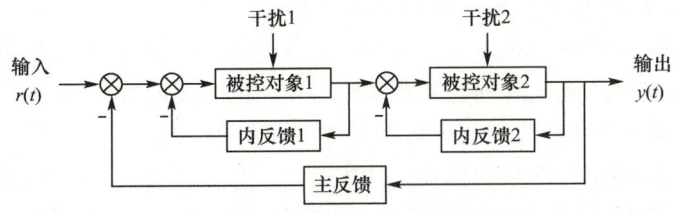

图 1-1　晚宴时间控制系统原理

几千年来，自动控制与人类社会发展息息相关。1948 年，美国应用数学家诺伯特·维纳（Norbert Wiene，1894—1964）出版对近代科学影响深远的著作《控制论》，开创了全新的交叉与边缘学科——控制科学，维纳也因此被誉为控制论创始人。如图 1-2 所示为诺伯特·维纳和不同版本的《控制论》

图 1-2　诺伯特·维纳（左）和不同版本的《控制论》（中）（右）

控制论"Cybernetics"一词亦由维纳创造，来自希腊语，原意为掌舵术，包含了调节、操纵、管理、指挥、监督等含义。维纳把生物、社会甚至机器都纳入控制论框架，认为生物、社会、机器等都是通过"由反馈和循环因果律逻辑来控制的行为"实现自身目的的。这是维纳控制论思想的源头，更是他创造"Cybernetics"这个词的基础。控制论关心的不是系统根据单独一次输入后产生的行为，而是对全部输入整体上能够做出合乎预期的行为。这里的"全部输入"是一次又一次的反馈，"合乎预期"是循环因果律逻辑，因此，从这个角度看，控制论又是统计理论，前述晚宴案例就是具有统计思想的时间控制系统。

自控制论诞生以来，它与电子技术、计算机科学与技术、神经生理学、语言学、数理逻辑、模糊数学、分形几何学、混沌理论、灰色理论、人工智能、神经网络、遗传算法、人工生命、复杂性理论等知识相互渗透，形成越来越密切的联系，逐渐衍生出多个新分支，如生物控制论、经济控制论、社会控制论、工程控制论等。不论是生物体、经济体、社会组织还是机器，尽管各属不同性质的系统，但它们都是根据周围环境的某些变化来调整和决定自己的运动。控制论是调整和决定各系统运动的理论指导。

1.2 工程控制论与控制工程基础

工程控制论（Engineering Cybernetics）由应用力学家钱学森（1911—2009）于 1954 年提出，是研究机器设备和工程系统自动控制问题的技术科学，即在没有人的直接参与下，采用控制装置使被控对象的某些物理量在既定精度范围内按照给定的规律变化。工程控制论是控制论与工程技术交叉融合而成的新兴学科。

控制工程基础（Fundamentals of Control Engineering）是工程控制论的基础理论，是一门利用控制理论解决工程实际问题的技术学科。它的主要研究内容是工程系统动力学问题，即系统状态的运动规律和改变这种运动规律的可能性与方法，建立和揭示系统的结构、参数、行为、性能间的确定与定量的关系。具体地说，它是由系统、输入与输出三者之间的动态关系构成的动力学问题，因此大致可将控制工程基础的研究内容归纳为以下 5 个方面：

(1) 给定系统，输入已知，求输出且通过输出研究系统本身，此为系统分析。
(2) 给定系统，求输入，使得输出能满足最佳要求，此为最优控制。
(3) 输入已知，确定系统使得输出满足最佳要求，此为最优设计。
(4) 输出已知，确定系统以识别输入或输入中的有关信息，此为滤波与预测。
(5) 输入与输出均已知，求系统结构与参数，即求系统的数学模型，此为系统辨识。

上述 5 个方面包括了认识系统和改造系统，前者主要指分析系统的稳定性、快速性和准确性，后者主要指改变系统的运动规律。需要说明的是，控制工程基础所研究的系统均为线性定常系统。本教材的主要内容为上述 5 个方面中的第 1 和第 5 方面，对其他 3 个方面也有提及。

1.3 控制理论发展简史

控制理论发展简史由自动控制技术对人类进步的无数贡献组成。表 1-1 为控制理论发展简史的四个典型阶段。从中不难看出，在早期控制阶段，朴素的控制思想为提高人类生产生活质量服务，随后控制理论与机械化紧密相连；在经典控制阶段，控制理论与电力技术共同发展；在现代控制阶段，控制理论与数字化同频共振；在智能控制阶段，控制理论与智能化的关系也是可预判的。每个阶段中的控制理论都历经了萌芽、发展、丰富、成熟的过程，其中的代表性事件推动了所在阶段的发展，直至形成新的质的飞跃，即进入下一个阶段。以动力和信息变革为主要特征的四次工业革命贯穿于控制理论发展简史，但终究都是一场关于机器的革命。

表 1-1 控制理论发展简史概略

典型阶段	特点	代表性事件	主要工作原理与历史意义
早期控制—1900s	机械化时代	水钟、漏壶、日晷等计时装置（前 1500—前 100）（中国汉代及古希腊）	水钟通过控制水流速度恒定来计时，是具有反馈控制思想的计时器，日晷通过日影测得时刻

续表

典型阶段	特点	代表性事件	主要工作原理与历史意义
早期控制—1900s	机械化时代	都江堰 （前256—前251，李冰）	多环节自适应控制系统，充满各种扰动、不确定性和时变性，体现了我国古代科学的整体观、统一观和持续观（千百年来不间断地维护和改造），集科学技术原理与工程哲学思想为一体，顺应自然、改造自然、利用自然，与维纳的控制论不谋而合
		滑框型—勾多综式提花织机 （约公元前100）	世界上迄今发现最早的提花织机实物，所有动作都可重复进行，体现了朴素的数控编程思想
		自动门 （50—60年，希罗）	以气压或物重为动力开关庙门，具有开环控制思想的装置
		漏水转浑天仪 （117年，张衡）	以水为动力，利用漏壶的等时性和齿轮传动使铜球均匀绕极轴旋转，模拟星体东升西落，是世界上第一台有明确记载的用水力发动的天文仪器
		指南车 （235年，马钧）	其核心为大平轮和小平轮的自动离合，被认为是人类历史上迈向控制论机器的第一步
		调速蒸汽机 （1788年，詹姆斯·瓦特）	将离心式飞球调速器用于蒸汽机，通过自动调节蒸汽量保证蒸汽机在不同的工作负荷下，保持一定的转速。开辟了人类利用能源的新时代，实现了机器大生产，调速蒸汽机作为动力被广泛使用更是成了第一次工业革命的标志
		"黄鹄"号 （1865年，徐寿）	中国人自行研制并建造成功的第一艘机动轮船，揭开了中国近代船舶工业发展的帷幕，更标志着中国机器生产从此开始
		《论调速器》 （1868年，詹姆斯·麦克斯韦）	提出了反馈控制的思想，给出反馈控制系统稳定性的严格数学分析，是第一篇关于反馈思想的重要论文，在控制史乃至科技史均占有重要地位
		《已知运动状态的稳定性》 （1877年，爱德华·劳斯）	基于行列式对系统特征根进行分析从而判断系统的稳定性，即劳斯稳定判据
		《论运动稳定性的一般问题》 （1892年，亚历山大·李雅普诺夫）	给出运动稳定性一般理论的严格数学定义，被称为李雅普诺夫稳定性，是现代控制理论与非线性控制理论的重要数学基础
经典控制1900s—1950s	电气化时代	汽车流水装配生产线 （1913年，亨利·福特）	福特汽车建成世界上第一条汽车流水装配生产线，自动化技术助力实现了汽车的批量生产
		《自动转向机构的航向稳定性》 （1921年，尼古拉斯·米诺尔斯基）	首次用解析方法分析了自动转向机构的航向稳定性问题，在控制领域内，该工作被认为与詹姆斯·麦克斯韦、爱德华·劳斯和阿道夫·赫尔维茨的研究具有同样重要的地位

续表

典型阶段	特点	代表性事件	主要工作原理与历史意义
经典控制 1900s—1950s	电气化时代	人工伺服防空火炮控制器（1925—1940，埃尔默·斯佩里）	火炮控制实现人工伺服
		负反馈放大器理论《稳定的反馈放大器》（1927年、1934年，哈罗德·布莱克）	解决了电话自动转发装置的放大器失真问题。负反馈放大器与三极管并列为过去几十年里电子和通信领域最重要的两项发明。没有布莱克的负反馈放大器，就没有今天的长距离电话和电视网络
		微分分析仪（1930年，万尼瓦尔·布什）	第一台被广泛使用的模拟计算机，由电机驱动，利用齿轮转动的角度模拟计算，可求解微分方程组。在二战中被用来计算炮弹弹道。这一行为推动了战后数字计算机的研究
		《再生理论》（1932年，哈里·奈奎斯特）	为关于反馈放大器稳定性的经典论文，给出用于判断动态系统稳定性的奈奎斯特稳定性判据
		《伺服机构理论》（1934年，哈罗德·哈森）	构建了可精确跟踪输入的机电伺服机构，使雷达追踪系统具有了闭环控制功能，强化了巡航导弹的精准度，为伺服控制领域先驱性工作
		《论可计算数及其在判定性问题上的应用》（1937年，艾伦·图灵）	图灵机——现代计算机的原型，其诞生为现代计算机逻辑工作方式奠定了基础，这篇论文更是被称为"史上最有影响力的数学论文"
		《继电器与开关电路的符号分析》（1937年，克劳德·香农）	提出继电器逻辑自动化理论，这可能是20世纪最重要、最著名的硕士论文之一
		《网络分析与反馈放大器设计》（1938年，亨德里克·波德）	伯德图为一种快速且直观的系统设计和稳定性分析工具，在当时的背景下使频率特性的绘制工作更加适用于工程设计
		《伺服机构理论》（1947年，MIT辐射实验室）	书中涉及自动雷达跟踪、武器火力控制计算机等伺服机制，为控制工程领域影响力和阅读量最大的书籍之一
		《控制系统的图形分析法》（1948年，沃尔特·埃文斯）	提出根轨迹法——以单输入线性系统为对象的经典控制方法
		《控制论》（1948年，诺伯特·维纳）	对近代科学影响深远，开创了全新的交叉与边缘学科——控制论。控制论的诞生是20世纪最伟大的科学成就之一，现代社会的许多新概念和新技术都与控制论有密切联系
		三轴数控铣床（1952年，MIT伺服机构实验室）	第一台带有控制器的三轴数控铣床，标志着世界上第一台数控机床的诞生、第二次工业革命的开始以及精密加工时代的到来

续表

典型阶段	特点	代表性事件	主要工作原理与历史意义
经典控制 1900s—1950s	电气化时代	《工程控制论》（1954年，钱学森）	自动控制领域的经典著作之一，该领域中引用率最高的文献之一，中国科学家更是因此而成为推动控制论科学思想的重要代表人物。该书把维纳的控制论推广到工程技术领域，创立了"工程控制论"这门新的技术科学，主要研究在工程设计和实验中能直接应用的关于受控工程系统的理论、概念及方法
现代控制 1950s—至今	数字化时代	动态规划（1952—1954年，理查德·贝尔曼）	著名的数学优化方法，即把复杂问题分解为子问题，通过组合子问题的解从而得到整个问题的解
		极大值原理（1956年，列夫·庞特里亚金）	最一般情况下最优控制的必要和部分充分条件，是控制论学科的里程碑
		第一颗人造地球卫星 Sputnik I（1957年，苏联）	内含2个雷达发射器、4条天线、多个气压和气温调节器，从此人类开启了航天时代
		工业机器人——尤尼梅特（1959年，乔治·德沃尔、约瑟夫·恩格尔伯格）	液压执行机构驱动，由大臂、小臂、手腕、手等组成，重2 t，工作精确率可达 0.254 mm，代表了现代机器人产业的基础
		卡尔曼滤波（1960—1961年，鲁道夫·卡尔曼）	利用目标的动态信息，设法去掉噪声的影响，得到一个关于目标位置的最好的估计。在应用数学、工程、科学等领域都有着极其深远的影响，是现代控制理论中应用最广泛的滤波方法之一
		东方1号（1961年，苏联）	成功地将人首次送入太空，飞行的最大高度为 3.27×10^5 km，最大时速为 28 260 km，标志着载人宇航时代的正式开启
		《模糊集》（1965年，特飞·扎德）	用语言变量代替数值变量描述复杂系统以及处理不确定问题，该思想对多个学科领域和现实世界均有着重要的影响
		莫林斯系统-24（1967年，戴维·威廉森）	由数控机床、轨道运输车、工件托盘、刀具托盘运送系统及自动仓库组成，计算机分散控制上述设备实现无人昼夜 24 h 连续加工，被认为是柔性制造系统的起源
		Apollo 11（1969年，美国）	实现人类登月，使用钻探取得了月芯标本，拍摄了照片，采集了月表岩石标本
		阿帕网（1969年，美国）	由美国西海岸的4个节点构成，是互联网鼻祖、世界上第一个运营的封包交换网络
		《状态矢量空间与多变量理论》（1970年，霍华德·罗森布罗克）《线性多变量控制：一种几何方法》（1974年，沃尔特·温纳姆）	解决了多输入多输出控制系统的分析与建模问题

续表

典型阶段	特点	代表性事件	主要工作原理与历史意义
现代控制 1950s—至今	数字化时代	《论自整定调节器》(1973年,卡尔·奥斯特朗姆、比约恩·威顿马克)	被广泛应用在工业过程控制中,在自适应控制领域占有一席之地
		《计算机集成制造》(1974年,约瑟夫·哈林顿)	借助计算机将企业中各种与制造有关的技术系统集成起来,特别强调系统化和信息化
		《非线性系统与微分几何》(1976年,罗杰·布罗克特)	分析和求解非线性系统的微分几何法
		《反馈和最佳灵敏度控制》(1981年,乔治·詹姆斯)	最佳灵敏度鲁棒控制方法
		《非线性控制系统导论》(1985年,阿尔贝托·伊西多尔)	非线性控制领域被引用最多的参考资料之一
		太空探测器旅行者1号(1977年,美国)	第一个离开太阳系的人造飞行器,有史以来距离地球最远的人造飞行器,旨在研究太阳系外和太阳日球层以外的星际空间
		哥伦比亚号航天飞机(1981年,美国)	它承载了经验和教训并重的航天科技历史,共进行了28次太空飞行任务,是人类探索太空、了解宇宙的一座丰碑
		火星探路者、火星车旅居者(1997年,美国)	火星软着陆、第一辆在地月系统以外行星上航行的轮式车辆
		中国载人航天计划(1992年—至今)	见表1-2
现在—未来	智能化时代		未来已至

控制理论发展简史波澜壮阔、源远流长,囿于篇幅,本节仅选取有关控制论、工程控制论的片段以及我国载人航天事业略作展开。

维纳的《控制论》和钱学森的《工程控制论》是经典控制阶段的杰出代表。

1948年,诺伯特·维纳给出控制论的核心思想"反馈":"Feedback is a method of controlling a system by inserting into it the result of its past performance",即反馈是一种控制系统的方法,该方法将系统的输出作用于系统的输入。现代社会的许多新概念和新技术均与控制论有着密切联系,它与相对论、量子力学齐名,被誉为20世纪最伟大的科学成就之一。

1954年,钱学森先生的工程控制论英文版 Engineering Cybernetics 问世,首次提出在工程设计和实验中能够直接应用的关于受控工程系统的理论、概念和方法。该书先后有1956年的俄文版、1957年的德文版、1958年的中文版出版发行,其中中文版由当时就职于中国科学院自动化研究所的何善堉与戴汝为根据1955年钱学森先生在中科院力学研究所讲授工程控制论的笔记及英文原著,并吸收俄文版所添加的俄文文献整理而成。专著 Engineering Cybernetics 赋予"工程控制论"这门学科以新含义,并很快为世界科学技术界所接受(图1-3)。

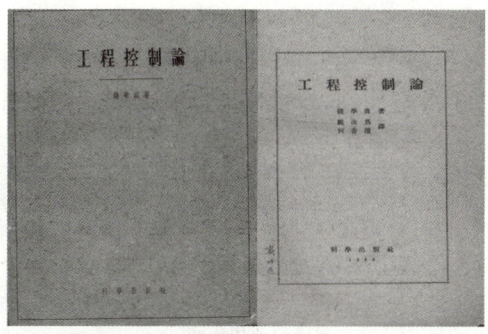

图1-3　钱学森(左)和不同版本的《工程控制论》(右1,2,3)

Engineering Cybernetics 前言中有如下一段话:这门新科学的一个非常突出的特点就是完全不考虑能量、热量和效率等因素,可是在其他各门自然科学中这些因素却是十分重要的。控制论所讨论的主要问题是一个系统的各个不同部分之间的相互作用的定性性质及整个系统的综合行为。

钱学森先生认为工程控制论是一门为工程技术服务的理论科学,它的研究对象是自动控制和自动调节系统里的具有一般性的原则,所以它是一门基础学科,而不是一门工程技术。工程控制论并不单独研究声场过程自动化的理论,也不单独研究导弹的制导理论,它所研究的是具有一般化的理论。这种理论对生产过程自动化有用,对飞机的控制和稳定系统的设计也有用。只要是自动控制系统,只要是自动调节系统,它们的设计就得应用工程控制论。

因此按照钱学森先生的定义,工程控制论的对象是研究控制论这门科学中能够直接应用到工程设计的那些部分。它是一门技术科学,其目的是把工程实践中所经常运用的设计原则和试验方法加以整理和总结,取其共性,并提高到科学理论的水平,使科学技术人员的眼界更加开阔,用更系统的方法去观察技术问题,从而充分理解和发挥这门新技术的潜在力量,指导千差万别的工程实践,推动系统工程的发展。

关于维纳的《控制论》和钱学森的《工程控制论》之间的关系可从以下角度进行理解:

(1)《工程控制论》是继《控制论》一书出版后,以火箭为应用背景的自动控制方面的著作,书中充分体现并拓展了控制论的思想。维纳对控制论进行了广博的、非数学的描述。钱学森通过与控制导弹有关的问题的驱动,提出了可做更多数学解释的工程控制论。

(2)控制论是更广泛的一门学问,它不但是工程技术里自动控制和自动调节系统的理论,也包含一切自然界的控制系统,像生物的控制系统。所以反过来说,工程控制论是控制论里面对工程技术有用的那一部分。它是控制论的一个分支。

(3)工程控制论描述了控制论思想的数学和工程概念,将其分解为具体细化的科学概念供工程应用;论证了一种新的系统设计原则的必要性。这些系统的属性和特征在很大程度上是未知的。

钱学森先生的 Engineering Cybernetics 被公认为自动控制领域的经典著作之一,也是50年来(截至2005年)该领域中引用率最高的文献之一。它的一些内容被纳入中外相关专业教科书；同时，中国科学家更是因此成为推动控制论科学思想的重要代表。

中国载人航天事业为控制史谱写华章，成为现代控制阶段的典型代表。1992 年 9 月，中国确定了载人航天"三步走"的发展战略（表 1-2）。第一步，发射载人飞船，建成试验性载人飞船工程，开展空间应用实验；第二步，突破航天员出舱活动技术、空间飞行器交会对接技术，发射空间实验室，解决有一定规模的、短期有人照料的空间应用问题；第三步，建造空间站，解决有较大规模的、长期有人照料的空间应用问题。

表 1-2　　　　　载人航天"三步走"的发展战略（1992—2024 年）

三步走	概述	名称	事件
第一步	发射载人飞船 建成试验性载人飞船工程 开展空间应用实验	神舟一号至神舟四号	无人飞行
		神舟五号至神舟六号	载人飞行
		神舟二号	中国科学家首次在自己的飞船上进行空间应用研究
第二步	突破航天员出舱活动技术 空间飞行器交会对接技术 发射空间实验室 解决有一定规模的、短期有人照料的空间应用问题	神舟七号	突破和掌握了航天员出舱活动技术
		天宫一号	中国第一个空间实验室，与神舟八号至神舟十号交会对接
		天舟一号	中国第一艘货运飞船
		天宫二号	中国第一个真正意义上的太空实验室（航天员中期驻留、太空补加）与神舟十一号、天舟一号交会对接
第三步	建造空间站 解决有较大规模的、长期有人照料的空间应用问题	神舟十二号	空间站阶段首次载人飞行任务
		神舟十三号	航天员长期驻留保障
		神舟十四号	中国空间站进入建造阶段的首发载人飞船
		神舟十五号	是空间站在轨建造阶段的收官之战，空间站关键技术验证和建造阶段规划的 12 次发射任务全部圆满完成
2023 年 5 月至今	空间站应用与发展阶段	天舟六号	空间站应用与发展阶段发射的首发航天器；我国改进型货运飞船首发船；组批生产的首发货运飞船
		神舟十六号	中国空间站进入应用于发展阶段的首次载人飞行任务，迈出了载人航天工程从建设向应用、从投入向产出转变的重要一步
		神舟十七号	此次任务首次完成在轨航天器舱外设施维修任务，为空间站长期稳定在轨运行积累了宝贵的数据和经验
		天舟七号	装载了航天员在轨驻留消耗品、推进剂、应用实（试）验装置等物资
		神舟十八号	3 名航天员在轨驻留 192 天，期间进行了 32 次出舱活动，刷新了中国航天员单次出舱活动纪录
		神舟十九号	中国航天史上第 5 次"太空会师"

工程前期通过实施 4 次无人飞行任务，以及神舟五号、神舟六号载人飞行任务，突破

和掌握了载人天地往返技术,使我国成为第三个具有独立开展载人航天活动能力的国家,实现了工程的第一步任务目标。通过实施神舟七号飞行任务,以及天宫一号与神舟八号、神舟九号、神舟十号交会对接任务,突破和掌握了航天员出舱活动技术和空间交会对接技术,建成我国首个试验性空间实验室,标志着工程第二步第一阶段任务全面完成。

2010年,中央批准载人空间站工程立项,分为空间实验室任务和空间站任务2个阶段。

空间实验室阶段主要任务是:突破和掌握货物运输、航天员中长期驻留、推进剂补加、地面长时间任务支持和保障等技术,开展空间科学实验与技术试验,为空间站建造和运营奠定基础、积累经验。通过实施长征七号首飞任务,以及天宫二号与神舟十一号、天舟一号交会对接等任务,工程第二步任务目标全部完成。

空间站阶段的主要任务是建成和运营我国近地载人空间站,掌握近地空间长期载人飞行技术,具备长期开展近地空间有人参与科学实验、技术试验和综合开发利用太空资源能力。通过实施长征五号B运载火箭首飞、天和核心舱、问天实验舱、梦天实验舱、4艘载人飞船及4艘货运飞船共12次飞行任务,空间站于2022年底全面建成,随即转入应用与发展阶段,全面实现了载人航天工程"三步走"发展战略目标。

2023年5月10日,我国成功发射空间站应用与发展阶段首发航天器——天舟六号,它也是我国改进型货运飞船首发船、组批生产的首发货运飞船。2023年5月30日,神舟十六号成功发射,为中国空间站进入应用于发展阶段的首次载人飞行任务,迈出了载人航天工程从建设向应用、从投入向产出转变的重要一步。2023年10月26日,神舟十七号发射成功,此次任务首次完成在轨航天器舱外设施维修任务,为空间站长期稳定在轨运行积累了宝贵的数据和经验。2024年1月17日,天舟七号货运飞船成功发射,这次任务是空间站应用与发展阶段的第4次发射任务,是工程立项实施以来的第31次发射任务,也是长征系列运载火箭的第507次飞行。2024年4月25日,神舟十八号发射成功,此次飞行任务中3名航天员在轨驻留192天,期间进行了2次出舱活动,刷新了中国航天员单次出舱活动时间纪录。2024年10月30日,神舟十九号发射成功,此次飞行任务实现了中国航天史上第5次"太空会师"。

中国载人月球探测工程登月阶段任务已启动实施,总的目标是2030年前实现中国人首次登陆月球,开展月球科学考察及相关技术试验,突破掌握载人地月往返、月面短期驻留、人机联合探测等关键技术,完成"登、巡、采、研、回"等多重任务,形成独立自主的载人月球探测能力,将推动载人航天技术由近地走向深空的跨越式发展,深化人类对月球和太阳系起源与演化的认识,为月球科学的发展贡献中国智慧。

1.4 控制系统的工作原理

在简单地了解了自动控制、控制论、工程控制论、控制工程基础的基本含义后,本节将从控制系统的建模、结构及其特征的角度入手,进行控制系统工作原理的介绍。

1.4.1 系统建模与系统分析

1. 系统

"系统"这一关键词在本教材的出现频率较高,因此,首先从系统入手。系统是由具有因果关系变量组成的相互作用元素的集合。系统最重要的特征是在系统建模与分析中,应充分考虑变量之间的相互作用,而不是单个元素的属性。因此,系统是为了实现某个或多个目标而由部件或元素构成的组合体。

2. 系统建模

描述系统的方程被称为数学模型。数学模型的类型既取决于建模目的,也跟分析工具有关。比如,对于仅需要在草纸上进行演算即可达成的参数分析,而不是复杂的数值分析,那么只需要构建相对简单的模型。为实现这种必要的简化,提高建模效率,在保证建模目的的基础上,工程师需要忽略系统里的次要元素。又如,如果可借助计算机进行仿真运算,则可构建既包括主要元素又包括次要元素的复杂数学模型。综上,系统可有多种用以描述它的数学模型,从简单到复杂,至于选择哪一种,可根据分析目标和已知条件来确定。

汽车是典型的动态系统。为限制用于描述汽车的数学模型的复杂性,首先需要忽略系统的一些次要特性,也就是说,对于某一个特定研究的特定目标来说,很多参数都是相对不重要的,如弯道或坑洼路段行驶、驾驶员的舒适性、燃油效率、制动性能、抗碰撞能力、突然增大或变小的风力等都可被看作相对不重要的参数。

假设以开车行驶在崎岖路面上的司机为关注对象,可将汽车简化为质量、弹簧和减震装置(图 1-4)所示。在行驶过程中,汽车系统内有些部分是为了让司机更加舒适而设计的。由于路面的凸凹不平,在行驶中,轮胎会突然遭遇来自垂直于行驶方向的冲击,这种冲击是影响司机舒适性的主要因素。首先,位于底盘和车轴之间的悬挂系统可起到最小化这种冲击力的作用;其次,座椅的设计也可降低冲击力,同时,司机后背与座椅靠背之间存在的摩擦会减少由冲击带来的司机与座椅靠背的剥离与撞击;最后,轮胎本身具有弹性,可被看作位于车轮和地面之间的弹簧。这部分弹簧对冲击力的缓冲也起到很大作用。

假设汽车匀速行驶,忽略底盘的水平运动,仅考虑由凸凹不平路面引起的垂直运动。当前轮胎行驶至某凸起或凹陷路段时,底盘的前部相对于底盘的后部会仰起或低下,即底盘的俯仰效应。因此,在遇到凸凹路面时,不仅要考虑底盘在垂直方向上的运动,也要考虑以底盘所在质量部分质心为中心的旋转运动。

储能元件的数量可用来衡量系统的复杂性。如图 1-4(a)所示,能量被存储于 4 个不同的质量块和 5 个不同的弹簧中,分别为司机座椅质量块、底盘质量块、前轮-前轴质量块、后轮-后轴质量块和座椅弹簧、底盘-前轮弹簧、底盘-后轮弹簧、前轮胎弹簧、后轮胎弹簧。如果忽略底盘的俯仰效应,可将前后轴合并看作 1 个质量块,底盘前后轮弹簧合并为 1 个弹簧,前后轮胎合并为 1 个轮胎,因此,图 1-4(a)的系统可被简化为 3 个不同的质量块和 3 个不同的弹簧,分别为司机座椅质量块、底盘质量块、车轮-车轴质量块和座椅弹簧、底盘-车轮弹簧、轮胎弹簧,如图 1-4(b)所示。

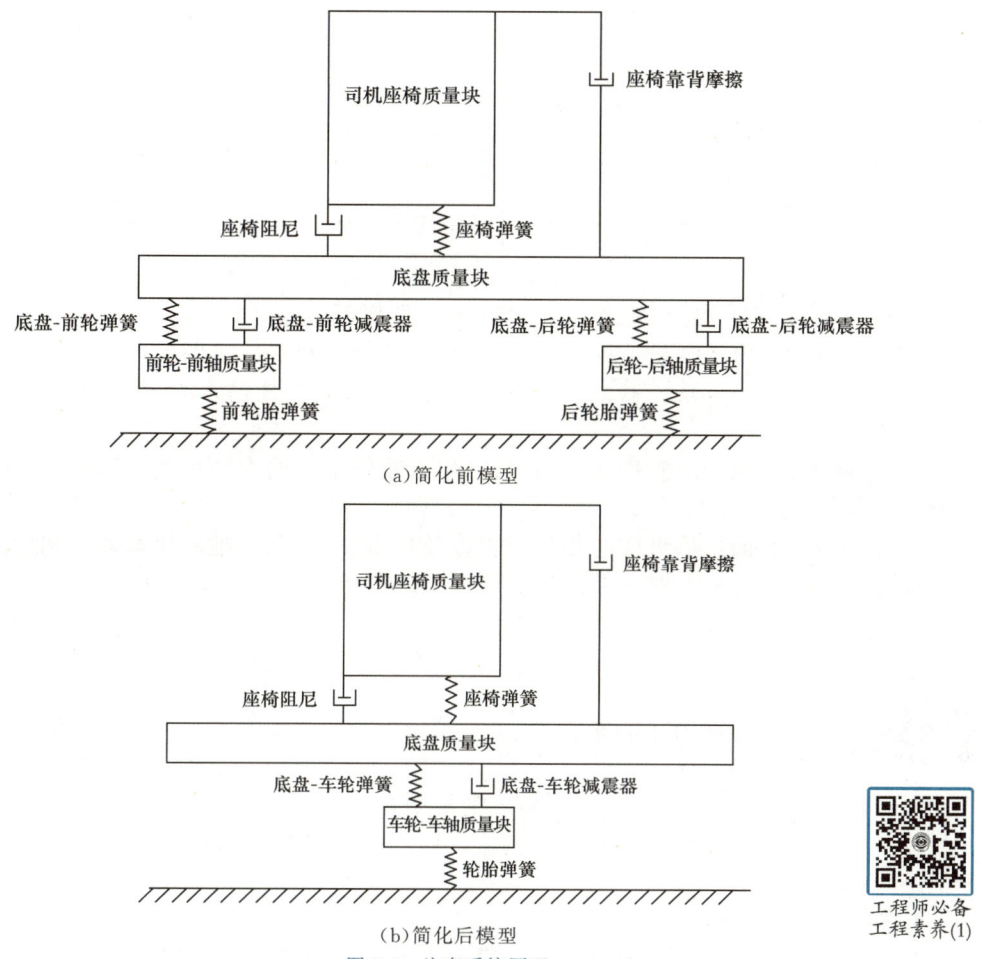

(a) 简化前模型

(b) 简化后模型

图 1-4 汽车系统原理

有关汽车的建模理论和方法同样适用于摩托车、飞机、轮船等交通工具,甚至火箭、航天飞机。随后的章节将介绍如何使用力学或电学原理构建系统的数学模型,描述并获取系统的重要属性和特征。

3. 系统分析

本教材侧重研究动态系统,其中的变量是时间变量及其对时间的导数。与动态系统密切相关的2个概念是系统响应和系统分析。系统响应即系统的输出状况,分为时域响应和频域响应。系统建模和系统响应这两者合在一起即为系统分析。

1.4.2 控制系统的结构

设计控制系统的过程实际上是满足所有设计要求的过程,例如,需要较好的系统精度、较快的响应速度、较小的超调量、尽可能短的调整时间及可靠的稳定性。在设计自动控制系统时,首先需要给控制系统设计一个正确的结构。如果结构设计后发现该系统是不稳定的,或者尽管系统是稳定的,但若想改善系统的响应,发现系统会因此而不稳定,又或者在系统工作过程中发现某些性能指标难以达到设计要求。这种时候均需要给系统加入一个或多个补偿装置,用来弥补设计缺陷或提高系统性能。

自动控制系统的原理如图 1-5 所示。

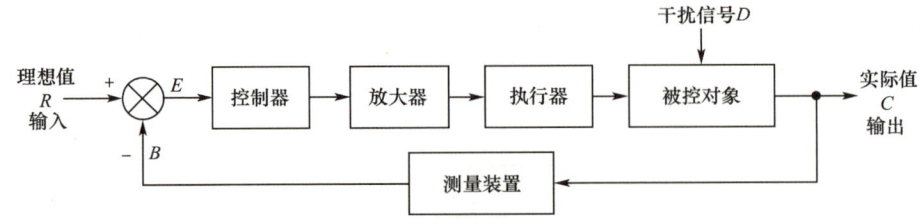

图 1-5　自动控制系统原理

(1) 系统输出 C 与输入 R：系统的实际值与理想值。

(2) 测量装置：用于测量被控量，并将被控量转换为便于传送的另一物理量。

(3) 主反馈信号 B：系统输出的某种函数值，用来与系统输入 R 进行比较，以产生偏差信号 E。

(4) 控制器：对偏差信号作必要的校正，用以改善系统的控制性能，比如加入系统中的各种校正元件。

(5) 放大器：对偏差信号作必要的校正以及功率放大，以便推动执行器控制被控对象。

(6) 执行器：接收放大器送来的控制信号，并进行能量转换。

(7) 被控对象：该系统控制的直接对象。

(8) 干扰信号 D：可将其视为输入信号，其存在能影响系统的输出。

1.4.3　控制系统的特征

不同控制系统有不同特征，甚至同一个控制系统，若其控制目的不同，它显示的特征也不同。这些特征非三言两句能讲述清楚，本教材的其他章节将对其展开较为具体的讲解，本节仅进行初步介绍。

1. 稳定性

控制系统的响应或稳态输出通常被表示为时间的函数，该函数随时间的变化而变化也许收敛（稳定的输出），也许发散（不稳定的系统）。当时间趋于无穷时，若被控输出变量 C 和参考输入变量 R 之间的偏差信号 E 趋于零，或者系统的输出响应曲线是收敛的，则认为该系统是稳定的，或者说该系统的稳定性是良好的［图 1-6(a)］。反之，该系统就是不稳定的，或者说该系统的稳定性是欠佳的［图 1-6(b)］。工程实际中可用的闭环控制系统都应是稳定的。

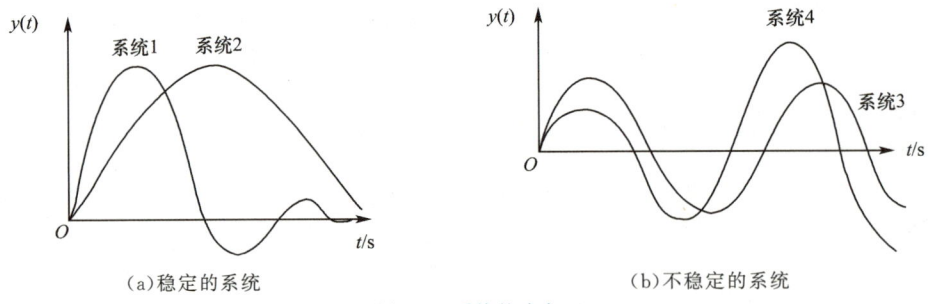

图 1-6　系统的响应

对于开环系统来说，由于其不存在反馈控制机制，因此不能通过上述判断闭环控制系统是否稳定的方法来判断开环系统的稳定性。可以通过引入反馈环节的方法将某个开环系统转化为闭环系统,但在转化的过程中,有可能由于不恰当的反馈环节而导致新的闭环系统是不稳定的。总的来说,不管是开环系统还是闭环系统,稳定性都是系统设计过程中要考虑的首要因素。

2. 准确性

反馈控制的主要目的在于通过比较被控输出变量 C 和参考输入变量 R 以提高系统的输出精度,即系统的准确性。然而,绝对准确性是很难获得的,因此,就存在概念偏差或误差。这两个概念将在随后章节重点介绍。在系统的设计过程中,可给出一个可以接受的偏差或误差阈值,若系统能在阈值范围内工作,则认为系统的准确性是满足设计要求的。尽管可以设置一个尽可能小的误差阈值,但这样做的代价往往是牺牲系统的稳定性和快速性。

有关准确性的一些性能指标将在本教材的稳态误差章节进行详细讲解,在这里仅给出简单介绍。如图 1-7 所示,$x(t)$ 和 $y(t)$ 分别为系统的输入和输出信号,$\varepsilon_{ss}(t)$ 为系统的稳态误差,其中,图 1-7(a)所示系统的稳态误差随时间变化趋于无穷大,图 1-7(b)所示系统的稳态误差随时间变化趋于常数,图 1-7(c)所示系统的稳态误差随时间变化趋于 0。显而易见,图 1-7(c)所示系统具有良好的准确性。

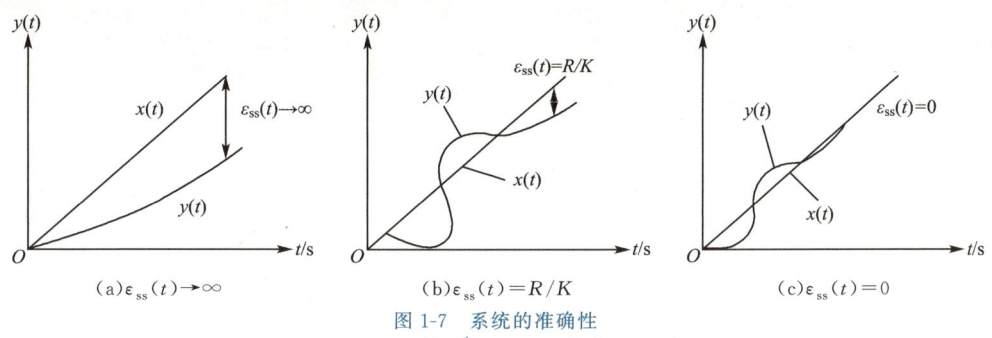

图 1-7　系统的准确性

3. 快速性

系统的快速性指的是控制系统在阶跃输入信号作用下的瞬态响应特性,主要包括峰值时间 t_p、调整时间 t_s、上升时间 t_r 等(图 1-8)。

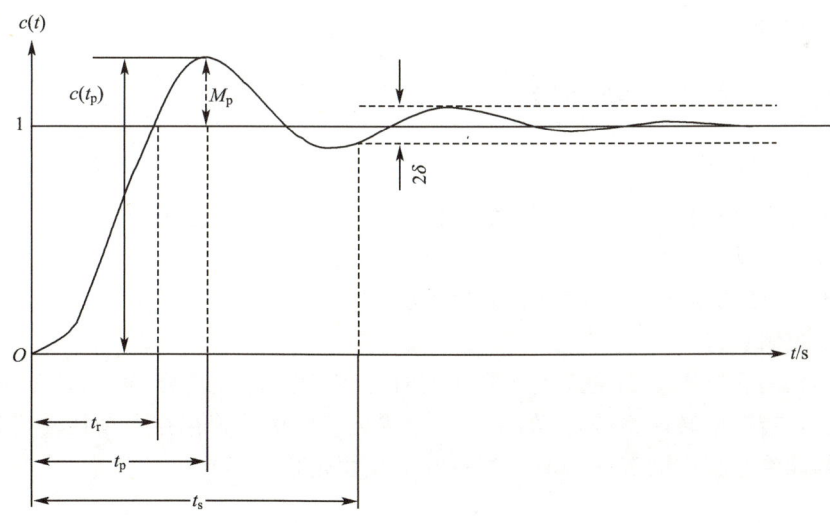

图 1-8　阶跃输入信号作用下系统的瞬态响应特性

调整时间 t_s 是系统响应第一次进入误差阈值 δ 范围内的时间。由于误差阈值不同，调整时间 t_s 也不同。上升时间 t_r 指的是系统响应从终值的 5% 达到 95% 时耗费的时间。有时也将上升时间 t_r 定义为系统响应从起点到达到稳态值所耗费的时间。峰值时间 t_p 与超调量对应，即系统响应第一次达到最大峰值 $c(t_p)$ 的时间。

4. 鲁棒性

应用于工程实际中的系统，经常会受到除既定输入信号外的各种干扰，比如，汽车在行进过程中遇到的崎岖路况、恒温箱的破损、保温层和液位控制箱的漏点、海面上行驶轮船遭遇突然增强的风力等。这些都是控制系统在工作过程中遇到的各种"坑"，即干扰输入。

如图 1-9(a) 所示的控制系统，$N(s)$ 为干扰输入信号，系统的输出 $Y(s)$ 必然受到这个干扰信号的影响，即系统的稳态误差必然受到这个干扰信号的影响。为消除干扰信号对系统稳态误差的影响，引入前馈控制信号 $G_F(s)$，如图 1-9(b) 所示，此时，系统的鲁棒性得到有效提高。有关这部分内容本教材将在后续章节进行详细讲解。

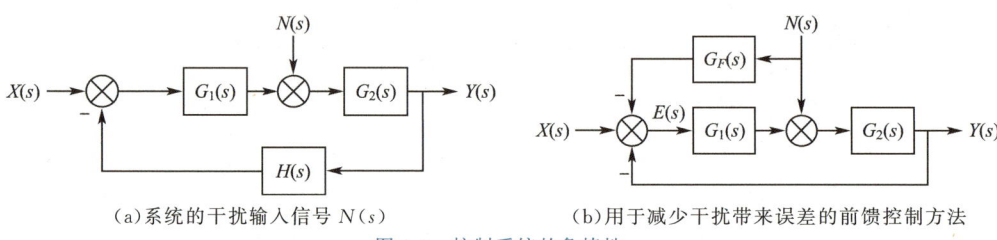

(a) 系统的干扰输入信号 $N(s)$　　　　(b) 用于减少干扰带来误差的前馈控制方法

图 1-9　控制系统的鲁棒性

1.5　控制系统的基本类型

控制系统广泛存在于日常生活中，常见控制系统见表 1-3，例如精确控制体温的心脑血管系统、大脑和手臂构成的取物系统等。控制系统的种类很多，在实际工程与日常生活中，可从不同的角度对其进行分类。

1.5.1　按系统来源分类

1. 自然控制系统

在漫长的进化过程中，自然控制系统看起来非常单调，但绝不简单。表 1-3 中，看起来静止在天空中某一位置的老鹰，它几乎能静止悬浮在逆风的空中，但当使用专业镜头观察时会发现：老鹰羽毛在做着高频低幅的振动。

2. 人造控制系统

当自然控制系统无法满足人类文明所需时，人造控制系统应运而生，比如表 1-3 中的控制汽车前轮转向的转向系统，又如在精炼厂或化工厂里尽管存在多种扰动，但设计好的控制系统却能将容器内的温度和液位保持在某个恒定值。

表 1-3　　　　　　　　　　　　　常见控制系统

被控对象	控制器	自然控制系统		人造控制系统	
		人工控制	自动控制	人工控制	自动控制
人体体温	心脑血管系统		√		
桌上取物	大脑和手臂		√		
静止在天空中某一位置的老鹰	老鹰羽毛		√		
汽车前轮转向	汽车转向系统			√	
车速	蒸汽引擎调速器				√

1.5.2　按偏差来源分类

1. 人工控制系统

表 1-3 提及了被控对象和控制器这两个概念。用于执行控制功能的装置称为控制器,而受约束或受控制的设备甚至过程称为被控制对象或被控制体。简单地说,被控制对象和控制器合在一起构成了控制系统。在控制系统里,如果纠正误差是由人来执行的,该系统即人工控制系统。例如,汽车转向系统(非自动驾驶)、手调恒温箱等。

2. 自动控制系统

如果检测及纠正误差均是由系统自身完成的,该系统即自动控制系统,例如,蒸汽调速器、体温调节系统、数控机床进给系统等。绝大部分的控制系统都属于自动控制系统。

1.5.3　按反馈形式分类

1. 开环控制系统

如果控制器和被控对象之间只有正向作用而没有反向联系,即输出端和输入端之间不存在反馈回路,输出对系统的控制作用没有影响,这样的系统即开环控制系统。

在开环控制系统里,参考输入变量 $r(t)$ 直接作用到控制器上,产生实际输出变量 $c(t)$。从某种程度上看,开环控制系统对输出量的控制不精确。这是因为系统中任何变化都会对输出造成无法补偿的影响。开环控制系统的输入和输出之间的误差取决于两个主要因素:干扰输入和系统参数。例如,在一片漆黑的房间里,如果你想取桌子上的水杯,由于什么都看不见,你有可能拿不到那杯水。在这个取水杯的过程中,对于手臂、大脑和眼睛构成的取水杯系统来说,黑暗是干扰。

如图 1-10 所示多士炉,计时器上的刻度对应着面包片经过烤制后的程度,可将其视为多士炉烤面包片系统的理想输入变量。将计时器旋钮转到相关刻度后,随着"叮"的一声,面包片烤好了,面包片的烤制程度是实际输出变量。如果发现烤好的面包片还不够酥脆,可把面包片重新放回多士炉,再次转动旋钮,再次听到"叮"的一声。这时,实际输出变量,即面包片的烤制程度发生变化,达到要求。这是典型的开环控制系统,作为实际输出变量的面包片烤制程度不满足要求的话,该多士炉系统无法自我完成再烤制,需手动操作重新烤制,直至满足要求。

通过上面例子,可知两点:一是开环控制系统没有反馈环节;二是开环控制系统的参数值可能会随着系统工作状态的变化而发生较大变化。因此,开环控制系统的结构简单、价格便宜、易于维修;缺点是精度低、易受环境影响。

图 1-10　多士炉

2. 闭环控制系统

闭环控制系统即反馈控制系统,在系统的输出端和输入端之间存在反馈回路,即输出量对系统的控制作用有直接影响。闭环的作用是利用反馈减少偏差。闭环控制的突出优点是系统控制精度高,当系统出现干扰时,只要被控制量的实测值偏离给定值,闭环控制会产生控制作用来减少偏差。

如图 1-5 所示的自动控制系统,系统的被控输出变量 C 通过主反馈信号 B 重新作用到系统的输入端,与参考输入变量 R 汇合,以偏差信号 E 的形式再次作用于被控对象上。

闭环控制系统的控制精度在很大程度上是由形成反馈的检测元件精度决定的,但反馈的引入存在"检测偏差用以纠正偏差"的调节过程,由于元件惯性和储能耗能元件能量形式转换,系统在调节过程中容易产生振荡甚至使系统不稳定。这是闭环控制系统的缺点。因此控制精度和稳定性是闭环控制系统工作时的矛盾。

与开环控制系统相比,闭环控制系统精度高、动态性能好、抗干扰能力强,但结构更加复杂、价格比较贵、维修难度大。

3. 半闭环控制系统

如果控制系统的反馈信号不直接从系统的输出端引出,而是间接地取自中间的测量元件,例如,在数控机床的进给伺服系统中,若将位置检测装置安装在传动丝杠的端部,间接测量工作台的实际位移,则该系统称为半闭环控制系统。

半闭环控制系统可获得比开环系统更高的控制精度,但比闭环系统要低;与闭环系统相比,它易于实现系统的稳定。目前,大多数一般精度的数控机床都采用这种半闭环控制进给伺服系统,以降低制造成本。

1.5.4　按输入信号分类

1. 恒值控制系统

恒值控制系统的输入量是恒定值,一经给定,在运行过程中就不再改变,其主要任务是保证在任何扰动作用下系统的输出量为恒值。因此该系统又可称为自动调节系统。例如,恒温箱、稳压电源、流量定量控制仪、自动水箱等系统均为恒值控制系统。

2. 程序控制系统

程序控制系统的输入量通常为某时间函数,其控制过程按预先编制的程序进行,如计算机绘图仪、数控机床、加工中心等均为程序控制系统。

3. 随动控制系统

随动控制系统又称为伺服系统或跟踪控制系统。该系统输入量是时间的未知函数,即输入量的变化规律未知。因此,当输入量发生变化时,要求输出量能快速、准确、平稳地跟随输入,即复现输入。最常见的随动控制系统是火炮自动瞄准系统,因此又被称为火炮伺服系统。此外,机械加工中的仿形机床、导弹目标自动跟踪系统、多自由度控制器、工业机器人等都是随动控制系统。

1.5.5 按传递信号分类

1. 连续控制系统

系统中各部分传递函数的信号都是连续时间变量的系统称为连续控制系统,又分为线性系统和非线性系统,前者可用线性微分方程描述,后者可能存在非线性部件,不可用线性微分方程描述。

2. 离散控制系统

系统中某一处或数处信号是脉冲序列或数字量传递的系统称为离散控制系统,也称为数字控制系统。在该系统中,数字测量、放大、比较、给定等部件一般均由微处理器实现,计算机的输出经 D/A 转换加给伺服放大器,再去驱动执行元件;或由计算机直接输出数字信号,经数字放大器后驱动数字式执行元件。

连续控制系统以微分方程描述系统的运动状态,并用拉氏变换求解微分方程;离散系统用差分方程描述系统的运动状态,用 Z 变换引出脉冲传递函数分析系统的动态特性。

1.5.6 按线性特性分类

1. 线性控制系统

组成线性控制系统的元器件特性均为线性或近线性,同时可用线性常微分方程建立关于输入和输出的数学模型。线性控制系统满足叠加原理,其时间响应的特征与系统的初始状态无关。严格意义上说,线性控制系统是不存在的,因为物理系统总要有不同程度的非线性,但只要非线性不严重,在处理和解决问题时,都可将其近似为线性控制系统。

2. 非线性控制系统

只要有一个元器件特性不能用线性方程描述,或描述系统的常微分方程中输出量及其各阶导数不全是一次,或输出量导数项的系数是输入量的函数(非常数),这样的系统就是非线性控制系统。非线性控制系统不满足叠加原理,其时间响应的特征与初始状态有很大关系。

1.5.7 按系统参数分类

1. 定常控制系统

定常控制系统的响应只与输入信号和系统本身固有属性有关,而与输入信号施加的时刻无关,例如,输入信号 $r(t)$ 作用于系统后产生的响应为 $c(t)$,若输入信号延迟 τ 作用于系统,即输入信号为 $r(t-\tau)$ 时系统的输出为 $y(t-\tau)$,则该系统即定常控制系统,因此定常系统又称为时不变系统。若某系统既是线性的,又是定常的,则称其为线性定常系统。本教材即以此类系统为研究对象。

2. 非定常控制系统

在零初始条件下,非定常控制系统的响应与输入信号作用于系统的时间起点有关,因此又被称为时变系统。对于非定常控制系统来说,即使系统是线性的,描述该系统的数学模型也是变系数的微分方程或差分方程。因此非定常控制系统的运动分析比定常系统要复杂得多。火箭是时变系统的典型例子,在飞行中它的质量会由于燃料的消耗而随时间减少。另一个常见的例子是机械手,在运动时其各关节绕相应轴的转动惯量是以时间为自变量的复杂函数。

1.5.8 按输入输出分类

1. 单变量控制系统

如图 1-11(a)所示,仅有 1 个输入和 1 个输出的系统称为单输入-单输出系统,简称单变量控制系统。单变量控制系统的"单"仅是从系统外部变量的数目定义,而系统内部变量可以是多种形式的。在工程实际中,有些较为简单、基本的控制系统往往都是单变量系统,例如,过程控制中的压力或流量调节系统、天线随动系统、坦克火炮稳定装置等。

2. 多变量控制系统

当系统的输入或输出变量的数目多于 1 时,即多变量控制系统。多变量控制系统是现代控制理论研究的主要对象。在对多变量系统的数学处理上,一般以状态空间法为研究和分析工具。多变量控制系统比比皆是,例如,对汽轮机的蒸汽压力和转速控制、对石油化工生产中精馏塔的塔顶温度和塔底温度控制、对涡轮螺旋桨发动机转速和涡轮进气温度的控制等。这些都属于多变量系统的控制问题。

在某些工程实际情况下,对于某个存在多个输入变量的控制系统而言,若在仅考虑单一输入情况下该系统是线性定常系统,则可在经典控制理论支撑下,采用叠加的方法确定多输入情况下系统的输出,例如,图 1-11(b)所示系统即双输入-单输出控制系统,可以采用叠加法获得这两种输入情况下系统总的输出。

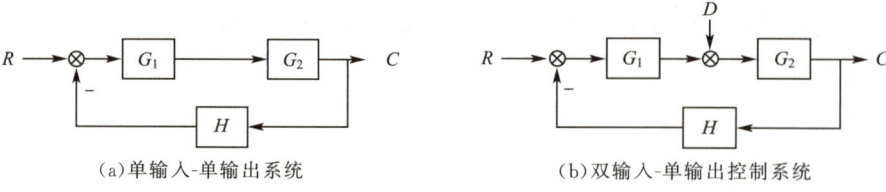

(a) 单输入-单输出系统   (b) 双输入-单输出控制系统

图 1-11 单变量控制系统和多变量控制系统

1.5.9 按回路数量分类

1. 单回路控制系统

只有1个闭环回路的控制系统为单回路控制系统[图1-11(a)]。单回路控制系统通常被用在滞后不明显、惯性小、扰动变化平缓的工况下,如锅炉动态水温监控系统。该系统也被用于作为复杂控制系统的基本控制单元。

2. 多回路控制系统

有两个以上闭环回路的控制系统为多回路控制系统,如图1-12所示为3回路控制系统。在多回路控制系统中,一般有1个主反馈回路,1个以上内反馈回路。大部分工程实际中的控制系统都是多回路控制系统,以实现较为复杂的控制目的。

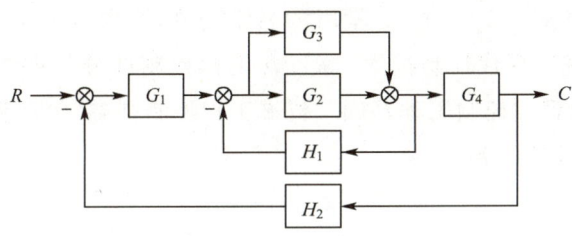

图1-12　多回路控制系统

1.5.10 其他分类

1. 按组成系统的各元部件物理属性

机械控制系统、电气控制系统、液压控制系统、气动控制系统、热力控制系统等。

2. 按被控量的物理属性

温度控制系统、位置控制系统、速度控制系统、电压控制系统、电流控制系统、压力控制系统、流量控制系统等。

3. 按机器设备及其工艺

轧机控制系统、压机控制系统、连铸控制系统、3D打印控制系统、盾构机控制系统、飞机制动与防滑控制系统、汽车防抱死制动控制系统、机床控制系统、机器人控制系统、锅炉控制系统、风力发电机组控制系统、电池充放电控制系统等。

1.6 本教材主要内容

本教材由6章组成,分别为绪论、控制系统的数学模型、时间响应分析法、根轨迹分析法、频率性分析法和控制系统的校正,从理论基础、分析工具、认识系统到改造系统,依能力进阶对控制工程基础进行了较为全面的阐述与论述。为方便读者总结回顾与强化学习,每章均有章小结与习题。同时,部分数学工具、工程软件等学习资料位于本教材的附录部分。

1.6.1　知识体系

本教材的主要内容包括动态系统的建模、分析系统的方法、系统的性能分析与系统校正。动态系统的建模属于理论基础,包括微分方程、传递函数与框图以及附录部分的拉氏变换及其逆变换;分析系统的方法为分析工具,包括时间响应分析法、根轨迹分析法及频率特性分析法;系统的性能分析为认识系统,包括控制系统的"稳""准""快"等性能;系统校正为改造系统,包括串联校正、反馈校正和复合校正等。

1.6.2　学时安排

本教材适合 24 学时、32 学时、48 学时的教学安排,可参考表 1-4 所提供的建议学时安排。"自动控制原理""现代控制技术"等包含现代控制部分的课程可选用本教材支撑 24 学时的经典控制内容;"控制工程基础""机械工程控制基础"等课程可选用本教材完成 32 学时或 48 学时的教学任务。

表 1-4　　建议学时安排

章节名称	建议学时		
	24 学时	32 学时	48 学时
第 1 章　绪论	2	2	4
第 2 章　控制系统的数学模型	4	6	8
第 3 章　时间响应分析法	4	8	10
第 4 章　根轨迹分析法	2	2	4
第 5 章　频率特性分析法	6	6	10
第 6 章　控制系统的校正	6	8	12

1.6.3　学习方法

控制工程基础研究的主要内容是系统分析和系统设计。系统分析的目的在于了解和认识已有的系统,然后改造该系统未达标的性能指标,使其能够完成确定的、既定的工作。系统设计的目的是在主要元件和结构形式确定的情况下,改变系统的某些参数或结构,比如选择或设计校正装置并将其加入系统中,使再设计后的系统满足预定的性能指标要求。鉴于此,在学习本课程或学习本教材时,建议夯实理论基础,注重工程应用案例,建立理论与专业知识之间的关联。

1. 掌握理论基础

诚如前文所言,控制工程基础是工程控制论的理论基础,因此教材中的理论知识点值得引起足够重视,在学习的过程中建议采用循序渐进、温故知新的方法,同时,也可通过习题进行强化和巩固。

2. 分析系统性能

控制工程基础不仅是工程控制论的理论基础,也能基于相关理论对系统的"稳""准""快"等性能进行分析。本教材第 3、4、5 章提供了分析系统性能的 3 种方法。对于该部分内容的学习方法,建议将 3 种分析手段与其解决的工程实际问题对应起来,完成由理论基础到性能分析的进阶学习。

3. 实施系统再造

在掌握了理论基础和分析方法的前提下,控制工程基础更是一门解决工程实际问题的技术学科。囿于篇幅,本教材将解决工程实际问题聚焦于系统校正。相同的校正目的可能会有不同的校正方案,方案的选择不仅考验前期对理论和设计方法的学习程度,更能看出工程师对系统再设计的综合评估和判断能力。对于这部分内容的学习,除借助于合适的工程软件外,大量的、长时间的实践也是非常重要的。

4. 理论与实验结合

课程"控制工程基础"一般都会设置 6~12 学时的实验项目。尽管实验平台有差别,但内容基本上都是围绕时频域性能指标和系统识别及系统校正而展开。理论指导实验,同样,实验也强化了理论学习。因此,读者可通过实验环节将理论内容具象化,甚至可解开理论学习中的混沌之处。

5. 博采众长

名为《控制工程基础》《机械工程控制基础》《自动控制原理》的教材很多,章节布置、案例选择、讲解方式等均有不同。读者可参阅相关教材或控制类专著,博采众长。这对于学习一门科学技术是非常有益且必要的。读者也应了解、掌握并使用各类控制分析与设计软件,如 Matlab、LabVIEW 等。此外,目前丰富的线上资源对学习也很有帮助,如慕课,对于单个知识点而言,视频的学习效果是显著的。

习 题

1-1 日常生活中的开环控制系统和闭环控制系统各举一例。

1-2 绘制图 1-13 所示系统的原理框图。

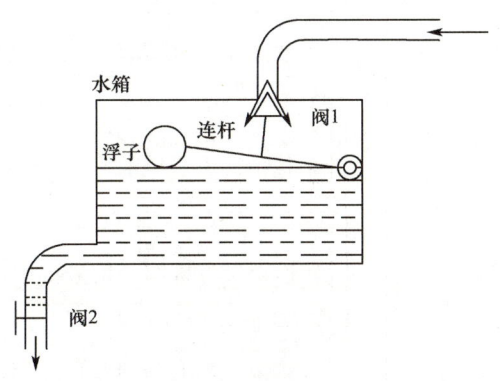

图 1-13 习题 1-2

第2章 控制系统的数学模型

本章重点内容与学习思路

控制系统的数学建模

2.1 控制系统的微分方程建模

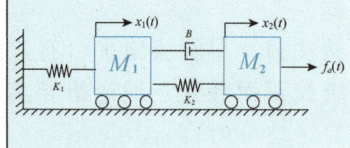

- 2.1.1 控制系统的微分描述
  物理量：速度、位移、加速度、力、时间、动量、动能等
  线性微分方程：单输入单输出n阶常系数线性微分方程
- 2.1.2 机械控制系统的微分方程
  平移系统：质量、阻尼、弹簧；作用点与参考点；牛顿定律
  旋转系统：转动惯量、粘性阻尼、扭转弹簧；牛顿定律
- 2.1.3 电气控制系统的微分方程
  元素与变量：电阻、电容、电感、电源；电压、电流
  物理定律：欧姆定律和基尔霍夫定律

2.2 控制系统的传递函数建模

传递函数的有理分式形式

$$G(s) = \frac{b_m s^m + b_{m-1} s^{m-1} + \cdots + b_1 s + b_0}{a_n s^n + a_{n-1} s^{n-1} + \cdots + a_1 s + a_0}$$

$$= K' \frac{(s-z_1)\cdots(s-z_i)(s^2+\beta_1 s+\alpha_1)\cdots(s^2+\beta_p s+\alpha_p)}{(s-p_1)\cdots(s-p_j)(s^2+\delta_1 s+\gamma_1)\cdots(s^2+\delta_q s+\gamma_q)}$$

传递函数的+1形式

$$G(s) = \frac{K \prod_{i=1}^{b}(\tau_i s+1) \prod_{l=1}^{c}(\tau_l^2 s^2+2\zeta_l \tau_l s+1)}{s^\nu \prod_{j=1}^{d}(T_j s+1) \prod_{k=1}^{e}(T_k^2 s^2+2\zeta_k T_k s+1)}$$

- 2.2.1 传递函数的定义
  系统输出拉普拉斯变换与输入拉普拉斯变换的比值
  特征方程、特征根、极点、零点
- 2.2.2 传递函数的性质
  独立于系统输入，满足拉普拉斯变换使用条件，线性时不变系统
- 2.2.3 典型环节的传递函数
  比例环节、积分环节、惯性环节、微分环节、振荡环节

传函图解法

2.3 传递函数框图

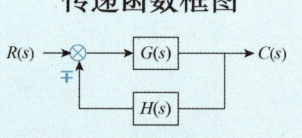

- 2.3.1 基本概念
  前向通路、反馈通路、开环传递函数、闭环传递函数
- 2.3.2 框图化简
  求系统传递函数的框图法
  关键点：串并联化简，加法点前后移，分支点前后移
  干扰情况下系统的输出（多输入情况下的线性叠加）

传函代数法

2.4 信号流程图与梅森增益公式

$$P = \frac{\sum_k P_k \cdot \Delta_k}{\Delta}$$

- 2.4.1 信号流程图
  传递函数方框图与信号流程图的对应关系
- 2.4.2 梅森增益公式
  求系统传递函数的代数法
  关键点：所有前向通路，所有回路，所有互不接触回路，回路与前向通路的接触情况

对动态系统的研究主要包括以下三步:首先,根据研究对象的物理特性、动态表现等对其进行分析;其次,基于控制理论方法设计控制器;最后,对控制器进行测试与校正。对动态系统进行建模是上述工作的基础,后续的相关研究均建立在准确的数学模型上。数学模型描述了物理系统的运动属性,从定量的角度揭示了系统参数、性能指标和动态特性之间的关系。

本章从机械、电气和液压等系统的微分方程建模入手,引出控制系统的传递函数建模及各典型环节的传递函数,进而给出框图化简、绘制及基于梅森增益公式获得复杂系统传递函数的方法等分析控制系统的有效数学工具。需要说明的是,本教材对基于数学模型进行的控制系统分析和设计均是以"已获得了最恰当数学模型"为前提。无论是描述控制系统的微分方程、传递函数,还是描述控制系统的框图、信号流程图,都统称为"控制系统的数学模型",建立上述方程或图形的过程即为控制系统建模。

工程领域常用的数学模型分为两类:静态模型和动态模型。静态模型为独立于时间的数学模型,如 $y=5x+2$,变量 y 和 x 均不依赖于时间或与时间无关;动态模型为依赖于时间的数学模型,例如 $y(t)=5x(t)+2$,变量 $y(t)$ 和 $x(t)$ 均依赖于时间或与时间相关。控制系统涉及的大部分数学模型都是动态模型,包括外部模型和内部模型。前者主要描述系统输入与系统输出之间的关系,如微分方程、传递函数等,这也是本教材的研究对象。后者主要描述系统的输入、输出及内部变量之间的关系,如状态空间方程等。

2.1 控制系统的微分方程建模

2.1.1 控制系统的微分描述

1. 描述物体运动的物理量

常用描述物体运动的物理量主要包括位移、速度和加速度等(表 2-1)。如何运用物理量描述运动是非常关键的问题,下面以速度和加速度为例进行阐述。

表 2-1   描述物体运动的物理量

物理量	位移	速度	加速度	时间	动量	动能
符号	x	v	a	t	P	E_k
单位	m	m/s	m/s²	s	kg·m/s	J

某点在时刻 t 的运动位置为 $x(t)$,经过微小时间 Δt 后的位置为 $x(t+\Delta t)$,则该点在 Δt 内移动的距离为 $\Delta x = x(t+\Delta t) - x(t)$。那么,该点在 Δt 内的平均变化率,即 Δt 内的平均速度为

$$\bar{v} = \frac{x(t+\Delta t) - x(t)}{(t+\Delta t) - t} = \frac{\Delta x}{\Delta t} \tag{2.1}$$

由式(2.1)可知,微小时间的尺度将影响平均速度的大小。例如,某路段长 5 km,开车需要 10 min,若取 10 min 为微小时间,则平均速度 $\bar{v}=30$ km/h。汽车不会一直以 30 km/h 的速度行驶,行驶中瞬间速度不等于 30 km/h 的情况是经常存在的。微小时间

趋于零时的平均速度 $v(t)$ 为瞬间速度,时刻 t 的速度为

$$v(t)=\lim_{\Delta t\to 0}\overline{v}=\lim_{\Delta t\to 0}\frac{\Delta x}{\Delta t} \tag{2.2}$$

速度的时间变化率可用加速度 $a(t)$ 来表示,与从位置的变化率导出速度的方法类似,加速度的定义为

$$a(t)=\lim_{\Delta t\to 0}\frac{v(t+\Delta t)-v(t)}{(t+\Delta t)-t}=\lim_{\Delta t\to 0}\frac{\Delta v}{\Delta t} \tag{2.3}$$

2. 物理量的微分描述

微分方程是描述动态系统最常见的数学模型。如图 2-1 所示,曲线 $y=f(x)$ 的导数为

$$f'(x)=\frac{\mathrm{d}y}{\mathrm{d}x}=\lim_{h\to 0}\frac{f(x+h)-f(x)}{(x+h)-x}=\lim_{h\to 0}\frac{f(x+h)-f(x)}{h} \tag{2.4}$$

上式中,h 为 x 方向增量。式(2.4)的含义为当 $x+h$ 趋近于 x,即 h 趋于零时曲线的斜率。这与式(2.1)的平均速度和式(2.2)表示的速度含义相同。上述计算导数的过程即微分,工程上使用微分表示物体的物理量(如位置、速度、角度、流量、温度等)随时间的变化情况。

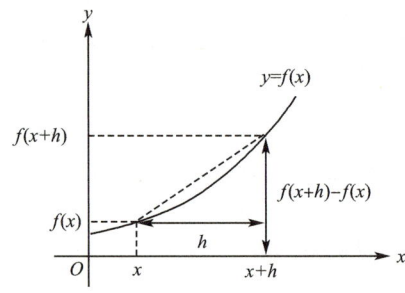

图 2-1 h 趋于零时曲线的斜率

3. 系统的微分描述

根据微分方程可将控制系统分为两类:线性系统和非线性系统。

用线性微分方程描述的系统称为线性系统。若方程的系数为常数,则为线性定常系统;若方程的系数不是常数,而是时间 t 的函数,则为线性时变系统。线性系统满足叠加原理,即多个输入同时作用于线性系统的总响应等于各输入单独作用时产生的响应之和。

用非线性微分方程描述的系统称为非线性系统。非线性系统一般不能使用叠加原理,在数学处理上通常可将非线性问题在合理条件下进行简化,或采用线性化方法进行处理。

工程实践中的线性定常系统均能用 n 阶常系数线性微分方程描述其运动特性。设系统的输出为 $y(t)$,系统的输入为 $x(t)$,则单输入、单输出 n 阶系统常系数线性微分方程的一般形式为

$$a_n\frac{\mathrm{d}^n y(t)}{\mathrm{d}t^n}+a_{n-1}\frac{\mathrm{d}^{n-1} y(t)}{\mathrm{d}t^{n-1}}+\cdots+a_1\frac{\mathrm{d}y(t)}{\mathrm{d}t}+a_0 y(t)=b_m\frac{\mathrm{d}^m x(t)}{\mathrm{d}t^m}+b_{m-1}\frac{\mathrm{d}^{m-1} x(t)}{\mathrm{d}t^{m-1}}+\cdots+b_1\frac{\mathrm{d}x(t)}{\mathrm{d}t}+b_0 x(t) \tag{2.5}$$

式(2.5)中,$a_0,a_1,\cdots,a_n$ 和 $b_0,b_1,\cdots,b_m$ 是由系统结构参数决定的实常数。由于实际系

统中总含有惯性元件,所以总是 $m \leqslant n$。

2.1.2 机械控制系统的微分方程

常见的机械系统有平移和旋转两类。

1. 机械平移系统的微分方程

本节首先从描述机械平移系统主要元素的变量入手,进而基于变量对元素进行描述;随后在回顾牛顿定律的基础上,给出机械平移系统建模过程。

(1) 变量与元素

机械平移系统的主要元素有质量、阻尼和弹簧,描述主要元素运动和受力状态的变量有位移、速度、加速度,以及合外力。

如图 2-2(a)所示,位移 $x(t)$ 为刚体相对于固定墙面的位移,而在图 2-2(b)中,位移 $x(t)$ 也许为刚体相对于垂直墙面的位移,也许为刚体相对于另一个刚体的位移。如图 2-2(c)所示,刚体上所有点的速度 $v(t)$ 均是相同的,而在图 2-2(d)中,速度 $v(t)$ 为两个弹簧连接点 A 的速度。如图 2-2(e)和图 2-2(f)所示,力以推力或拉力的形式作用在刚体上,经典控制理论认为这两种情况下的力是等效的。位移 $x(t)$、速度 $v(t)$、加速度 $a(t)$ 和力 $f(t)$ 的关系为

$$v(t) = \frac{\mathrm{d}x(t)}{\mathrm{d}t} \tag{2.6}$$

$$a(t) = \frac{\mathrm{d}v(t)}{\mathrm{d}t} = \frac{\mathrm{d}^2 x(t)}{\mathrm{d}t^2} \tag{2.7}$$

$$f(t) = Ma(t) \tag{2.8}$$

式(2.6)~(2.8)中,t 为任意时刻,M 为刚体质量。位移和速度的作用点很重要,而且由于速度是位移的导数,因此两者的方向应一致。

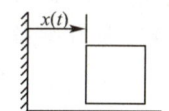
(a) 作用点位于固定墙面的位移

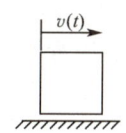
(c) 作用点位于刚体本身的速度

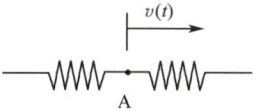
(d) 作用点位于两个弹簧连接点的速度

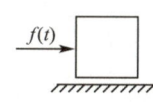
(e) 作用在刚体上的推力

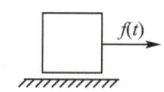
(f) 作用在刚体上的拉力

图 2-2 位移和速度的作用点及力的作用形式

(2) 元素建模

物理系统通常都由一个或多个可用变量描述的元素构成,下面将基于变量对机械平移系统的主要元素(如质量、阻尼、弹簧)进行描述,即对元素进行数学建模。

① 质量

某刚体的质量为 M,受到外力为 $f_M(t)$,位移和速度分别为 $x(t)$ 和 $v(t)$,不考虑与水平面的摩擦(图 2-3)。由牛顿第二定律可知,该质量的数学模型为

$$f_M(t) = M\frac{\mathrm{d}v(t)}{\mathrm{d}t} = M\frac{\mathrm{d}^2 x(t)}{\mathrm{d}t^2} \tag{2.9}$$

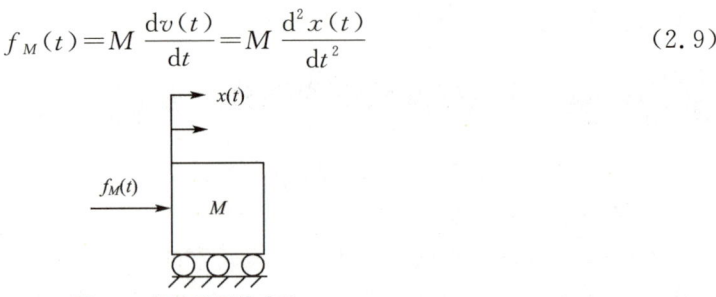

图 2-3 描述质量的变量

② 阻尼

B 为阻尼器的阻尼系数,力 $f_B(t)$ 作用在阻尼器的右端,定义阻尼器的右端为作用点,$x_1(t)$ 和 $v_1(t)$ 分别为作用点处的位移和速度;大小相等方向相反的反作用力 $f_B(t)$ 作用于阻尼器的左端,定义阻尼器的左端为参考点,$x_2(t)$ 和 $v_2(t)$ 分别为参考点处的位移和速度(图 2-4)。该阻尼器的数学模型为

$$f_B(t) = B\Delta v(t) = B[v_1(t) - v_2(t)] = B\left[\frac{\mathrm{d}x_1(t)}{\mathrm{d}t} - \frac{\mathrm{d}x_2(t)}{\mathrm{d}t}\right] \tag{2.10}$$

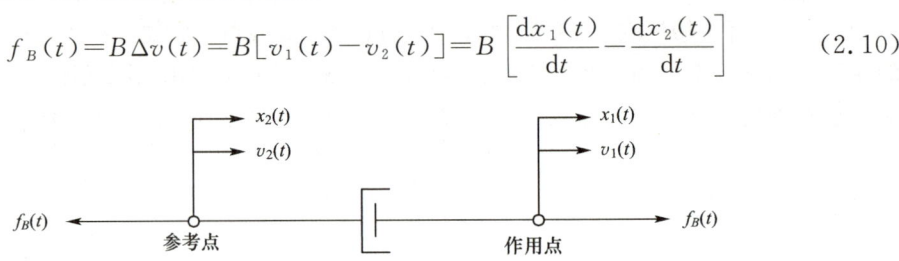

图 2-4 描述阻尼的变量

③ 弹簧

与阻尼相类似,K 为弹簧的弹性系数,力 $f_K(t)$ 作用在弹簧的右端,定义弹簧的右端为作用点,$x_1(t)$ 和 $v_1(t)$ 分别为作用点处的位移和速度;大小相等方向相反的反作用力 $f_K(t)$ 作用于弹簧的左端,定义弹簧的左端为参考点,$x_2(t)$ 和 $v_2(t)$ 分别为参考点处的位移和速度(图 2-5)。该弹簧的数学模型为

$$f_K(t) = K\Delta x(t) = K[x_1(t) - x_2(t)] = K\!\int\!\Delta v(t)\mathrm{d}t = K\!\int\![v_1(t) - v_2(t)]\mathrm{d}t \tag{2.11}$$

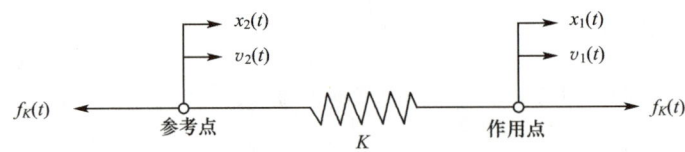

图 2-5 描述弹簧的变量

(3) 牛顿定律

牛顿定律是建模的理论依据,尤其是牛顿第二定律。对于某质量不变的刚体,由牛顿第二定律可知

$$\sum_i (f_{\text{ext}})_i = M\frac{\mathrm{d}v(t)}{\mathrm{d}t} \tag{2.12}$$

式(2.12)中,f_{ext}为作用在刚体上的合外力,$v(t)$为刚体速度,M为刚体质量。

(4)建模举例

> **例 2.1** 某质量-弹簧-阻尼机械平移系统的质量块与地面之间无摩擦,弹簧与阻尼器为线性元件。$f_a(t)$为给定外力,也是系统的输入变量,位移$x(t)$为质量块的位移,也是系统的输出变量[图 2-6(a)]。试绘制系统的受力分析图,并列写该系统的微分方程(数学模型)。

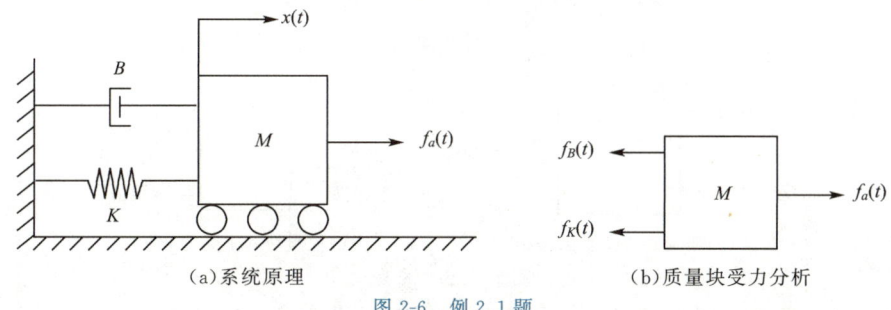

(a)系统原理　　　　　　　　　(b)质量块受力分析

图 2-6　例 2.1 题

解:首先分析质量块的受力情况。在经典控制理论里,垂直方向力不影响水平方向运动。由于该质量块所在系统为水平方向运动,因此忽略重力。质量块受到的水平力如下:

$f_K(t)$:弹力,大小为$Kx(t)$;

$f_B(t)$:阻尼力,大小为$B\dfrac{dx(t)}{dt}$;

$f_a(t)$:已知外力。

根据上述受力情况分析,绘制质量块受力分析图[图 2-6(b)]。由图 2-6(b)和牛顿定律可知,选质量块运动方向即右向为正,可得系统微分方程(数学模型)为

$$f_a(t)-B\frac{dx(t)}{dt}-Kx(t)=M\frac{d^2x(t)}{dt^2} \tag{2.13}$$

例 2.1 中涉及的位移为质量块本身的位移,但有时某元素的位移是相对于其他元素的相对值,此时需要根据作用点和参考点来确定位移情况,如例 2.2 所示。

> **例 2.2** 某质量-弹簧-阻尼系统的质量块与地面之间无摩擦,弹簧与阻尼器为线性元件。$f_a(t)$为给定外力,也是系统的输入变量,位移$x_1(t)$和$x_2(t)$分别为质量块 1 和质量块 2 的位移。K_1,K_2和B分别为弹簧 1、弹簧 2 的弹性系数和阻尼器的阻尼系数[图 2-7(a)]。试绘制系统的受力分析图,并分别列写质量块 1 和质量块 2 的微分方程(数学模型)。

解:首先分析 2 个质量块的受力情况。由于给定外力$f_a(t)$作用于质量块M_2上,因此首先对其进行受力分析。质量块M_2受 3 个力,分别为给定外力$f_a(t)$、阻尼力$f_B(t)$和弹力$f_{K2}(t)$[图 2-7(b)]。以阻尼力$f_B(t)$为例,阻尼B的两端均有位移,分别为$x_1(t)$和$x_2(t)$,由于给定外力$f_a(t)$即系统输入作用在质量块M_2上,因此对于阻尼B而言,$x_2(t)$端为作用点,$x_1(t)$端为参考点。同理可对弹簧K_2进行分析

质量块M_1受 3 个力,分别为阻尼力$f_B(t)$、弹力$f_{K2}(t)$和弹力$f_{K1}(t)$,如图 2-7(c)所示。根据牛顿第三定律可知阻尼力$f_B(t)$和弹力$f_{K2}(t)$与质量块M_2所受的这两个

力大小相等、方向相反。弹力 $f_{K1}(t)$ 的确定可参考例 2.1。

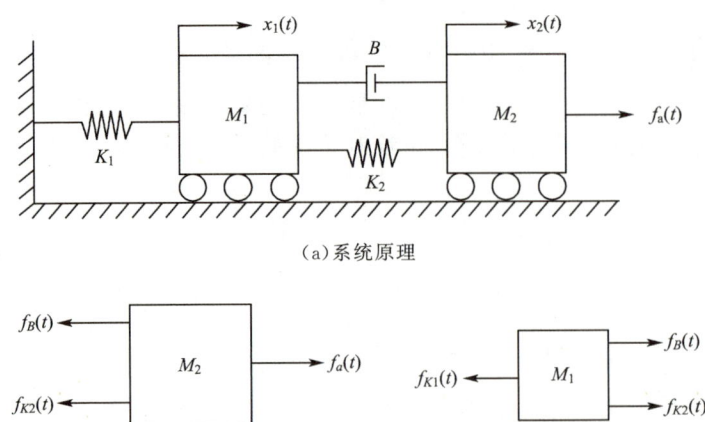

图 2-7 例 2.2 题

综上,可列写两个质量块的微分方程(数学模型)分别为

$$B\left[\frac{\mathrm{d}x_2(t)}{\mathrm{d}t}-\frac{\mathrm{d}x_1(t)}{\mathrm{d}t}\right]+K_2[x_2(t)-x_1(t)]-K_1x_1(t)=M_1\frac{\mathrm{d}^2x_1(t)}{\mathrm{d}t^2} \quad (2.14\mathrm{a})$$

$$f_a(t)-B\left[\frac{\mathrm{d}x_2(t)}{\mathrm{d}t}-\frac{\mathrm{d}x_1(t)}{\mathrm{d}t}\right]-K_2[x_2(t)-x_1(t)]=M_2\frac{\mathrm{d}^2x_2(t)}{\mathrm{d}t^2} \quad (2.14\mathrm{b})$$

2. 机械旋转系统的微分方程

机械旋转系统用途极其广泛,如电动机、齿轮传动系统、位置伺服控制系统等,其建模方法与平移系统相似,后者的质量、弹簧、阻尼对应前者的转动惯量、扭转弹簧、旋转阻尼。

例 2.3 某机械旋转系统力学模型如图 2-8 所示,其旋转体通过柔性轴(扭转弹簧)与齿轮连接,旋转体在黏性介质中旋转,承受与旋转速度成正比的阻尼力矩。齿轮转角 $\theta_i(t)$ 为系统输入,旋转体转角 $\theta_o(t)$ 为系统输出,即扭转弹簧左、右端转角分别为 $\theta_i(t)$、$\theta_o(t)$,忽略轴承摩擦。J 为旋转体转动惯量,K 为扭转刚度系数,B 为黏性阻尼系数。试列写该机械旋转系统的微分方程。

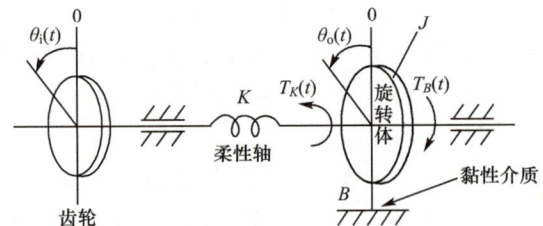

图 2-8 某机械旋转系统力学模型

解: 设扭转弹簧加给旋转体的扭矩为 $T_K(t)$,则

$$T_K(t)=K[\theta_i(t)-\theta_o(t)] \quad (2.15)$$

当 $\theta_i(t)=\theta_o(t)$ 时,弹簧的扭矩为 0。旋转体上除受弹簧的扭矩外,也受阻尼扭矩 $T_B(t)$ 作用,因而有扭矩平衡方程和旋转阻尼特性方程

$$J\frac{\mathrm{d}^2\theta_o(t)}{\mathrm{d}t^2}=T_K(t)-T_B(t) \tag{2.16}$$

$$T_B(t)=B\frac{\mathrm{d}\theta_o(t)}{\mathrm{d}t} \tag{2.17}$$

由式(2.15)至(2.17)整理可得机械旋转系统运动微分方程为

$$J\frac{\mathrm{d}^2\theta_o(t)}{\mathrm{d}t^2}+B\frac{\mathrm{d}\theta_o(t)}{\mathrm{d}t}+K\theta_o(t)=K\theta_i(t) \tag{2.18}$$

2.1.3　电气控制系统的微分方程

1. 元素与变量

电气系统中的主要元素为电阻、电容、电感和电源,描述主要元素的变量为电压和电流(表 2-2)。电源为有源元件,而电阻、电容和电感不能向电路引入能量,仅能存储或消耗能量,因此为无源元件。

表 2-2　　　　　　　与电气系统相关的变量和元素

物理量	电压	电流	电阻	电容	电感	电量	电能
符号	U	I	R	C	L	Q	W
单位	V	A	Ω	F	H	C	J

2. 物理定律

电气系统建模常用定律为欧姆定律和基尔霍夫定律,欧姆定律在元素建模部分进行回顾,此处仅介绍基尔霍夫定律。基尔霍夫定律分为基尔霍夫电流定律和基尔霍夫电压定律

(1)基尔霍夫电流定律

对电路中的任一节点,在任一时刻,流入该节点的电流之和等于流出该节点的电流之和,即流入任一节点的电流的代数和为 0

$$\sum_j i_j(t)=0 \tag{2.19}$$

式(2.20)中,$i_j(t)$ 为流经第 j 个元件上的电流。

除上述物理定律外,在电气系统建模过程中还会用到节点法。首先选择某个节点作为参考节点,然后定义参考节点和其他节点之间的电压,求出流经 2 个节点之间元件的电流,进而对各元件使用欧姆定律和基尔霍夫定律。

(2)基尔霍夫电压定律

在任何一个闭合回路中,各元件上的电压降的代数和等于电动势的代数和,即闭合电路内各段电压的代数和为 0,即

$$\sum_j u_j(t)=0 \tag{2.20}$$

式(2.19)中,$u_j(t)$ 为回路中第 j 个元件两端电压差。

3. 元素建模

(1)电阻

由欧姆定律可知,电阻两端电压与流经电阻的电流满足(图 2-9)

$$u_R(t) = Ri(t) \tag{2.21}$$

式(2.21)中,$u_R(t)$ 为电阻两端电压,$i(t)$ 为流经电阻的电流,R 为电阻值。

(2)电容

电容满足(图 2-10)

$$u_C(t) = \frac{1}{C}\int i(t)\,\mathrm{d}t \tag{2.22}$$

式(2.22)中,$u_C(t)$ 为电容两端电压,$i(t)$ 为电容电流,C 为电容值。

(3)电感

电感满足(图 2-11)

$$u_L(t) = L\frac{\mathrm{d}i(t)}{\mathrm{d}t} \tag{2.23}$$

式(2.23)中,$u_L(t)$ 为电感两端电压,$i(t)$ 为流经电感的电流,L 为电感值。

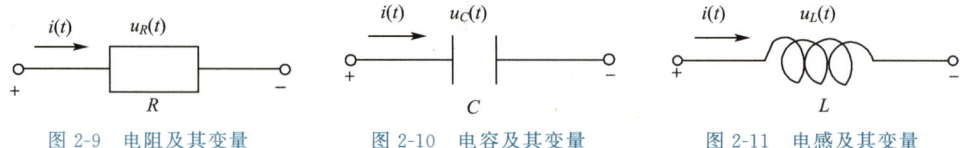

图 2-9 电阻及其变量　　图 2-10 电容及其变量　　图 2-11 电感及其变量

4. 建模举例

▶ **例 2.4**　使用欧姆定律和基尔霍夫定律列写电气系统的微分方程(图 2-12),$u_i(t)$ 和 $u_o(t)$ 分别为输入电压和输出电压,$R_1(R_2)$、L 和 C 分别为电阻值、电感值和电容值。

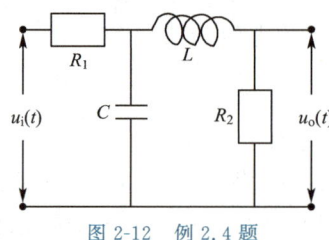

图 2-12 例 2.4 题

解：设流经 R_1、L 和 C 的电流分别为 $i_1(t)$、$i_2(t)$ 和 $i_3(t)$,根据基尔霍夫定律、欧姆定律及节点法得

$$\begin{cases} u_i(t) = i_1(t)R_1 + \dfrac{1}{C}\int i_3(t)\,\mathrm{d}t \\ i_1(t) = i_2(t) + i_3(t) \\ \dfrac{1}{C}\int i_3(t)\,\mathrm{d}t = L\dfrac{\mathrm{d}i_2(t)}{\mathrm{d}t} + i_2(t)R_2 \\ u_o(t) = i_2(t)R_2 \end{cases} \tag{2.24}$$

联立式(2.24)的 4 个方程,删除中间变量 $i_1(t)$、$i_2(t)$、$i_3(t)$,得该电气系统微分方程

$$R_1LC\frac{\mathrm{d}^2u_\mathrm{o}(t)}{\mathrm{d}t^2}+(R_1R_2C+L)\frac{\mathrm{d}u_\mathrm{o}(t)}{\mathrm{d}t}+(R_1+R_2)u_\mathrm{o}(t)=R_2u_\mathrm{i}(t) \qquad (2.25)$$

2.2 控制系统的传递函数建模

从广义角度讲,传递函数也是数学模型。本节首先基于传递函数的概念对系统传递函数框图进行简化;其次讲解如何根据微分方程绘制系统传递函数框图;最后给出获取系统传递函数的代数方法:梅森增益公式法。

2.2.1 传递函数的定义

微分方程是描述控制系统的数学模型,对其进行求解即可对控制系统进行分析和研究,但求解过程烦琐。通过拉普拉斯变换可将微分方程转化为代数方程——传递函数,进而对控制系统进行分析和研究。传递函数是研究经典控制理论的基础方法和工具,在经典控制领域占据重要的位置。

设某线性定常系统可被描述为 n 阶常微分方程

$$a_ny^{(n)}(t)+a_{n-1}y^{(n-1)}(t)+\cdots+a_1\dot{y}(t)+a_0y(t)=b_mx^{(m)}(t)+b_{m-1}x^{(m-1)}(t)+\cdots+b_1\dot{x}(t)+b_0x(t) \qquad (2.26)$$

式(2.26)中,a_n 和 b_m 是物理系统的实常数,且 $m\leqslant n$。假设系统的输入从 $t=0^+$ 开始,且 $y(0),\dot{y}(0),\cdots,y^{(n-1)}(0),x(0),\dot{x}(0),\cdots,x^{(m-1)}(0)$ 等初值均为 0。对式(2.26)的两端同时进行拉普拉斯变换,得关于 s 的代数方程

$$(a_ns^n+a_{n-1}s^{n-1}+\cdots+a_1s+a_0)Y(s)=(b_ms^m+b_{m-1}s^{m-1}+\cdots+b_1s+b_0)X(s) \qquad (2.27)$$

对式(2.27)进行移项整理,得系统传递函数

$$G(s)=\frac{Y(s)}{X(s)}=\frac{b_ms^m+b_{m-1}s^{m-1}+\cdots+b_1s+b_0}{a_ns^n+a_{n-1}s^{n-1}+\cdots+a_1s+a_0} \qquad (2.28)$$

式(2.28)中,$b_ms^m+b_{m-1}s^{m-1}+\cdots+b_1s+b_0$ 为分子多项式,$a_ns^n+a_{n-1}s^{n-1}+\cdots+a_1s+a_0$ 为分母多项式,且 $a_ns^n+a_{n-1}s^{n-1}+\cdots+a_1s+a_0=0$ 为系统的特征方程。由式(2.28)可知,假设所有初始条件均为 0,某系统或某元件的传递函数定义为输出拉普拉斯变换 $Y(s)$ 与输入拉普拉斯变换 $X(s)$ 的比值。对式(2.28)进行因式分解

$$G(s)=\frac{b_ms^m+b_{m-1}s^{m-1}+\cdots b_1s+b_0}{a_ns^n+a_{n-1}s^{n-1}+\cdots+a_1s+a_0}=K'\frac{(s-z_1)(s-z_2)\cdots(s-z_m)}{(s-p_1)(s-p_2)\cdots(s-p_n)} \qquad (2.29)$$

式(2.29)中,$z_1,z_2,\cdots,z_m$ 是分子多项式的根,称其为传递函数的零点。$p_1,p_2,\cdots,p_n$ 是特征方程的根,称其为传递函数的极点或传递函数的特征根。$K'=\dfrac{b_m}{a_n}$。零点、极点既可以是实数,也可以是复数,因此式(2.29)可被写为有理分式形式:

$$G(s)=K'\frac{(s-z_1)\cdots(s-z_i)(s^2+\beta_1 s+\alpha_1)\cdots(s^2+\beta_p s+\alpha_p)}{(s-p_1)\cdots(s-p_j)(s^2+\delta_1 s+\gamma_1)\cdots(s^2+\delta_q s+\gamma_q)} \quad (2.30)$$

式(2.30)中，$z_i, p_j, \beta_p, \alpha_p, \delta_q$ 和 γ_q 均为实数。

系统传递函数的零点和极点可被表示在 s 平面上，例如，某系统的传递函数为

$$G(s)=\frac{s+2}{(s+3)(s^2+2s+2)} \quad (2.31)$$

则该系统零点、极点分布如图 2-13 所示，其中"○"表示零点，"×"表示极点。

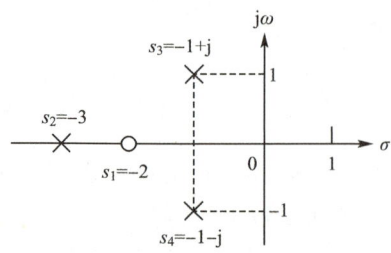

图 2-13　某系统零点、极点分布

2.2.2　传递函数的性质

看似截然不同的物理系统却具有相同形式的微分方程，进而具有相同形式的传递函数。传递函数的性质可对这种现象给出解释。在经典控制理论研究范畴内，传递函数具有如下性质：

(1) 传递函数与系统的固有特性有关，独立于系统的输入，即系统的固有特性不受输入信号的影响。

(2) 因拉普拉斯变换是线性积分变换，因此由微分方程通过拉普拉斯变换获得传递函数时，所有初始条件均假设为 0，且假设系统最初处于静止状态。

(3) 传递函数只适用于描述具有时不变特性的线性系统，即在系统工作期间或者说在对系统进行分析和设计过程中，传递函数各项参数不变或只发生微小变化。

(4) 由于传递函数等于系统输出拉普拉斯变换与系统输入拉普拉斯变换的比值，因此传递函数的单位与系统输入和输出的单位有关。

在经典控制理论中，经常会假设某系统是线性定常系统，但实际情况往往并非如此。以欧姆定律为例，流经某电阻的电流等于该电阻两端电压除以电阻值，可见从理论上说欧姆定理是基于线性定常系统而言的。但在实际系统中，若瞬间电压过高，电流就会过高，进而导致电阻发热，使恒定不变的电阻值瞬间变大，甚至会导致电阻熔化。这就是常说的"电阻被烧了"，此时该系统变为时变或非线性系统。如果该电阻系统始终在其工作范围内，即规定电压范围内运行，则该系统表现为线性时不变系统。这也是为何系统操作手册上都会标注安全工作范围的原因。

例 2.5　分别求下列微分方程的传递函数（所有初始条件均为 0）。

$$(1)\ 7\frac{d^3 y(t)}{dt^3}+5\frac{d^2 y(t)}{dt^2}+3\frac{dy(t)}{dt}+2y(t)=8\frac{dx(t)}{dt}+x(t) \quad (2.32)$$

$$(2) \quad 4\frac{d^4 y(t)}{dt^4} + \frac{d^3 y(t)}{dt^3} + 2\frac{d^2 y(t)}{dt^2} + 5\frac{dy(t)}{dt} + y(t) = 3\frac{dx(t)}{dt} + 4x(t) \tag{2.33}$$

解:根据零初始条件下的拉普拉斯变换微分定理(附录 A),对题干中的微分方程左右两侧分别进行拉普拉斯变换,得传递函数分别为

$$(1) \quad G(s) = \frac{Y(s)}{X(s)} = \frac{8s+1}{7s^3 + 5s^2 + 3s + 2} \tag{2.34}$$

$$(2) \quad G(s) = \frac{Y(s)}{X(s)} = \frac{3s+4}{4s^4 + s^3 + 2s^2 + 5s + 1} \tag{2.35}$$

2.2.3 典型环节的传递函数

能用相同传递函数进行描述的部件、组件、单元等被称为典型环节。准确把握典型环节对于分析和研究复杂控制系统是重要且必要的。式(2.30)的有理分式形式传递函数可被改写为"+1"形式,又称为传递函数的时间常数形式:

$$G(s) = \frac{K \prod_{i=1}^{b}(\tau_i s + 1) \prod_{l=1}^{c}(\tau_l^2 s^2 + 2\zeta_l \tau_l s + 1)}{s^v \prod_{j=1}^{d}(T_j s + 1) \prod_{k=1}^{e}(T_k^2 s^2 + 2\zeta_k T_k s + 1)} \tag{2.36}$$

式(2.36)中,$K = \frac{b_m}{a_n} \times \prod_{i=1}^{b} \frac{1}{\tau_i} \times \prod_{l=1}^{c} \frac{1}{\tau_l^2} \times \prod_{j=1}^{d} T_j \times \prod_{k=1}^{e} T_k^2$。上式中以串联形式存在于系统传递函数中的各部分即典型环节,下面对其进行详细讲解。

1. 比例环节

比例环节的微分方程为

$$y(t) = Kx(t) \tag{2.37}$$

式(2.37)中,K 为比例增益。对上式进行拉普拉斯变换并移项,得比例环节的传递函数:

$$G(s) = \frac{Y(s)}{X(s)} = K \tag{2.38}$$

比例环节广泛存在于不同的控制系统中,如齿轮系统中的输出速度和输入速度、杠杆系统中的输出位移和输入位移、电位器的输出电压和输入角度、电子放大器的输出信号和输入信号等。

2. 积分环节

积分环节的微分方程为

$$y(t) = \frac{1}{T} \int x(t) dt \tag{2.39}$$

式(2.39)中,T 为时间常数。对上式进行拉普拉斯变换并移项,得积分环节的传递函数:

$$G(s) = \frac{Y(s)}{X(s)} = \frac{1}{Ts} \tag{2.40}$$

▶ **例 2.6** 某液压系统如图 2-14 所示,活塞横截面积为 A,$q(t)$ 为液压缸的输入流量为 $v(t)$ 和 $x(t)$ 分别为活塞杆的速度和位移。试求:(1)以液压缸的输入流量 $q(t)$ 为

输入,以活塞杆速度 $v(t)$ 为输出的系统传递函数;(2)以液压缸的输入流量 $q(t)$ 为输入,以活塞杆位移 $x(t)$ 为输出的系统传递函数。

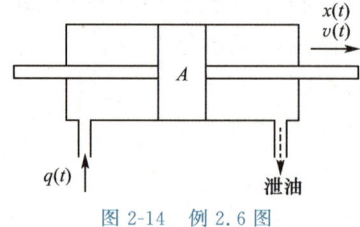

图 2-14 例 2.6 图

解:(1)根据液压缸工作原理可得活塞的速度为 $v(t)=\dfrac{q(t)}{A}$,拉普拉斯变换后得该液压缸的传递函数为

$$G(s)=\frac{V(s)}{Q(s)}=\frac{1}{A} \tag{2.41}$$

由式(2.41)可知,当活塞杆的速度 $v(t)$ 为输出、液压缸的输入流量 $q(t)$ 为输入时,该液压缸为比例环节,其比例增益为 $\dfrac{1}{A}$。

(2)根据液压缸工作原理可得活塞的速度为 $v(t)=\dfrac{q(t)}{A}=\dfrac{\mathrm{d}x(t)}{\mathrm{d}t}$,拉普拉斯变换后得该液压缸的传递函数为

$$G(s)=\frac{X(s)}{Q(s)}=\frac{1}{As} \tag{2.42}$$

由式(2.42)可知,当活塞杆的位移 $x(t)$ 为输出、液压缸的输入流量 $q(t)$ 为输入时,该液压缸为积分环节。

由例 2.6 可知,系统的传递函数取决于系统的输入和输出。

▶ **例 2.7** 某无源电气系统如图 2-15 所示。输入为电流 $i(t)$,输出为电压 $u_c(t)$。试求此电气系统的传递函数。

解:根据欧姆定律得该无源电气系统的微分方程为 $u_c(t)=\dfrac{1}{C}\displaystyle\int i(t)\mathrm{d}t$,拉普拉斯变换后,得该环节的传递函数为

$$G(s)=\frac{U_c(s)}{I(s)}=\frac{1}{Cs} \tag{2.43}$$

由式(2.43)可知,该系统为电气积分环节。

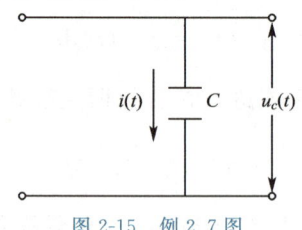

图 2-15 例 2.7 图

3. 惯性环节

惯性环节的微分方程为

$$T\frac{dy(t)}{dt}+y(t)=Kx(t) \tag{2.44}$$

式(2.44)中，T为时间常数，K为增益。对上式进行拉普拉斯变换，得惯性环节传递函数为

$$G(s)=\frac{Y(s)}{X(s)}=\frac{K}{Ts+1} \tag{2.45}$$

例 2.8 某液压负载系统如图 2-16 所示，其中 K 和 B 分别为弹簧和阻尼系数，输入 $p(t)$ 为入口油压，输出 $x(t)$ 为活塞杆位移，A 为活塞杆横截面积。试求此液压负载系统的传递函数。

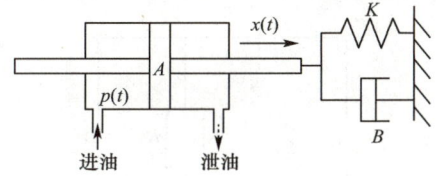

图 2-16 例 2.8 图

解：由液压缸的工作原理可得活塞杆对负载端的作用力为

$$F(t)=Ap(t) \tag{2.46}$$

该作用力与负载端的阻尼力和弹簧力相互平衡

$$F(t)=B\frac{dx(t)}{dt}+Kx(t) \tag{2.47}$$

联立上述 2 个方程消去 $F(t)$ 可得该系统的微分方程为

$$B\frac{dx(t)}{dt}+Kx(t)=Ap(t) \tag{2.48}$$

对上式进行拉普拉斯变换，得以 $x(t)$ 为输出、$p(t)$ 为输入的传递函数

$$G(s)=\frac{X(s)}{P(s)}=\frac{A}{Bs+K}=\frac{\frac{A}{K}}{\frac{Bs}{K}+1} \tag{2.49}$$

式(2.49)中，$\frac{A}{K}$为增益，$\frac{B}{K}$为时间常数。与式(2.45)对比可知，该系统为惯性环节。

4. 微分环节

常用的微分环节主要有理想微分环节、一阶微分环节和二阶微分环节，其微分方程分别为

$$y(t)=T\frac{dx(t)}{dt} \tag{2.50}$$

$$y(t)=T\frac{dx(t)}{dt}+x(t) \tag{2.51}$$

$$y(t)=T^2\frac{d^2x(t)}{dt^2}+2\zeta T\frac{dx(t)}{dt}+x(t) \tag{2.52}$$

式(2.50)至(2.52)中，T 为时间常数，ζ 为阻尼比。拉普拉斯变换后传递函数分别为

$$G(s)=\frac{Y(s)}{X(s)}=Ts \tag{2.53}$$

$$G(s)=\frac{Y(s)}{X(s)}=Ts+1 \tag{2.54}$$

$$G(s)=\frac{Y(s)}{X(s)}=T^2s^2+2\zeta Ts+1 \tag{2.55}$$

工程师的非技术能力(1)

对于式(2.55)所描述的系统而言，若 $T^2s^2+2\zeta Ts+1=0$ 有 2 个实根，则该系统并不是二阶微分环节，而是由 2 个一阶微分环节串联组成的系统。

例 2.9 某无源电气系统如图 2-17 所示。输入电压为 $u_i(t)$，输出电压为 $u_o(t)$。C 和 R 分别为电容和电阻系数。试求此无源电气系统的传递函数。

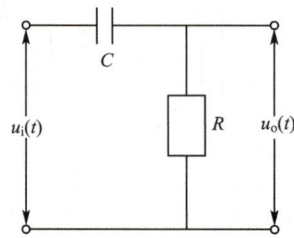

图 2-17　例 2.9 图

解：设流经电阻的电流为 $i(t)$，根据基尔霍夫定律和欧姆定律建立微分方程

$$\begin{cases} u_i(t)=\dfrac{1}{C}\int i(t)\mathrm{d}t+u_o(t) \\ i(t)=\dfrac{u_o(t)}{R} \end{cases} \tag{2.56}$$

对式(2.56)的两个方程分别进行拉普拉斯变换，联立消去中间变量电流 $I(s)$ 后得系统的传递函数为

$$G(s)=\frac{U_o(s)}{U_i(s)}=\frac{RCs}{RCs+1}=\frac{Ts}{Ts+1} \tag{2.57}$$

由于电容的单位法拉很大，普通电子电路中一般以微法(μF)和皮法(pF)为单位，所以 RC 是一个很小的量。因此，上述方程的分母近似为 1，即

$$G(s)=\frac{U_o(s)}{U_i(s)}\approx Ts \tag{2.58}$$

将式(2.58)与式(2.53)对比可知，该无源电气系统为理想微分环节。

5．二阶振荡环节

振荡环节的微分方程为

$$T^2\frac{\mathrm{d}^2 y(t)}{\mathrm{d}t^2}+2\zeta T\frac{\mathrm{d}y(t)}{\mathrm{d}t}+y(t)=Kx(t) \tag{2.59}$$

式(2.59)中，T 为时间常数，K 为增益，ζ 为阻尼比。对其进行拉普拉斯变换，得二阶振荡环节的传递函数为

$$G(s)=\frac{Y(s)}{X(s)}=\frac{K}{T^2s^2+2\zeta Ts+1} \tag{2.60}$$

对于式(2.60)所描述的系统而言,若 $T^2S^2+2\zeta T_3+1=0$ 有 2 个实根,则该系统并不是二阶振荡环节,而是由 2 个惯性环节串联组成的系统。

▶ **例 2.10** 某质量-弹簧-阻尼机械平移系统如图 2-18 所示,输出为质量块位移 $y(t)$,输入为外力 $x(t)$,K 和 B 分别为弹簧和阻尼的系数,M 为质量块的质量。试求此机械系统的传递函数(忽略重力)。

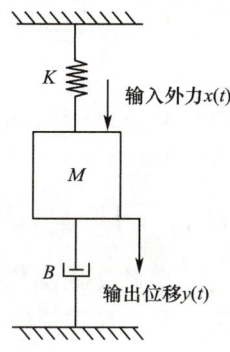

图 2-18　例 2.10 图

解:该机械平移系统的微分方程为

$$M\frac{\mathrm{d}^2y(t)}{\mathrm{d}t^2}+B\frac{\mathrm{d}y(t)}{\mathrm{d}t}+Ky(t)=x(t) \tag{2.61}$$

对式(2.61)进行拉普拉斯变换后得以质量块位移 $y(t)$ 为输出,以作用在质量块上的外力 $x(t)$ 为输入的传递函数为

$$G(s)=\frac{Y(s)}{X(s)}=\frac{1}{Ms^2+Bs+K} \tag{2.62}$$

与式(2.60)对比可知,该系统为二阶振荡环节,其中,时间常数为 $\sqrt{\frac{M}{K}}$,阻尼比为 $\frac{B}{2\sqrt{KM}}$,增益为 $\frac{1}{K}$。

2.3　传递函数框图

传递函数框图是系统数学模型的图解形式,可直观地表示系统内部各环节或部件的数学模型、相互关系及信号流向,在控制领域得到广泛应用。

2.3.1　基本概念

系统的传递函数框图由方框[图 2-19(a)]、加法点[图 2-19(b)和图 2-19(c)]/分支点[图 2-19(d)]、箭头直线、折线等元素组成,方框内为传递函数。方框之间通过带箭头的直线或折线连接。加法点与分支点表示连接的机制,多个信号的求和运算由加法点表示

[图 2-19(b)、图 2-19(c)];若信号经过某节点后仅发生方向改变、其值并不改变,则该节点是分支点,如图 2-19(d)中的 P 点所示。

控制系统可由不同环节的框图按照工作原理生成系统框图,且可由系统框图获得系统传递函数。本节给出基于框图的传递函数若干概念,为框图化简提供理论基础。

(a)方框　　(b)执行减法的加法点:$C=A-B$　　(c)执行加法的加法点:$C=A+B$　　(d)分支点

图 2-19　传递函数框图主要组成元素

1. 前向通路与反馈通路

信号从输入到输出且不重复经过任意方框的路径为前向通路,前向通路中所有环节传递函数的乘积为前向通路传递函数(图 2-20)

$$G(s) = \prod_{i=1}^{n} G_i(s) \tag{2.63}$$

式(2.63)中,$G_i(s)$ 为前向通路中任一环节的传递函数。

信号从输出到输入不重复经过的路径为反馈通路。反馈通路中所有环节传递函数的乘积为反馈通路传递函数(图 2-20)

$$H(s) = \prod_{j=1}^{m} H_j(s) \tag{2.64}$$

式(2.64)中,$H_j(s)$ 为反馈通路中任一环节的传递函数。

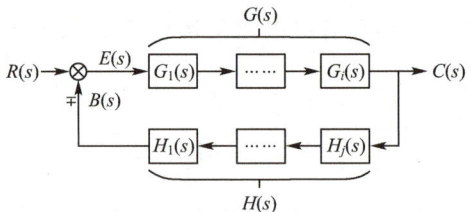

图 2-20　闭环系统传递函数框图

2. 开环与闭环传递函数

主反馈信号 $B(s)$ 与偏差信号 $E(s)$ 的比值为系统的开环传递函数,系统的输出 $C(s)$ 与输入 $R(s)$ 的比值为闭环传递函数。如图 2-20 所示,其闭环传递函数的求取过程为

$$\frac{C(s)}{R(s)} = \frac{E(s) \cdot G(s)}{E(s) \pm B(s)} = \frac{G(s)}{1 \pm \dfrac{B(s)}{E(s)}} = \frac{G(s)}{1 \pm \dfrac{Y(s)H(s)}{E(s)}} = \frac{G(s)}{1 \pm \dfrac{E(s) \cdot G(s)H(s)}{E(s)}} = \frac{G(s)}{1 \pm G(s)H(s)} \tag{2.65}$$

由上述求取过程可知该系统的开环传递函数 $B(s)/E(s)$ 的值为 $G(s)H(s)$。联合式(2.63)与(2.64)。该系统的开环和闭环传递函数分别为

$$G_{\text{open}}(s) = \frac{B(s)}{E(s)} = \prod_{i=1}^{n} G_i(s) \prod_{j=1}^{m} H_j(s) \tag{2.66}$$

$$\Phi(s) = \frac{C(s)}{R(s)} = \frac{\prod_{i=1}^{n} G_i(s)}{1 \pm \prod_{i=1}^{n} G_i(s) \prod_{j=1}^{m} H_j(s)} \qquad (2.67)$$

当 $H_j(s)=1$ 时，系统被称为单位反馈系统，其闭环传递函数为

$$\Phi(s) = \frac{C(s)}{R(s)} = \frac{\prod_{i=1}^{n} G_i(s)}{1 \pm \prod_{i=1}^{n} G_i(s)} \qquad (2.68)$$

如图 2-20 所示系统的闭环传递函数为

$$\Phi(s) = \frac{G(s)}{1 \pm G(s)H(s)} \qquad (2.69)$$

若该系统为单位负反馈系统，则上式为

$$\Phi(s) = \frac{G(s)}{1 \pm G(s)} \qquad (2.70)$$

由此可知，对于单位负反馈系统来说，分母中的 $G(s)$ 实际上是系统的开环传递函数 $G(s)H(s)$。因此，由式(2.70)可得，<u>单位负反馈系统的开环传递函数</u>为

$$G(s) = \frac{\Phi(s)}{1 \mp \Phi(s)} \qquad (2.71)$$

式(2.70)和式(2.71)表明，对于单位负反馈系统来说，可借助开闭环传递函数的关系求开环传递函数。

2.3.2 框图化简

由框图获得系统传递函数的方法主要有框图化简法和梅森增益公式法。本节主要讲解框图化简法。常用的 7 个框图化简法则见表 2-3，其中"反馈法则"参见 2.3.1 的闭环传递函数，本节将讲解其余 6 个法则。

表 2-3　　常用的 7 个框图化简法则

序号	法则	原框图	等效框图
1	串联	$R \to \boxed{G_1} \to \boxed{G_2} \to C$	$R \to \boxed{G_1 G_2} \to C$
2	并联	R 经 G_1、G_2 汇入 $\pm$ 加法点得 C	$R \to \boxed{G_1 \pm G_2} \to C$
3	反馈	$R \to \otimes \to \boxed{G} \to C$，反馈支路 $\boxed{H}$	$R \to \boxed{\dfrac{G}{1 \pm GH}} \to C$
4	加法点前移	$R \to \boxed{G} \to \otimes \to C$，$\pm B$	$R \to \otimes \to \boxed{G} \to C$，$\pm$ 经 $\boxed{1/G}$ ← B

续表

序号	法则	原框图	等效框图
5	加法点后移	R→⊗→G→C, ± B	R→G→⊗→C, ± B→G
6	分支点前移	R→G→C, B	R→G→C, G→B
7	分支点后移	R→G→C, B	R→G→C, 1/G→B

1. 串联元件的化简

无论系统的传递函数框图多么复杂,若能被化简为如图 2-21(a)所示的形式,即可得系统的传递函数 $G(s)=\dfrac{Y(s)}{X(s)}$。框图的串并联是最常见的连接方式之一,是框图化简的第一步。由图 2-21(b)所示的框图串联连接可知

$$\begin{cases} G_1(s)=\dfrac{X_1(s)}{X(s)} \\ G_2(s)=\dfrac{X_2(s)}{X_1(s)} \\ G_3(s)=\dfrac{Y(s)}{X_2(s)} \end{cases} \tag{2.72}$$

将式(2.72)的 3 个方程连乘可得

$$G_1(s) \cdot G_2(s) \cdot G_3(s) = \dfrac{Y(s) \cdot X_2(s) \cdot X_1(s)}{X_2(s) \cdot X_1(s) \cdot X(s)} = \dfrac{Y(s)}{X(s)} \tag{2.73}$$

令

$$G(s)=G_1(s) \cdot G_2(s) \cdot G_3(s) \tag{2.74}$$

则

$$G(s)=\dfrac{Y(s)}{X(s)}=G_1(S) \cdot G_2(S) \cdot G_3(S) \tag{2.75}$$

式(2.75)即该串联环节的传递函数。若串联元素为 n 个,则传递函数为串联各元素的连乘

$$G(s)=\prod_{i=1}^{n} G_i(s) \tag{2.76}$$

式(2.63)与式(2.76)相同,前者用于说明前向通路,后者用于说明环节的串联。

2. 并联元件的化简

对图 2-21(c)所示的框图并联连接而言,信号 $Y_1(s)$、$Y_2(s)$、$Y_3(s)$ 在加法点处相加得

$$Y(s)=Y_1(s)+Y_2(s)+Y_3(s) \tag{2.77}$$

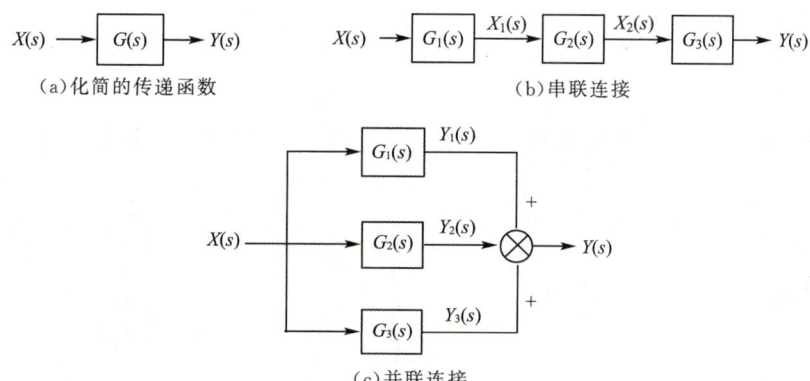

(a) 化简的传递函数　　(b) 串联连接

(c) 并联连接

图 2-21　框图的串并联

每条通路的传递函数分别为

$$\begin{cases} Y_1(s) = G_1(s)X(s) \\ Y_2(s) = G_2(s)X(s) \\ Y_3(s) = G_3(s)X(s) \end{cases} \tag{2.78}$$

将式(2.78)的 3 个方程相加可得

$$Y(s) = Y_1(s) + Y_2(s) + Y_3(s) = [G_1(s) + G_2(s) + G_3(s)]X(s) \tag{2.79}$$

因此该并联环节的传递函数为

$$\frac{Y(s)}{X(s)} = G_1(s) + G_2(s) + G_3(s) \tag{2.80}$$

若并联元素为 n 个,则传递函数为并联各元素的和:

$$G(s) = \sum_{i=1}^{n} G_i(s) \tag{2.81}$$

▶ **例 2.11**　某系统传递函数如图 2-22(a)所示,求 $Y(s)/U(s)$ 和 $Z(s)/U(s)$。

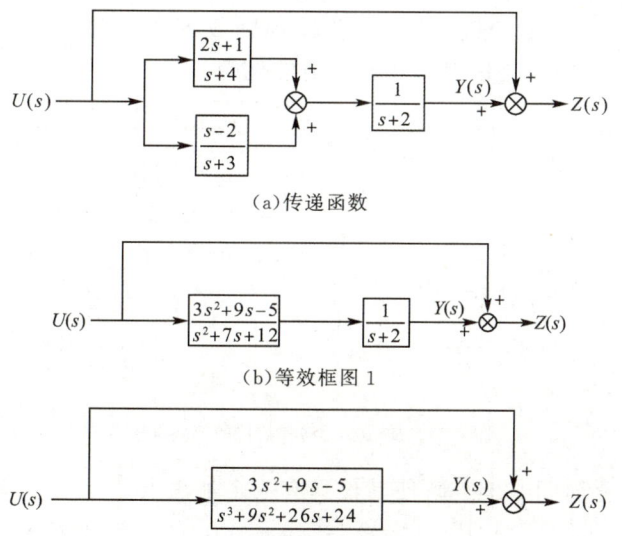

(a) 传递函数

(b) 等效框图 1

(c) 等效框图 2

图 2-22　例 2.11 题

解:由图 2-22(a)左侧加法点可得两个并联环节的传递函数为

$$\frac{2s+1}{s+4}+\frac{s-2}{s+3}=\frac{3s^2+9s-5}{s^2+7s+12} \tag{2.82}$$

因此图 2-22(a)可被化简为图 2-22(b),将图 2-22(b)的 2 个串联框图合并为图 2-22(c),因此

$$\frac{Y(s)}{U(s)}=\frac{3s^2+9s-5}{s^3+9s^2+26s+24} \tag{2.83}$$

进而可得

$$\frac{Z(s)}{U(s)}=1+\frac{Y(s)}{U(s)}=1+\frac{3s^2+9s-5}{s^3+9s^2+26s+24}=\frac{s^3+12s^2+35s+19}{s^3+9s^2+26s+24} \tag{2.84}$$

3. 加法点的移动

在框图化简的过程中,若想将某条通路越过某个环节进行前移或后移,需要考虑在移动过程中,越过环节对被移动通路的影响。在传递函数框图中,迎着信号流向的方向为前,顺着信号流向的方向为后。为节省篇幅和描述清晰,加法点和分支点的移动部分均将传递函数或信号的拉普拉斯变换形式中的"(s)"做省略处理。

图 2-23(a)的左右两图所示为加法点越过环节 G 的后移过程,左图所示输出端信号值 C 为

$$C=(R\pm B)G=RG\pm BG \tag{2.85}$$

若想在加法点后移之后输出信号值不变,即加法点后移之后输出信号值 $C=RG\pm BG$,需要在后移通路里引入越过环节本身 G,如图 2-23(a)右图所示,此时输出端信号值 C 为

$$C=RG\pm BG \tag{2.86}$$

此时图 2-23(a)中左右两图为等效框图,即加法点后移时,需在移动的通路里引入越过环节本身。

按照上述思路,可获得加法点前移的化简规则或等效框图,如图 2-23(b)所示,即加法点前移时,需在移动的通路里引入越过环节的倒数。

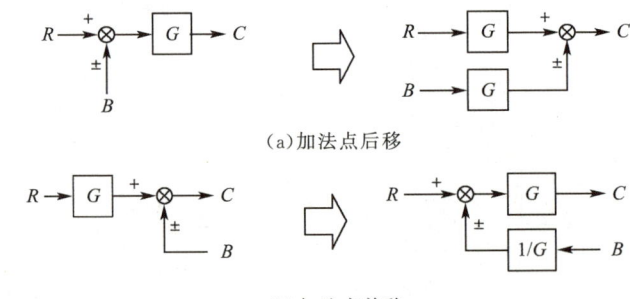

(a)加法点后移

(b)加法点前移

图 2-23 加法点后移和前移的等效框图

> **例 2.12** 化简图 2-24(a),使其仅具有一个加法点。

解:将右侧加法点越过积分环节前移,移动通路中增加越过积分环节的倒数[图 2-24(b)]。由图 2-24(b)可知,此时前向通路中的两个加法点之间没有任何环节,所以这两个

加法点可合并为一个加法点[图 2-24(c)]。

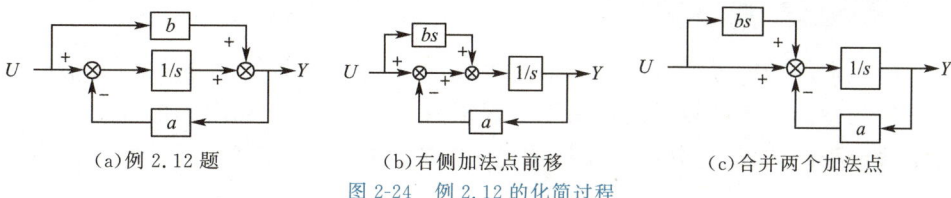

(a)例 2.12 题　　(b)右侧加法点前移　　(c)合并两个加法点

图 2-24　例 2.12 的化简过程

4. 分支点的移动

如图 2-25(a)的左图所示,输出端信号值 B 为
$$B=R \tag{2.87}$$

图 2-25(a)为分支点越过环节 G 的后移过程。若想在分支点后移后输出信号值不变,即分支点后移后输出信号值 $B=R$,需要在后移通路里引入越过环节 G 的倒数[图 2-25(a)],此时输出端信号值 B 为

$$B=R \cdot G \cdot \frac{1}{G}=R \tag{2.88}$$

此时图 2-25(a)为等效框图,即 分支点后移时,需在移动的通路里引入越过环节的倒数。

按照上述思路,可获得分支点前移的化简规则或等效框图[图 2-25(b)],即 分支前移时,需在移动的通路里引入越过环节本身。

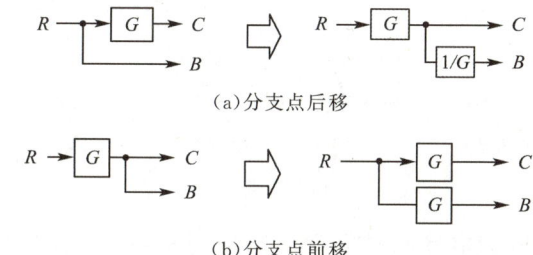

(a)分支点后移

(b)分支点前移

图 2-25　分支点前移和后移的等效框图

例 2.13　化简图 2-26(a)所示的框图,使其仅具有 1 条反馈通路。

解:从系统的输出变量到输入变量的反馈通路为主反馈通路,其他反馈通路为内反馈通路。首先,将内反馈通路的分支点 A 越过积分环节后移,因此需要在越过通路中增加积分环节的倒数,即 s[图 2-26(b)]。

随后可将图 2-26(b)中前向通路中的两个串联积分环节进行合并,得到前向通路传递函数 $1/s^2$,同时将 2 个以并联方式存在的反馈通路合并为主反馈通路 $a_1 s+a_0$,最终得到仅有一条反馈通路的等效传递函数框图[图 2-26(c)]。

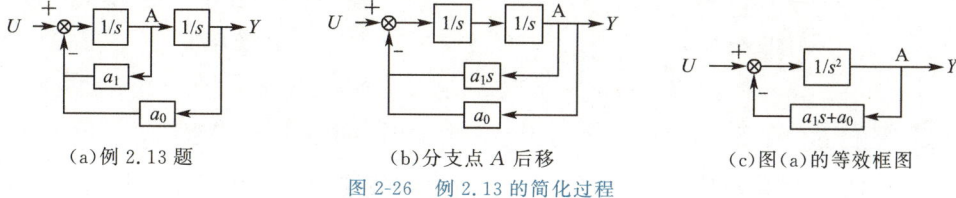

(a)例 2.13 题　　(b)分支点 A 后移　　(c)图(a)的等效框图

图 2-26　例 2.13 的简化过程

2.4 信号流程图与梅森增益公式

传递函数框图和信号流程图均为描述系统输入、输出及各组成环节之间关系的图形，两者具有等效性。传递函数框图常用于工程领域，信号流程图常用于信号领域。本节主要讲解信号流程图的概念，并给出获得传递函数的代数方法：基于信号流程图的梅森增益公式。

2.4.1 信号流程图

信号流程图及其要素如图 2-27 所示，其中 x_1 和 x_5 为输入节点，代表输入变量；x_4 为输出节点，代表输出变量；x_2 和 x_3 为混合节点，若混合节点处有多于一个输入变量，则对应于传递函数框图中的加法点，否则对应传递函数框图中的分支点；节点之间的定向线段代表传输，对应于传递函数框图中的通路；传输上标注传输值，如 a、b、c、d，对应于传递函数框图中的传递函数；从输入节点到输出节点且不重复通过任何节点的路径称为"前向通路"，如 $x_1 \to x_2 \to x_3 \to x_4$ 或 $x_5 \to x_3 \to x_4$；封闭的路径称为"回路"，如 $x_2 \to x_3 \to x_2$，经过回路的所有传递函数的乘积称为"回路传输值"，如 $b \cdot c$，对应于传递函数框图中的反馈回路传递函数。

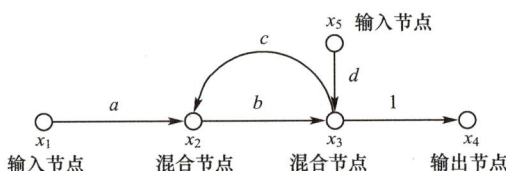

图 2-27 信号流程图及其要素

传递函数框图及对应的信号流程图如图 2-28 所示，其中输入节点 $X(s)$ 对应于传递函数框图中的 $X(s)$，信号流程图中的输出节点 $Y(s)$ 对应于传递函数框图中的 $Y(s)$；信号流程图中的混合节点 A 处有两个输入信号，因此对应于传递函数框图中的加法点；信号流程图中的混合节点 B 处有 1 个输入信号，因此对应于传递函数框图中的分支点；信号流程图中 A、B 两节点之间的传输值 $G(s)$ 对应于传递函数框图中 A、B 两节点的传递函数 $G(s)$；信号流程图中 $H(s)$ 的负号对应着传递函数框图中的负反馈。

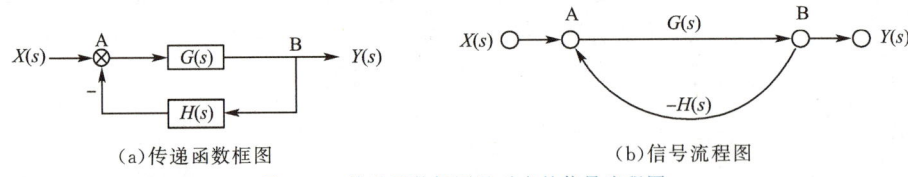

图 2-28 传递函数框图及对应的信号流程图

> **例 2.14** 将图 2-29(a)所示的传递函数框图转化为信号流程图。
>
> **解**：根据前述转化对应关系将图 2-29(a)所示的传递函数框图转化为图 2-29(b)所对

应的信号流程图。

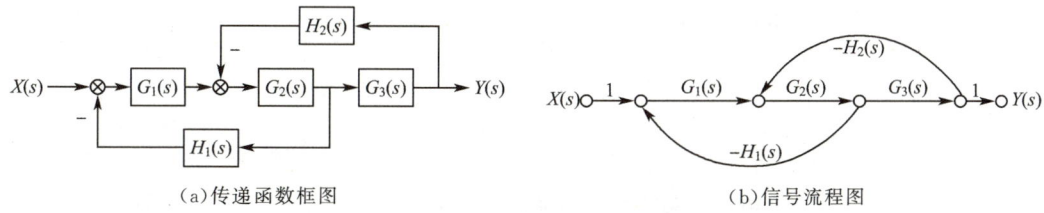

(a) 传递函数框图　　　　　　　　(b) 信号流程图

图 2-29　例 2.14 题图及其信号流程图

2.4.2 梅森增益公式

梅森增益公式由美国麻省理工学院塞缪尔·杰斐逊·梅森（Samuel Jefferson Mason）于 1953 年提出，是除传递函数框图化简法外获得传递函数的有效方法。梅森增益公式主要基于 2.4.1 节的信号流程图获得传递函数。不过，由于框图和信号流程图之间的对应关系明确，因此也可对框图使用梅森增益公式获得传递函数。梅森增益公式为

$$P = \frac{\sum_{k} P_k \cdot \Delta_k}{\Delta} \tag{2.89}$$

式(2.89)中，P 为系统的传递函数；k 为所有前向通路的条数；P_k 是第 k 条前向通路的传递函数；$\Delta = 1 -$（所有不同回路的传递函数之和）$+$（两两互不接触回路的传递函数乘积之和）$-$（三三互不接触回路的传递函数乘积之和）$+ \cdots$；Δ_k 为令与第 k 条前向通路接触的回路的传递函数为 0 后的 Δ 值。

综上，使用梅森增益公式求系统传递函数的关键点在于所有前向通路、所有回路、所有互不接触回路以及回路与前向通路的接触情况。

例 2.15　求如图 2-30 所示信号流程图的传递函数。

解：对于图 2-30 所示信号流程图而言，

① 有 3 条前向通路，其传递函数分别为

$P_1 = G_1(s)G_2(s)G_3(s)G_4(s)G_5(s)$，$P_2 = G_1(s)G_6(s)G_4(s)G_5(s)$，

$P_3 = G_1(s)G_2(s)G_7(s)$

② 有 4 条回路，其传递函数分别为

$L_1 = -G_4(s)H_1(s)$，$L_2 = -G_2(s)G_3(s)G_4(s)G_5(s)H_2(s)$，

$L_3 = -G_6(s)G_4(s)G_5(s)H_2(s)$，$L_4 = -G_2(s)G_7(s)H_2(s)$

③ 在 4 条回路中，两两互不接触的回路为 L_1 和 L_4，并没有"三三互不接触"和"四四互不接触"的回路，因此 $\Delta = 1 - (L_1 + L_2 + L_3 + L_4) + L_1 L_4$。

4 条回路均与前向通路 P_1 接触，即 $\Delta_1 = 1$。

4 条回路均与前向通路 P_2 接触，即 $\Delta_2 = 1$。

反馈回路 L_1 与前向通路 P_3 不接触，即 $\Delta_3 = 1 - L_1$。

综上，根据梅森增益公式可知其传递函数为（简洁起见，省略 s）：

$$P = \frac{P_1\Delta_1 + P_2\Delta_2 + P_3\Delta_3}{\Delta}$$

$$= \frac{G_1G_2G_3G_4G_5 + G_1G_6G_4G_5 + G_1G_2G_7(1+G_4H_1)}{1+G_4H_1+G_2G_7H_2+G_4G_6G_5H_2+G_2G_3G_4G_5H_2+G_2G_7G_4H_1H_2} \quad (2.90)$$

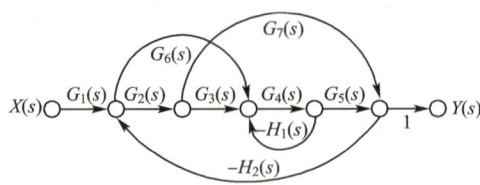

图 2-30 例 2.16 题

习 题

2-1 某质量-弹簧-阻尼系统如图 2-31 所示,弹簧与阻尼器为线性元件。$f_a(t)$ 为给定外力,也是系统的输入变量,位移 $x(t)$ 为质量块的位移,也是系统的输出变量。K 和 B 分别为弹簧和阻尼器的系数。试列写该系统的微分方程(数学模型)。

2-2 某并联弹簧系统如图 2-32 所示,两只并联弹簧具有相同的初值,K_1 和 K_2 分别为两只弹簧的系数,M 为质量块的质量,$f_a(t)$ 为给定外力,也是系统的输入变量,$x(t)$ 为质量块位移,也是系统的输出变量,B 为质量块与水平面之间的阻尼系数。

(1)写出以质量块为分析对象的微分方程。

(2)求能代替这两只并联弹簧的等效弹簧,即求等效弹簧系数 K_{eq}。

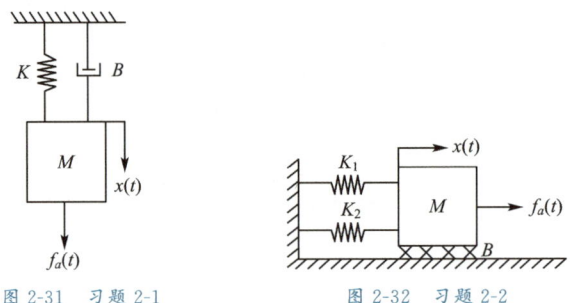

图 2-31 习题 2-1　　图 2-32 习题 2-2

2-3 某串联弹簧系统如图 2-33 所示,两只串联弹簧具有相同的初值,且 $x_1(t)=x_2(t)=0$。K_1 和 K_2 分别为两只弹簧的系数,M 为质量块的质量,$f_a(t)$ 为给定外力,也是系统的输入变量,$x(t)$ 为质量块位移,也是系统的输出变量,B 为质量块与水平面之间的阻尼系数。

工程师的非技术能力(2)

(1)分别画出质量块 M 和无质量节点 A 的受力分析图;

(2)写出以 $f_a(t)$ 为输入变量,以位移 $x_1(t)$ 为输出变量的微分方程;

(3)求能代替这两只串联弹簧的等效弹簧,即求等效弹簧系数 K_{eq}。

2-4 使用欧姆定律和基尔霍夫定律列写如图 2-34 所示电气系统的微分方程,$u_i(t)$ 和 $u_o(t)$ 分别为输入电压和输出电压,R_1、R_2 和 C 分别为电阻系数和电容系数。

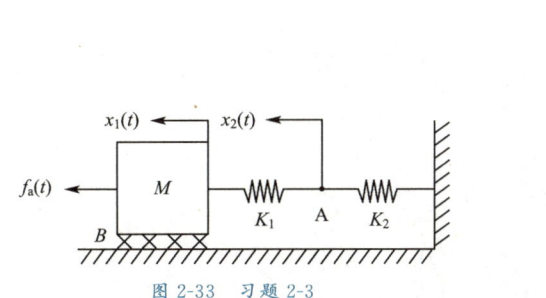
图 2-33　习题 2-3

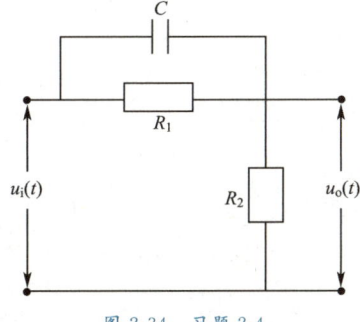
图 2-34　习题 2-4

2-5　使用框图化简的方法求如图 2-35 所示系统的闭环传递函数 $C(s)/R(s)$。

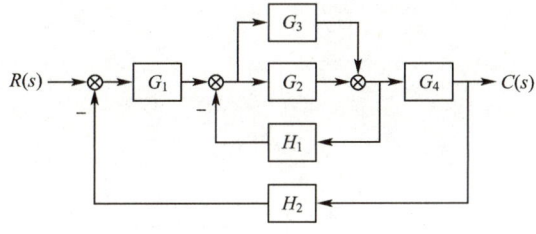
图 2-35　习题 2-5

2-6　某闭环系统传递函数框图如图 2-36 所示，试求：
(1) 输入为 $X(s)$，输出分别为 $Y(s)$ 和 $B(s)$ 的传递函数；
(2) 输入为 $N(s)$，输出分别为 $Y(s)$ 和 $E(s)$ 的传递函数；
(3) 输入为 $X(s)$ 与 $N(s)$ 时，系统的总输出 $Y(s)$。

控制理论与
人生哲理(1)

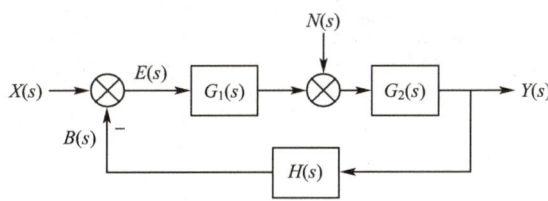
图 2-36　习题 2-6

2-7　使用梅森增益公式求图 2-37 所示信号流程图的传递函数。

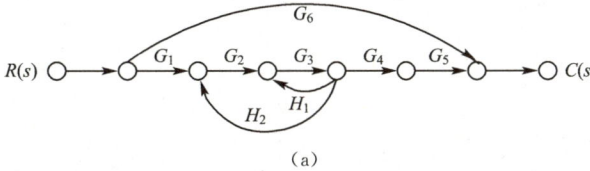
(a)

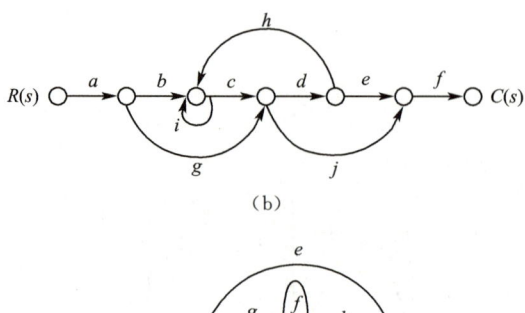

(b)

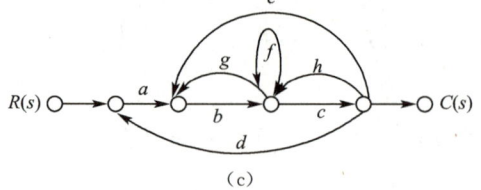

(c)

图 2-37　习题 2-7

第3章 时间响应分析法

本章重点内容与学习思路

3.1 一阶系统的时间响应

3.1.1 传递函数模型 $G(s) = \dfrac{K}{Ts+1}$
关键点：阻尼弹簧机械系统和RC电气系统中，时间常数 T 的物理意义

3.1.3 单位脉冲响应 $y(t) = \dfrac{K}{T}e^{-\frac{t}{T}}$

3.1.2 单位阶跃响应 $y(t) = K(1-e^{-\frac{t}{T}})$
关键点：时间常数 T 为一阶系统单位阶跃响应到达其稳态值63.2%所需时间

3.1.4 单位斜坡响应 $y(t) = t - T + Te^{-\frac{t}{T}}$

3.2 二阶系统的时间响应

3.2.1 传递函数模型

传递函数：$\dfrac{C(s)}{R(s)} = \dfrac{\omega_n^2}{s^2 + 2\zeta\omega_n s + \omega_n^2}$

特征方程：$s^2 + 2\zeta\omega_n s + \omega_n^2 = 0$

特征根：$s_{1,2} = -\zeta\omega_n \pm \omega_n\sqrt{\zeta^2-1}$

无阻尼自然频率：ω_n

阻尼比：ζ

3.2.2 单位阶跃响应
关键点：阻尼比，欠阻尼单位阶跃响应

3.2.3 单位脉冲响应
3.2.4 单位斜坡响应

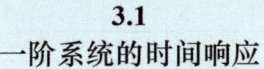

$c(t) = 1 - \dfrac{e^{-\zeta\omega_n t}}{\sqrt{1-\zeta^2}}\sin(\omega_d t + \beta)$

3.3 高阶系统的时间响应

3.3.1 闭环主导极点与偶极子
关键点：根据拉普拉斯逆变换可知，在对系统响应的影响方面，距离虚轴近的极点主导了距离虚轴远的极点

$\begin{cases} s_1 = -\dfrac{1}{\tau} \\ s_{2,3} = -\zeta\omega_n \pm \omega_n\sqrt{1-\zeta^2}\cdot j \end{cases} \Rightarrow \dfrac{|1/\tau|}{|\zeta\omega_n|} \geq 5$

$s_{2,3}$ 是闭环主导极点

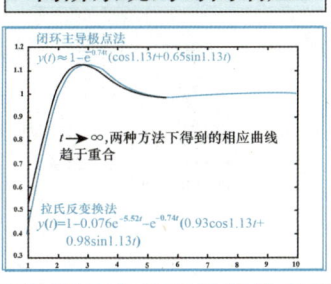

3.3.2 高阶系统的近似时间响应
处理方法：保留闭环主导极点，忽略其他
关 键 点：忽略过程中需保持开环增益不变

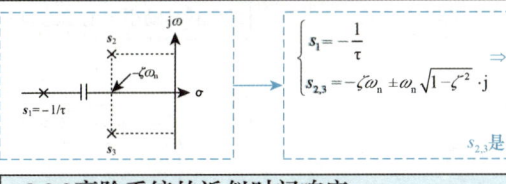

3.4 时间响应性能指标

3.4.1 一阶系统的时间响应性能指标

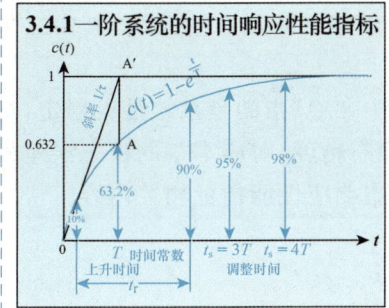

3.4.2 二阶系统时间响应性能指标

指标计算前提：单位阶跃输入

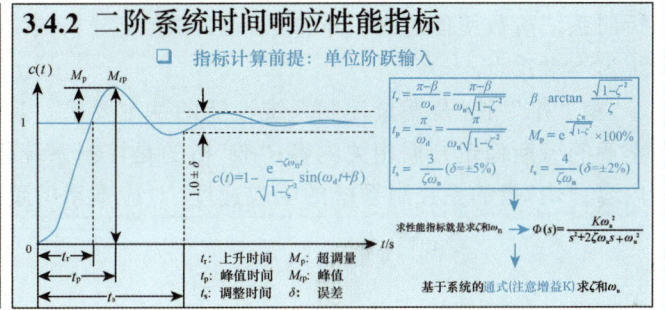

$c(t) = 1 - \dfrac{e^{-\zeta\omega_n t}}{\sqrt{1-\zeta^2}}\sin(\omega_d t + \beta)$

t_r：上升时间 M_p：超调量
t_p：峰值时间 M_{rp}：峰值
t_s：调整时间 δ：误差

$t_r = \dfrac{\pi-\beta}{\omega_d} = \dfrac{\pi-\beta}{\omega_n\sqrt{1-\zeta^2}}$ $\beta = \arctan\dfrac{\sqrt{1-\zeta^2}}{\zeta}$

$t_p = \dfrac{\pi}{\omega_d}$ $M_p = e^{-\frac{\zeta\pi}{\sqrt{1-\zeta^2}}}\times 100\%$

$t_s = \dfrac{3}{\zeta\omega_n}(\delta=\pm 5\%)$ $t_s = \dfrac{4}{\zeta\omega_n}(\delta=\pm 2\%)$

求性能指标就是求 ζ 和 ω_n → $\Phi(s) = \dfrac{K\omega_n^2}{s^2+2\zeta\omega_n s+\omega_n^2}$

基于系统的通式（注意增益K）求 ζ 和 ω_n

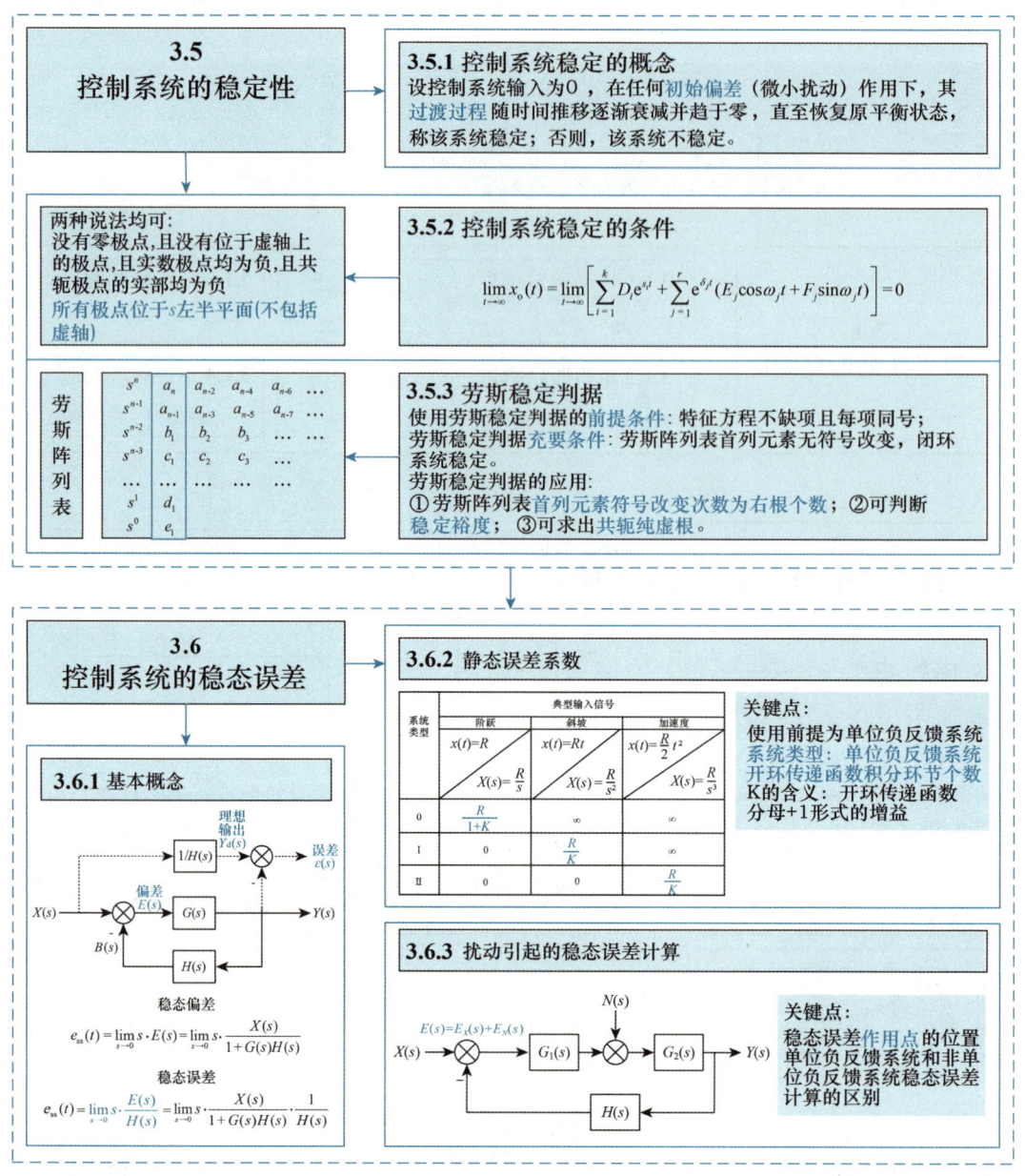

时间响应分析法是分析控制系统基本方法之一。该方法通过求解微分方程获得系统的时间响应,物理意义直观明确。但由于高阶微分方程的求解过程烦琐,因此采用该方法分析的系统阶数不能过高。本章进行时间响应分析的对象是一阶和二阶系统,其中二阶系统为本章重点。

"稳""准""快"是衡量控制系统性能的基本要求。其中,"稳"指的是系统是否稳定,对应本章的劳斯稳定判据相关内容;"准"指的是控制系统稳态精度,对应本章的稳态误差相关内容;"快"指的是控制系统的响应速度,对应本章的瞬态响应性能指标相关内容。

3.1 一阶系统的时间响应

输出信号与输入信号的关系可用一阶微分方程描述的控制系统为一阶系统。图 3-1 所示的机械系统和电气系统均为一阶系统,其微分方程分别为

$$K[x_i(t)-x_o(t)]=B\frac{\mathrm{d}x_o(t)}{\mathrm{d}t} \tag{3.1}$$

$$u_i(t)-u_o(t)=CR\frac{\mathrm{d}u_o(t)}{\mathrm{d}t} \tag{3.2}$$

式(3.1)中,K 为弹簧刚度,B 为黏性阻尼系数,$x_o(t)$、$x_i(t)$ 分别为弹簧两端的位移;式(3.2)中,R 为电阻系数,C 为电容系数,$u_o(t)$、$u_i(t)$ 分别输出和输入电压。

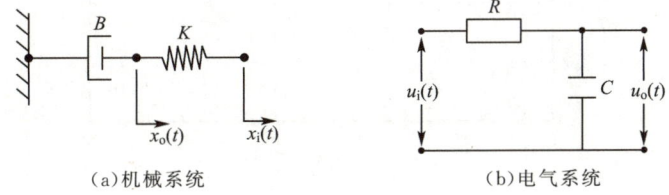

(a)机械系统   (b)电气系统

图 3-1 一阶系统原理图

3.1.1 传递函数模型

一阶系统因具有惯性常被称为惯性系统,其传递函数一般式为

$$G(s)=\frac{C(s)}{R(s)}=\frac{K}{Ts+1} \tag{3.3}$$

式(3.3)中,K 为传递函数的增益;T 为时间常数(通常为正数),为一阶系统本身固有属性。由图 3-2 可知该系统的闭环传递函数即为式(3.3),因此一阶系统可被看作是积分环节被单位负反馈通道包围而成。

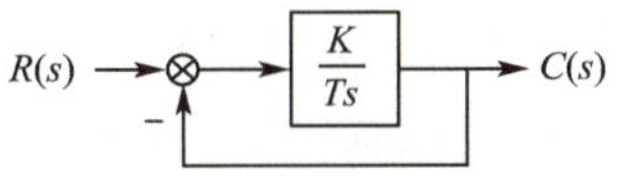

图 3-2 一阶系统传递函数框图

3.1.2 单位阶跃响应

系统在单位阶跃信号作用下的响应为单位阶跃响应。可通过拉普拉斯逆变换获得一阶系统的单位阶跃响应

$$y(t)=L^{-1}\left[\frac{K}{Ts+1}\times\frac{1}{s}\right] \tag{3.4}$$

基于部分分式法和拉普拉斯逆变换求得一阶系统的单位阶跃响应为

$$y(t)=L^{-1}\left[\frac{K}{Ts+1}\times\frac{1}{s}\right]=K(1-e^{-\frac{t}{T}}) \tag{3.5}$$

由式(3.5)可知,一阶系统单位阶跃响应的初值为 0,终值为 K;当 $t=T$ 时,$y(t)\approx$

$0.632K$，即时间常数 T 为一阶系统单位阶跃响应到达其稳态值的 63.2% 所需的时间。

增益 K 为 1，时间常数 T 分别为 1、5、10 时的单位阶跃响应曲线如图 3-3 所示，3 条阶跃响应曲线均收敛于稳态值 1，但随着 T 值增大，向稳态值收敛的时间会越来越长，即一阶系统的时间常数 T 不会改变系统的稳态值，但会影响系统的响应速度。

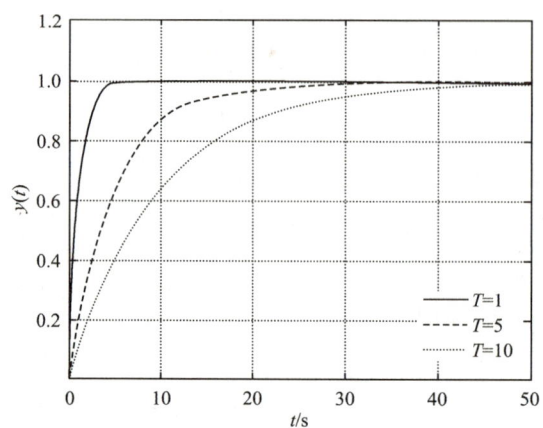

图 3-3 时间常数对一阶系统单位阶跃响应（$K=1$）的影响

3.1.3 单位脉冲响应

系统在单位脉冲信号作用下的响应为单位脉冲响应。可通过拉普拉斯逆变换获得一阶系统的单位脉冲响应

$$y(t)=L^{-1}\left[\frac{K}{Ts+1}\right]=\frac{K}{T}e^{-\frac{1}{T}t} \tag{3.6}$$

由式(3.6)可知，一阶系统单位脉冲响应的初值为 K/T，终值为 0。为进一步分析时间常数 T 对响应的影响，令 $K=T$，则式(3.6)简化为

$$y(t)=e^{-\frac{1}{T}t} \tag{3.7}$$

由式(3.7)可知，无论时间常数 T 如何变化，一阶系统单位脉冲响应的初值均为 1。时间常数 T 分别为 1、20、50 时的单位脉冲响应曲线如图 3-4 所示，随着 T 的增大，脉冲响应向 0 收敛的时间变长，系统的响应速度变慢。

通过对阶跃响应和脉冲响应的分析可知，一阶系统的时间常数 T 是影响系统响应速度的重要参数。以图 3-1(b)中的电气系统为例，其传递函数为

$$G(s)=\frac{U_o(s)}{U_i(s)}=\frac{1}{RCs+1} \tag{3.8}$$

将式(3.8)与一阶系统传递函数一般式(3.3)比较可知，该电气系统的时间常数 T 是由电阻系数 R 和电容系数 C 决定的，由此可知一阶系统的时间常数 T 由系统的结构参数决定。在图 3-1(b)所示的电气系统中，R 和 C 的值越小，T 的值就越小，此时输入瞬间电压 $u_i(t)$ 的影响会很快消失，输出电压 $u_o(t)$ 会在很短时间内变为 0；而 R 和 C 的值越大，T 的值就越大，此时输出电压 $u_o(t)$ 趋于 0 的时间会变长。

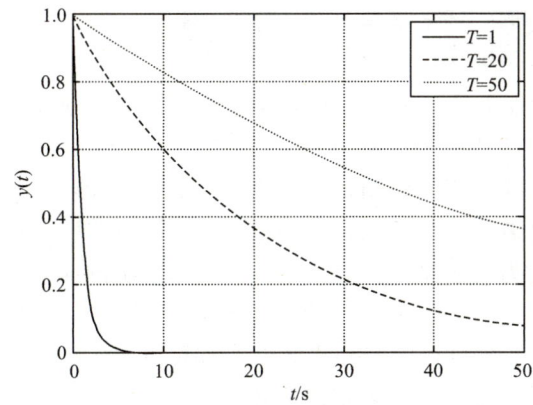

图 3-4　时间常数对一阶系统单位脉冲响应($K=T$)的影响

例 3.1　某系统的微分方程为 $2.5\dfrac{\mathrm{d}y(t)}{\mathrm{d}t}+y(t)=20x(t)$，各初始条件均为 0。试求该系统的单位阶跃响应 $y_1(t)$ 和单位脉冲响应 $y_2(t)$。

解：对该系统的微分方程进行拉普拉斯变换，可得该系统的闭环传递函数为

$$\Phi(s)=\frac{Y(s)}{X(s)}=\frac{20}{1+2.5s}$$

根据式(3.5)和式(3.6)可得该系统的单位阶跃响应和单位脉冲响应分别为

$$y_1(t)=L^{-1}\left[\frac{20}{2.5s+1}\times\frac{1}{s}\right]=20L^{-1}\left[\frac{1}{s}-\frac{1}{s+0.4}\right]=20(1-\mathrm{e}^{-0.4t})$$

$$y_2(t)=L^{-1}\left[\frac{20}{2.5s+1}\times 1\right]=L^{-1}\left[\frac{8}{s+0.4}\right]=8\mathrm{e}^{-0.4t}$$

3.1.4　单位斜坡响应

系统在单位斜坡信号作用下的响应为单位斜坡响应，可通过拉普拉斯逆变换获得一阶系统的单位斜坡响应为

$$y(t)=L^{-1}\left[\frac{1}{Ts+1}\times\frac{1}{s^2}\right]=L^{-1}\left[\frac{1}{s^2}-\frac{T}{s}+\frac{T}{s+\frac{1}{T}}\right]=t-T+T\mathrm{e}^{-t/T} \tag{3.9}$$

一阶系统单位斜坡输入时的误差为

$$\varepsilon(t)=u(t)-y(t)=t-(t-T+T\mathrm{e}^{-t/T})=T(1-\mathrm{e}^{-t/T}) \tag{3.10}$$

一阶系统单位斜坡响应曲线和单位斜坡输入信号曲线如图 3-5 所示。当时间趋于无穷时，一阶系统的单位斜坡响应与输入信号之间的误差趋于时间常数 T。

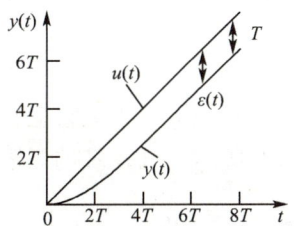

图 3-5　一阶系统单位斜坡响应曲线和单位斜坡输入信号曲线

3.2 二阶系统的时间响应

若某系统能用二阶微分方程描述,或其传递函数分母多项式 s 的最高幂次为 2,那么该系统被称为二阶系统。从物理意义上看,二阶系统一般都包含 2 个独立的储能元件,且能量可在 2 个元件间交换。当系统阻尼较小时(如欠阻尼),系统响应呈现振荡的特性,所以欠阻尼的二阶系统也被称为二阶振荡系统。二阶系统广泛存在,而且许多高阶系统在一定条件下也可被简化为二阶系统。因此,分析二阶系统的时间响应特性具有重要的实际意义。

图 3-6 所示的电气系统包含电容和电感 2 个储能元件,为典型的二阶系统,该系统的微分方程可根据基尔霍夫定律和欧姆定律列出

$$\begin{cases} u_i(t) = Ri(t) + L\dfrac{di(t)}{dt} + \dfrac{1}{C}\int i(t)dt \\ u_o(t) = \dfrac{1}{C}\int i(t)dt \end{cases} \tag{3.11}$$

在零初始条件下对上式进行拉普拉斯变换可得

$$\begin{cases} U_i(s) = RI(s) + LsI(s) + \dfrac{1}{Cs}I(s) \\ U_o(s) = \dfrac{1}{Cs}I(s) \end{cases} \tag{3.12}$$

联立式(3.12)的 2 个方程,消掉中间变量 $I(s)$,得该二阶电气系统的传递函数为

$$G(s) = \dfrac{U_o(s)}{U_i(s)} = \dfrac{1}{LCs^2 + RCs + 1} \tag{3.13}$$

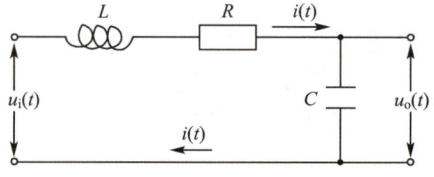

图 3-6 二阶电气系统

3.2.1 二阶系统传递函数一般式

二阶系统传递函数的一般式为

$$G(s) = \dfrac{\omega_n^2}{s^2 + 2\zeta\omega_n s + \omega_n^2} \tag{3.14}$$

式(3.14)中,ω_n 为无阻尼自然频率(rad/s),ζ 为阻尼比。对比式(3.13)和式(3.14)可知,图 3-6 所示电气系统的无阻尼自然频率和阻尼比分别为

$$\begin{cases} \omega_n = \sqrt{\dfrac{1}{LC}} \\ \zeta = \dfrac{R}{2}\sqrt{\dfrac{C}{L}} \end{cases} \tag{3.15}$$

由式(3.15)可知，ζ 与 ω_n 完全由系统本身的参数所决定，是二阶系统的重要参数，决定着系统的瞬态响应特性。

式(3.14)中分母为 0 时的方程为二阶系统的特征方程：
$$s^2 + 2\zeta\omega_n s + \omega_n^2 = 0 \tag{3.16}$$

特征方程(3.16)的根称为二阶系统的特征根，可通过求根公式获得
$$s_{1,2} = -\zeta\omega_n \pm \omega_n \sqrt{\zeta^2 - 1} \tag{3.17}$$

根据式(3.17)可知，特征根取决于系统的阻尼比 ζ，分析如下：

(1) 当 $\zeta > 1$ 时（过阻尼），为 2 个不等的实数根：$s_1, s_2 = -\zeta\omega_n \pm \omega_n \sqrt{\zeta^2 - 1}$；

(2) 当 $\zeta = 1$ 时（临界阻尼），为位于实轴上的 2 个相等的实数根：$s_1, s_2 = -\omega_n$；

(3) 当 $0 < \zeta < 1$ 时（欠阻尼），为 1 对共轭复数根：$s_1, s_2 = -\zeta\omega_n \pm j\omega_n \sqrt{1 - \zeta^2}$；

(4) 当 $\zeta = 0$ 时（无阻尼），为位于虚轴上的 2 个相等的存虚根：$s_1, s_2 = \pm j\omega_n$。

由上述分析可知，阻尼比 ζ 的取值会直接影响特征根的值，从而影响系统的时间响应。

3.2.2　单位阶跃响应

控制理论与
人生哲理(2)

下面将基于阻尼比 ζ 的值对二阶系统的单位阶跃响应进行分类讨论与说明。

(1) $\zeta > 1$，过阻尼情况

此时二阶系统的特征方程有 2 个不等的实数根，传递函数为
$$\frac{X_o(s)}{X_i(s)} = \frac{\omega_n^2}{(s + \zeta\omega_n + \omega_n \sqrt{\zeta^2 - 1})(s + \zeta\omega_n - \omega_n \sqrt{\zeta^2 - 1})} \tag{3.18}$$

由式(3.18)可知，过阻尼情况的二阶系统实际上是由 2 个一阶惯性环节串联构成的。当输入为单位阶跃信号时，二阶系统输出的象函数为
$$X_o(s) = \frac{\omega_n^2}{(s + \zeta\omega_n + \omega_n \sqrt{\zeta^2 - 1})(s + \zeta\omega_n - \omega_n \sqrt{\zeta^2 - 1})} \times \frac{1}{s} \tag{3.19}$$

对式(3.19)进行拉普拉斯逆变换，得过阻尼情况下二阶系统单位阶跃响应为
$$x_o(t) = 1 - \frac{1}{2(-\zeta^2 - \zeta\sqrt{\zeta^2 - 1} + 1)} e^{-(\zeta - \sqrt{\zeta^2 - 1})\omega_n t} - \frac{1}{2(-\zeta^2 - \zeta\sqrt{\zeta^2 - 1} + 1)} e^{-(\zeta - \sqrt{\zeta^2 - 1})\omega_n t} \tag{3.20}$$

二阶系统过阻尼情况下单位阶跃响应没有超调且过渡过程时间较长（图 3-7）。

(2) $\zeta = 1$，临界阻尼情况

此时二阶系统的特征方程有 2 个相等的实数根，传递函数为
$$\frac{X_o(s)}{X_i(s)} = \frac{\omega_n^2}{(s + \omega_n)^2} \tag{3.21}$$

当输入为单位阶跃信号时，二阶系统输出的象函数为
$$X_o(s) = \frac{\omega_n^2}{(s + \omega_n)^2} \times \frac{1}{s} = \frac{1}{s} - \frac{\omega_n}{(s + \omega_n)^2} - \frac{1}{s + \omega_n} \tag{3.22}$$

对式(3.22)进行拉普拉斯逆变换，得临界阻尼情况下二阶系统单位阶跃响应为

$$x_o(t) = 1 - \omega_n t e^{-\omega_n t} - e^{-\omega_n t} \tag{3.23}$$

二阶系统临界阻尼情况下单位阶跃响应曲线如图 3-8 所示,响应曲线没有超调,且过渡过程时间较长,但短于图 3-7 的过阻尼系统。

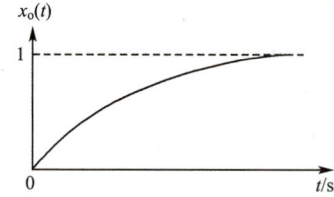
图 3-7 过阻尼二阶系统单位阶跃响应

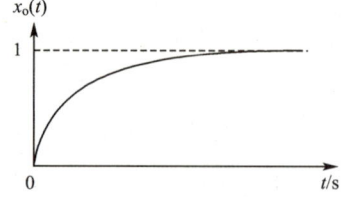
图 3-8 临界阻尼二阶系统单位阶跃响应

(3) $0 < \zeta < 1$,欠阻尼情况

此时二阶系统的特征根是 1 对共轭复数根,传递函数为

$$\frac{X_o(s)}{X_i(s)} = \frac{\omega_n^2}{(s + \zeta\omega_n + \omega_n\sqrt{1-\zeta^2}\,\mathrm{j})(s + \zeta\omega_n - \omega_n\sqrt{1-\zeta^2}\,\mathrm{j})} \tag{3.24}$$

图 3-9 为欠阻尼二阶系统特征根(极点)与系统参数的关系,其中

$$\sqrt{(\zeta\omega_n)^2 + (\omega_n\sqrt{1-\zeta^2})^2} = \omega_n \tag{3.25}$$

$$\cos\theta = \frac{\zeta\omega_n}{\omega_n} = \zeta \tag{3.26}$$

$$\theta = \arctan\frac{\sqrt{1-\zeta^2}}{\zeta} \tag{3.27}$$

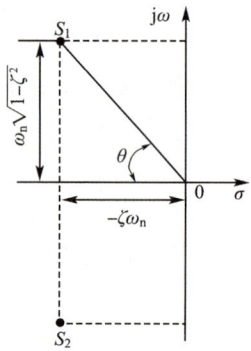
图 3-9 欠阻尼二阶系统极点与参数关系

当输入为单位阶跃信号时,二阶系统输出的象函数为

$$X_o(s) = \frac{\omega_n^2}{(s + \zeta\omega_n + \omega_n\sqrt{1-\zeta^2}\,\mathrm{j})(s + \zeta\omega_n - \omega_n\sqrt{1-\zeta^2}\,\mathrm{j})} \times \frac{1}{s}$$

$$= \frac{1}{s} - \frac{s + \zeta\omega_n}{(s + \zeta\omega_n)^2 + \omega_d^2} - \frac{\zeta\omega_n}{(s + \zeta\omega_n)^2 + \omega_d^2} \tag{3.28}$$

式(3.28)中,$\omega_d = \omega_n\sqrt{1-\zeta^2}$,称为阻尼自然频率。对式(3.28)进行拉普拉斯逆变换,得欠阻尼情况下二阶系统单位阶跃响应为

$$x_o(t) = 1 - e^{-\zeta\omega_n t}\cos\omega_d t - \frac{\zeta}{\sqrt{1-\zeta^2}}e^{-\zeta\omega_n t}\sin\omega_d t$$

$$= 1 - \frac{e^{-\zeta\omega_n t}}{\sqrt{1-\zeta^2}}\sin\left(\omega_d t + \arctan\frac{\sqrt{1-\zeta^2}}{\zeta}\right)$$

$$= 1 - \frac{e^{-\zeta\omega_n t}}{\sqrt{1-\zeta^2}}\sin(\omega_d t + \theta) \tag{3.29}$$

由式(3.29)可知,当 $0<\zeta<1$ 时,二阶系统的单位阶跃响应是以 ω_d 为角频率的衰减振荡。随着 ζ 的减小,二阶系统单位阶跃欠阻尼响应曲线的振动幅度变大,系统的超调量增加(图 3-10)。

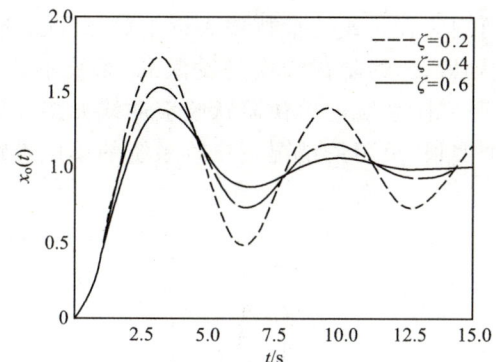

图 3-10 阻尼比对欠阻尼二阶系统单位阶跃响应的影响

(4) $\zeta=0$,零阻尼情况

此时二阶系统的特征根为 1 对纯虚根,传递函数为

$$\frac{X_o(s)}{X_i(s)} = \frac{\omega_n^2}{s^2 + \omega_n^2} \tag{3.30}$$

当输入为单位阶跃信号时,二阶系统输出的象函数为

$$X_o(s) = \frac{\omega_n^2}{s^2 + \omega_n^2} \times \frac{1}{s} = \frac{1}{s} - \frac{\omega_n}{s^2 + \omega_n^2} \tag{3.31}$$

对式(3.31)进行拉普拉斯逆变换,得零阻尼情况下二阶系统单位阶跃响应为

$$x_o(t) = 1 - \cos\omega_n t \tag{3.32}$$

零阻尼情况下运动系统的机械能不会发生耗散衰减,系统的总机械能保持不变(图 3-11),系统响应曲线为以 ω_n 为角频率的等幅振荡。

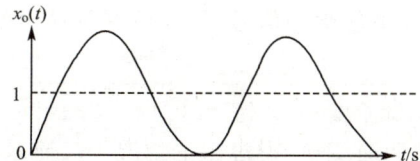

图 3-11 零阻尼二阶系统单位阶跃响应

通过上面的分析可知,二阶系统的单位阶跃响应在欠阻尼情况和零阻尼情况均存在振荡,但振荡频率和振荡幅值不同。在零阻尼情况下,二阶系统的阶跃响应以无阻尼自然

频率 ω_n 进行等幅振荡;在欠阻尼情况下,二阶系统的阶跃响应以阻尼振荡频率 ω_d 进行减幅振荡。由于 ω_n 大于 ω_d,所以系统无阻尼振荡周期 T_n 小于阻尼振荡周期 T_d。无阻尼振荡周期为

$$T_n = \frac{2\pi}{\omega_n} \tag{3.33}$$

阻尼振荡周期为

$$T_d = \frac{2\pi}{\omega_d} = \frac{2\pi}{\omega_n\sqrt{1-\zeta^2}} \tag{3.34}$$

由式(3.34)可知,系统的阻尼比越大,阻尼振荡周期越长。

(5) $\zeta < 0$,负阻尼情况

此时二阶系统的时间响应表达式的指数项为正指数,故随着时间 t 趋于无穷,其输出 $x_o(t)$ 也趋于无穷,即负阻尼系统的阶跃响应是发散的,系统不稳定。如果特征方程的根为共轭复根,负阻尼情况下二阶系统的单位阶跃响应曲线如图 3-12 所示,呈现振荡发散;如果特征方程的根为 2 个实根,负阻尼情况下二阶系统的单位阶跃响应曲线如图 3-13 所示,呈现单调发散。

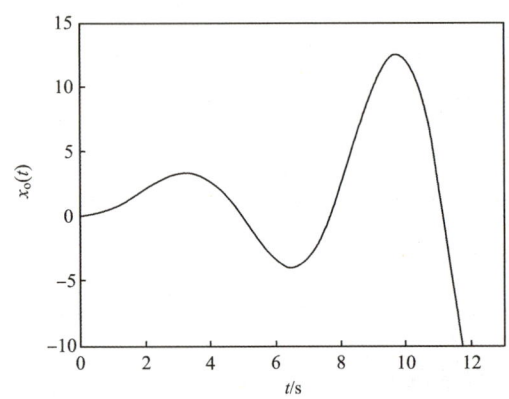

图 3-12 共轭复根下,负阻尼二阶系统单位阶跃响应曲线

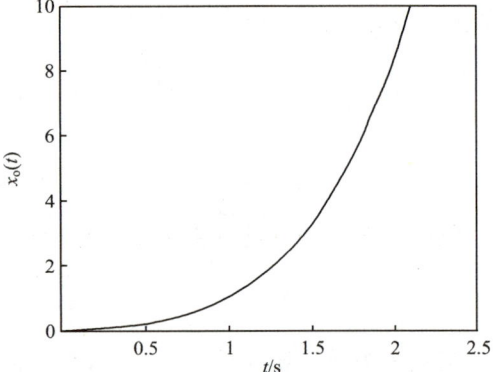

图 3-13 实根下负阻尼二阶系统单位阶跃响应曲线

3.2.3 单位脉冲响应

下面将基于阻尼比 ζ 的值对二阶系统的单位脉冲响应进行分类讨论与说明。

(1) $\zeta > 1$,过阻尼情况

结合式(3.18),当输入为单位脉冲信号时,二阶系统输出的象函数为

$$X_o(s) = \frac{\omega_n^2}{(s+\zeta\omega_n+\omega_n\sqrt{\zeta^2-1})(s+\zeta\omega_n-\omega_n\sqrt{\zeta^2-1})} \tag{3.35}$$

对式(3.35)进行拉普拉斯逆变换,得过阻尼情况下二阶系统单位脉冲响应为

$$x_o(t) = \frac{\omega_n}{2\sqrt{\zeta^2-1}}\left[e^{-(\zeta-\sqrt{\zeta^2-1})\omega_n t} - e^{-(\zeta+\sqrt{\zeta^2-1})\omega_n t}\right] \tag{3.36}$$

在过阻尼情况下,二阶系统的单位脉冲响应曲线如图 3-14 所示,系统不存在振荡与

超调,且随着阻尼比的增加,系统响应速度变慢,趋向稳态值的时间增长。

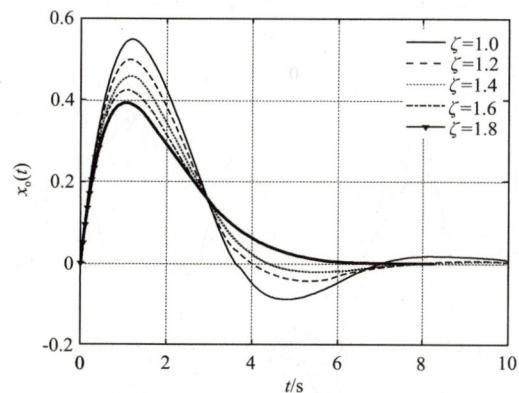

图 3-14 过阻尼二阶系统的单位脉冲响应曲线

(2) $\zeta=1$,临界阻尼情况

结合式(3.21),当输入为单位脉冲信号时,二阶系统输出的象函数为

$$X_o(s)=\frac{\omega_n^2}{(s+\omega_n)^2} \tag{3.37}$$

对式(3.37)进行拉普拉斯逆变换,得临界阻尼情况下二阶系统单位脉冲响应为

$$x_o(t)=\omega_n^2 t e^{-\omega_n t} \tag{3.38}$$

其响应曲线如图 3-15 所示。

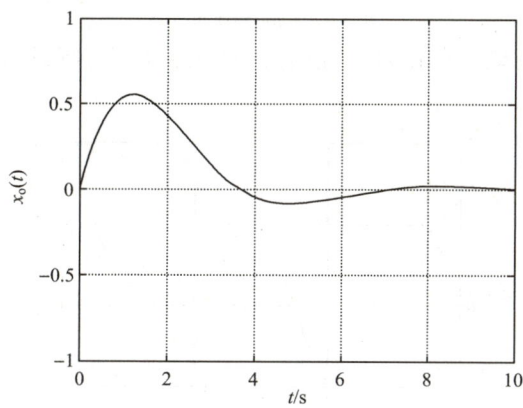

图 3-15 临界阻尼二阶系统单位脉冲响应曲线

(3) $0<\zeta<1$,欠阻尼情况

结合式(3.24),当输入为单位脉冲信号时,二阶系统输出的象函数为

$$X_o(s)=\frac{\omega_n^2}{(s+\zeta\omega_n+j\omega_d)(s+\zeta\omega_n-j\omega_d)}=\frac{\frac{\omega_n}{\sqrt{1-\zeta^2}}(\omega_n\sqrt{1-\zeta^2})}{(s+\zeta\omega_n)^2+(\omega_n\sqrt{1-\zeta^2})^2} \tag{3.39}$$

对式(3.39)进行拉普拉斯逆变换,得欠阻尼情况下二阶系统单位脉冲响应为

$$x_o(t)=\frac{\omega_n}{\sqrt{1-\zeta^2}}e^{-\zeta\omega_n t}\sin(\omega_d t) \tag{3.40}$$

由式(3.40)可知,在欠阻尼情况下,二阶系统的单位脉冲响应是以 ω_d 为角频率的衰减振荡。随着 ζ 的减小,二阶系统单位脉冲欠阻尼响应曲线的振动幅度变大,系统的超调量增加(图 3-16)。

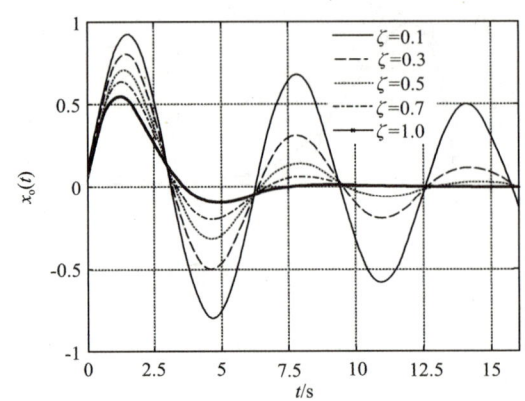

图 3-16　欠阻尼二阶系统单位脉冲响应曲线

(4) $\zeta=0$,零阻尼情况

结合式(3.30),当输入为单位脉冲信号时,二阶系统输出的象函数为

$$X_o(s)=\frac{\omega_n^2}{s^2+\omega_n^2} \tag{3.41}$$

对式(3.41)进行拉普拉斯逆变换,得零阻尼情况下二阶系统单位脉冲响应

$$x_o(t)=\omega_n\sin\omega_n t \tag{3.42}$$

由式(3.42)可知,系统不存在阻尼,没有机械能的损失,所以系统响应曲线呈现等幅振荡的形式(图 3-17)。

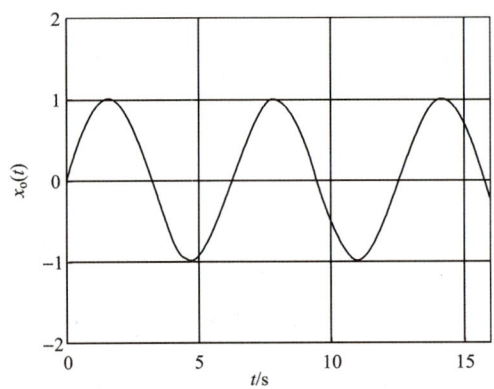

图 3-17　零阻尼二阶系统单位脉冲响应

(5) $\zeta<0$,负阻尼情况

对于负阻尼的情况,时间响应函数中指数项变为正指数,故随着时间 t 趋于无穷,其输出 $x_o(t)$ 也趋于无穷,即负阻尼系统的脉冲响应是发散的,系统不稳定。具体分析可参考单位阶跃响应的负阻尼情况。

3.2.4 单位斜坡响应

下面将基于阻尼比 ζ 对二阶系统的单位斜坡响应进行分类讨论与说明。

(1) $\zeta > 1$,过阻尼情况

结合式(3.18),当输入为单位斜坡信号时,二阶系统输出的象函数为

$$X_o(s) = \frac{\omega_n^2}{(s+\zeta\omega_n+\omega_n\sqrt{\zeta^2-1})(s+\zeta\omega_n-\omega_n\sqrt{\zeta^2-1})} \times \frac{1}{s^2}$$

$$= \frac{1}{s^2} - \frac{2\zeta}{\omega_n s} + \frac{\dfrac{2\zeta^2+2\zeta\sqrt{\zeta^2-1}-1}{2\omega_n\sqrt{\zeta^2-1}}}{s+\zeta\omega_n-\omega_n\sqrt{\zeta^2-1}} - \frac{\dfrac{2\zeta^2-2\zeta\sqrt{\zeta^2-1}-1}{2\omega_n\sqrt{\zeta^2-1}}}{s+\zeta\omega_n+\omega_n\sqrt{\zeta^2-1}} \tag{3.43}$$

对式(3.43)进行拉普拉斯逆变换,得过阻尼情况下二阶系统单位斜坡响应

$$x_o(t) = t - \frac{2\zeta}{\omega_n} + \frac{2\zeta^2+2\zeta\sqrt{\zeta^2-1}-1}{2\omega_n\sqrt{\zeta^2-1}} e^{-(\zeta-\sqrt{\zeta^2-1})\omega_n t} - \frac{2\zeta^2-2\zeta\sqrt{\zeta^2-1}-1}{2\omega_n\sqrt{\zeta^2-1}} e^{-(\zeta+\sqrt{\zeta^2-1})\omega_n t} \tag{3.44}$$

当时间 $t \to \infty$ 时,其输入与输出只差即稳态误差

$$\varepsilon_{ss}(t) = \lim_{t\to\infty}[x_i(t)-x_o(t)] = \frac{2\zeta}{\omega_n} \tag{3.45}$$

在过阻尼情况下,二阶系统的单位斜坡响应曲线及其稳态误差如图 3-18 所示,此时系统响应曲线与输入信号曲线之间始终存在一定的距离,即式(3.45)所得的稳态误差。

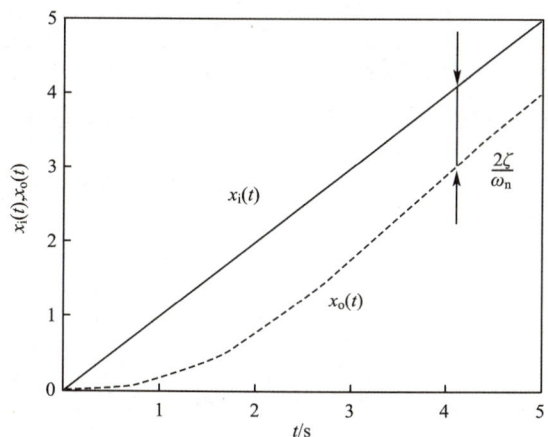

图 3-18 过阻尼二阶系统的单位斜坡响应曲线及其稳态误差

(2) $\zeta = 1$,临界阻尼情况

结合式(3.21),当输入为单位斜坡信号时,二阶系统输出的象函数为

$$X_o(s) = \frac{\omega_n^2}{(s+\omega_n)^2} \times \frac{1}{s^2} = \frac{1}{s^2} - \frac{\dfrac{2}{\omega_n}}{s} + \frac{1}{(s+\omega_n)^2} + \frac{\dfrac{2}{\omega_n}}{s+\omega_n} \tag{3.46}$$

对式(3.46)进行拉普拉斯逆变换,得临界阻尼情况下二阶系统单位斜坡响应

$$x_o(t) = t - \frac{2}{\omega_n} + t\mathrm{e}^{-\omega_n t} + \frac{2}{\omega_n}\mathrm{e}^{-\omega_n t} \tag{3.47}$$

当时间 $t \to \infty$ 时，其输入与输出之差即稳态误差

$$\varepsilon_{ss}(t) = \lim_{t \to \infty}[x_i(t) - x_o(t)] = \frac{2}{\omega_n} \tag{3.48}$$

临界阻尼二阶系统单位斜坡响应曲线及其稳态误差如图 3-19 所示。

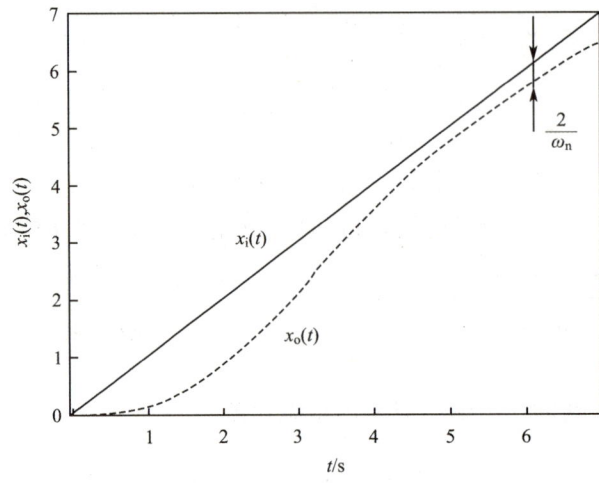

图 3-19 临界阻尼二阶系统单位斜坡响应曲线及其稳态误差

(3) $0 < \zeta < 1$，欠阻尼情况

结合式(3.24)，当输入为单位斜坡信号时，二阶系统输出的象函数为

$$X_o(s) = \frac{\omega_n^2}{(s + \zeta\omega_n + \mathrm{j}\omega_d)(s + \zeta\omega_n - \mathrm{j}\omega_d)} \frac{1}{s^2} = \frac{\omega_n^2}{s^2[(s + \zeta\omega_n)^2 + (\omega_n\sqrt{1-\zeta^2})^2]} \tag{3.49}$$

对式(3.49)进行拉普拉斯逆变换，得欠阻尼情况下二阶系统单位斜坡响应

$$x_o(t) = t - \frac{2\zeta}{\omega_n} + \frac{\mathrm{e}^{-\zeta\omega_n t}}{\omega_n\sqrt{1-\zeta^2}}\sin\left(\omega_n\sqrt{1-\zeta^2}\,t + 2\arctan\frac{\sqrt{1-\zeta^2}}{\zeta}\right) \tag{3.50}$$

因为

$$\tan\left(2\arctan\frac{\sqrt{1-\zeta^2}}{\zeta}\right) = \frac{2\tan\left(\arctan\frac{\sqrt{1-\zeta^2}}{\zeta}\right)}{1 - \tan^2\left(\arctan\frac{\sqrt{1-\zeta^2}}{\zeta}\right)} = \frac{2\zeta\sqrt{1-\zeta^2}}{2\zeta^2 - 1} \tag{3.51}$$

所以欠阻尼情况下二阶系统单位斜坡响应还可表示为

$$x_o(t) = t - \frac{2\zeta}{\omega_n} + \frac{\mathrm{e}^{-\zeta\omega_n t}}{\omega_n\sqrt{1-\zeta^2}}\sin\left(\omega_n\sqrt{1-\zeta^2}\,t + \arctan\frac{2\zeta\sqrt{1-\zeta^2}}{2\zeta^2 - 1}\right) \tag{3.52}$$

当时间 $t \to \infty$ 时，其输入与输出之差即稳态误差

$$\varepsilon(\infty) = \lim_{t \to \infty}[x_i(t) - x_o(t)] = \frac{2\zeta}{\omega_n} \tag{3.53}$$

欠阻尼二阶系统单位斜坡响应曲线及其稳态误差如图 3-20 所示。

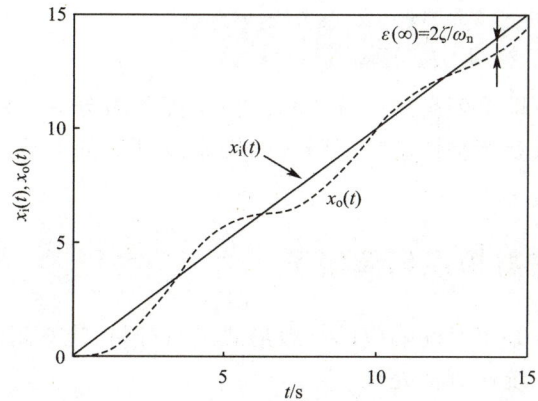

图 3-20　欠阻尼二阶系统单位斜坡响应曲线及其稳态误差

(4) $\zeta=0$，零阻尼情况

结合式(3.30)，当输入为单位斜坡信号时，二阶系统输出的象函数为

$$X_o(s) = \frac{\omega_n^2}{s^2+\omega_n^2} \times \frac{1}{s^2} \tag{3.54}$$

对式(3.54)进行拉普拉斯逆变换，得零阻尼情况下二阶系统单位斜坡响应

$$x_o(t) = \frac{1}{\omega_n}(\omega_n t - \sin \omega_n t) \tag{3.55}$$

零阻尼情况下系统没有能量的损失，所以系统响应在跟随输入信号增加的同时，还存在等幅振荡的分量，因此无稳态误差。零阻尼二阶系统单位斜坡响应曲线如图 3-21 所示。

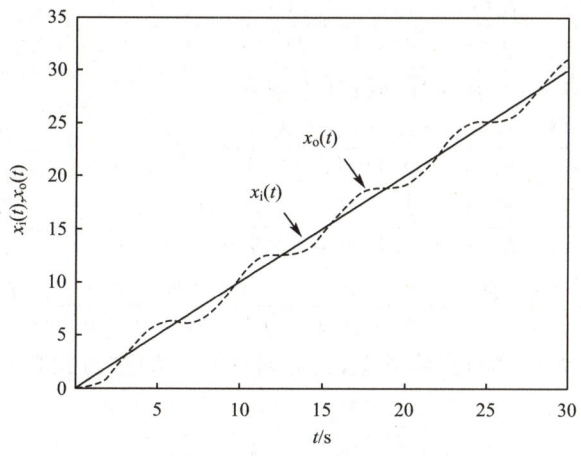

图 3-21　零阻尼二阶系统单位斜坡响应

(5) $\zeta<0$，负阻尼情况

对于负阻尼的情况，时间响应函数中指数项变为正指数，故随着时间 t 趋于无穷，其输出 $x_o(t)$ 也趋于无穷，即负阻尼系统的斜坡响应是发散的，系统不稳定。具体分析可参考单位阶跃响应的负阻尼情况。

3.3 高阶系统的时间响应

高阶系统时间响应即求解高阶微分方程。由于高阶微分方程的求解较为复杂,工程上通常采用忽略对系统动态特性影响不明显的因素或环节的方法,将高阶系统化为低阶系统进行分析。

3.3.1 闭环主导极点与偶极子

本节将通过对高阶系统时间响应的一般形式进行分析,建立闭环主导极点的概念,并利用这一概念对高阶系统作近似处理。

设某高阶系统的传递函数为

$$\frac{Y(s)}{X(s)} = \frac{b_m s^m + b_{m-1} s^{m-1} + b_{m-2} s^{m-2} + \cdots + b_1 s + b_0}{a_n s^n + a_{n-1} s^{n-1} + a_{n-2} s^{n-2} + \cdots + a_1 s + a_0} \tag{3.56}$$

式(3.56)中,$m \leqslant n$。对式(3.56)进行因式分解可得

$$\frac{Y(s)}{X(s)} = \frac{K \prod_{j=1}^{m}(s+z_j)}{\prod_{i=1}^{n}(s+p_i)} = \frac{K(s+z_1)(s+z_2)\cdots(s+z_m)}{(s+p_1)(s+p_2)\cdots(s+p_n)} \tag{3.57}$$

式(3.57)中,$-z_1, -z_2, \cdots, -z_m$ 为系统的零点;$-p_1, -p_2, \cdots, -p_n$ 为系统的极点。假设系统为稳定系统,则极点均位于 s 平面的左半平面内,这一概念将在 3.5.2 中进行详述。令极点各不相同,因此在单位阶跃输入信号下,系统输出的象函数为

$$Y(s) = \frac{1}{s} \times \frac{K(s+z_1)(s+z_2)\cdots(s+z_m)}{(s+p_1)(s+p_2)\cdots(s+p_n)} = \frac{a}{s} + \sum_{i=1}^{n}\frac{a_i}{s+p_i} \tag{3.58}$$

式(3.58)中,a_i 是极点 $s=-p_i$ 的留数,其表达式为

$$\begin{aligned}
a_i &= \frac{K}{s} \times \frac{(s+z_1)(s+z_2)\cdots(s+z_m)}{(s+p_1)(s+p_2)\cdots(s+p_n)}(s+p_i)\bigg|_{s=-p_i} \\
&= \frac{K}{s} \times \frac{(s+z_1)(s+z_2)\cdots(s+z_j)\cdots(s+z_m)}{(s+p_1)(s+p_2)\cdots\cancel{(s+p_i)}\cdots(s+p_n)}\cancel{(s+p_i)}\bigg|_{s=-p_i} \\
&= \frac{K}{-p_i} \times \frac{(-p_i+z_1)(-p_i+z_2)\cdots(-p_i+z_j)\cdots(-p_i+z_m)}{(-p_i+p_1)(-p_i+p_2)\cdots(-p_i+p_n)}
\end{aligned} \tag{3.59}$$

由于所有极点均为不等的实数极点,因此对式(3.58)进行拉普拉斯逆变换的时间响应函数为

$$y(t) = a + \sum_{i=1}^{n} a_i e^{-p_i t} \tag{3.60}$$

由式(3.60)可知,每个闭环极点确定了一个瞬态响应分量 $a_i e^{-p_i t}$,该分量的相对重要性由该点处的留数 a_i 的大小及该点与虚轴之间的距离 p_i 决定。由式(3.59)和式(3.60)可知:

(1)若某闭环极点 $-p_i$ 靠近某闭环零点 $-z_j$,那么该极点上的留数 a_i 就会很小,因而对应该极点的时间响应项的系数很小,所以它对瞬态响应的影响很小。工程上认为,某

极点与某零点的间距小于它们本身到原点距离的 0.1 倍时,则该极点和零点构成一对偶极子,彼此对系统响应的影响将会互相抵消。

(2) 若某闭环极点在 s 平面左半部远离虚轴,则该极点上的留数也将会很小,而对应的指数衰减系数又会很大,因此与这种远离虚轴极点对应的瞬态响应项会很小,并且衰减很快。反之,距虚轴近而周围又没有零点的极点所对应的瞬态响应项振幅大且衰减慢,因而在系统的瞬态响应中起主导作用。在高阶系统的闭环极点中,若距虚轴最近的闭环极点的周围没有零点(否则构成偶极子,可互相抵消),且其他极点与该极点的实部之比大于 5,则该极点为闭环主导极点。

若系统的极点中除实数极点外,还包含成对的共轭复数极点,式(3.58)可被写成

$$Y(s)=\frac{K\prod_{i=1}^{m}(s+z_i)}{s\prod_{j=1}^{q}(s+p_j)\prod_{k=1}^{r}(s^2+2\zeta_k\omega_{nk}s+\omega_{nk}^2)} \quad (3.61)$$

式(3.61)中,$q+2r=n$,若这些极点互不相等,则可将式(3.61)写成部分分式的形式

$$Y(s)=\frac{a}{s}+\sum_{j=1}^{q}\frac{a_j}{s+p_j}+\sum_{k=1}^{r}\frac{b_k(s+\zeta_n\omega_{nk})+c_k\omega_{nk}\sqrt{1-\zeta_k^2}}{s^2+2\zeta_n\omega_{nk}s+\omega_{nk}^2} \quad (3.62)$$

对式(3.62)进行拉普拉斯逆变换,得系统的时间响应为

$$y(t)=a+\sum_{j=1}^{q}a_j e^{-p_j t}+\sum_{k=1}^{r}b_k e^{-\zeta_k\omega_{nk}t}\cos\omega_{dk}t+\sum_{k=1}^{r}c_k e^{-\zeta_k\omega_{nk}t}\sin\omega_{dk}t \quad (3.63)$$

由式(3.63)可知,高阶系统阶跃响应中的稳态响应,即式(3.63)等号右侧第 1 项是由输入量 $X(s)$ 对应的极点决定。瞬态响应是由一阶系统的衰减指数项,即式(3.63)等号右侧第 2 项和二阶系统的衰减振荡项,即式(3.63)等号右侧第 3 项等简单函数项组成。闭环极点决定了系统时间响应中简单函数项的类型及瞬态响应的衰减速度,闭环零点则影响瞬态响应幅值的大小。

由式(3.59)和式(3.60)得到的其他相关推论,同样适用于存在共轭复数极点的情况,此处不再详细描述。

3.3.2 高阶系统的近似时间响应

由 3.3.1 节可知,在系统瞬态响应的各组成部分中,非主导极点对应的响应项幅度小且衰减得快,而主导极点所对应的瞬态响应项幅度大且衰减慢,因此系统的瞬态响应特性主要是由主导极点决定的。因此在分析高阶系统的瞬态响应过程中,可利用主导极点所对应的系统来近似代替高阶系统,实现系统降阶,并利用降阶系统的时间响应近似代替原高阶系统的时间响应。例如,某高阶系统存在一对共轭复数主导极点,则该高阶系统可被近似为二阶系统。

▶ **例 3.1** 某系统闭环传递函数为

$$\frac{Y(s)}{X(s)}=\frac{3.12\times 10^5\times(s+20.03)}{(s+20)(s+60)(s^2+20s+5.2\times 10^3)}$$

试求该系统近似的单位阶跃响应。

解：由该系统的闭环传递函数可知，系统的全部极点为 $p_{1,2}=-10\pm71.4j$，$p_3=-20$，$p_4=-60$，全部零点为 $z_1=-20.03$。零点、极点分布如图3-22所示。零点 z_1 和极点 p_3 在数值上非常相近，构成1对偶极子，可互相抵消，同时考虑在化简前后系统的增益不变，因此原闭环传递函数化简为

$$\frac{Y(s)}{X(s)}=\frac{312\,000(s+20.03)}{(s+20)(s+60)(s^2+20s+5\,200)}\approx\frac{312\,000\times20.03\div20}{(s+60)(s^2+20s+5\,200)}$$

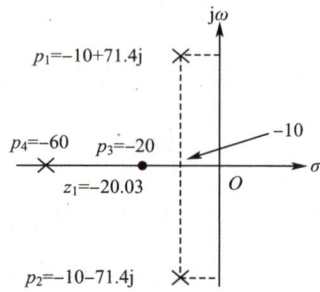

图 3-22 零点、极点分布

极点 $p_{1,2}=-10\pm71.4j$ 和极点 $p_4=-60$ 之间存在以下关系：

$$\frac{\mathrm{Re}[p_4]}{\mathrm{Re}[p_{1,2}]}=\frac{-60}{-10}=6>5$$

因此可知 $p_{1,2}$ 是闭环主导极点，所以极点 p_4 对系统的影响可忽略。同样需考虑化简前后系统的增益不变，因此

$$\frac{Y(s)}{X(s)}=\frac{312\,000\times20.03\div20}{(s+60)(s^2+20s+5\,200)}\approx\frac{312\,000\times20.03\div20\div60}{s^2+20s+5\,200}=\frac{5\,207.8}{s^2+20s+5\,200}$$

对上式进行拉普拉斯逆变换可得该系统近似的单位阶跃响应为

$$y(t)\approx 1-\mathrm{e}^{-10t}\sin(71.4t+1.43)$$

3.4 时间响应性能指标

时间响应性能指标可定量评价系统响应的快速性和稳定性，常用的时间响应性能指标包括时间常数、上升时间、调整时间、峰值时间、最大百分比超调量等。

3.4.1 一阶系统的时间响应性能指标

由3.1节可知，时间常数 T 是一阶系统阶跃响应的重要参数。由式(3.5)可得增益为1的一阶系统单位阶跃响应

$$y(t)=1-\mathrm{e}^{-\frac{t}{T}} \tag{3.64}$$

一阶系统的单位阶跃响应曲线如图3-23所示。当 $t=T$ 时，一阶系统的单位阶跃响应值为

$$y(T)=1-\mathrm{e}^{-\frac{t}{T}}\bigg|_{t=T}=1-\mathrm{e}^{-\frac{T}{T}}=0.632 \tag{3.65}$$

由式(3.65)可知，一阶系统稳态响应值的 63.2% 所对应的时间即时间常数。对式(3.64)求导并令 $t=0$ 得

$$\frac{\mathrm{d}y(t)}{\mathrm{d}t}\bigg|_{t=0} = \frac{1}{T}\mathrm{e}^{-\frac{t}{T}}\bigg|_{t=0} = \frac{1}{T} \tag{3.66}$$

由式(3.66)可知，一阶系统单位阶跃响应曲线在 $t=0$ 时的斜率为时间常数的倒数。

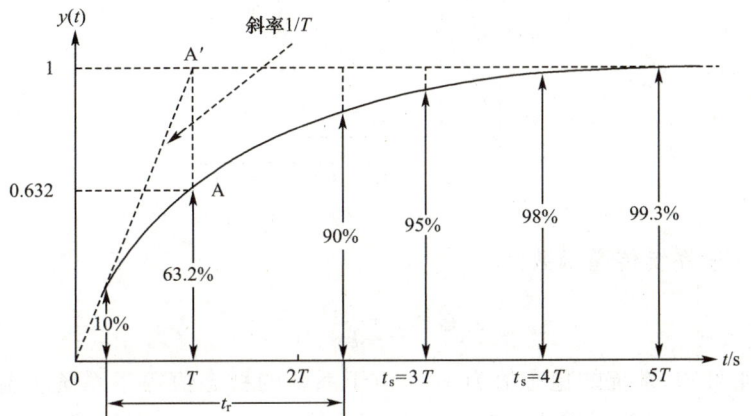

图 3-23 一阶系统的单位阶跃响应曲线及其性能指标

(1) 上升时间

上升时间是指系统响应 $y(t)$ 第一次达到稳态值所需的时间。对于一阶系统及过阻尼二阶系统而言，由于系统响应只能无限趋近稳态值，而不能达到稳态值，所以将它们的上升时间定义为系统响应从稳态值的 10% 上升到 90% 所需的时间（图 3-23）。令式(3.64)中 $y(t)$ 的值分别为 0.9 和 0.1，即

$$y(t_1) = 1 - \mathrm{e}^{-\frac{t_1}{T}} = 0.9 \tag{3.67-1}$$

$$y(t_2) = 1 - \mathrm{e}^{-\frac{t_2}{T}} = 0.1 \tag{3.67-2}$$

解得 $t_1 \approx 2.3T, t_2 \approx 0.1T$。因此一阶系统的上升时间 t_r 为

$$t_r = t_1 - t_2 = 2.3T - 0.1T = 2.2T \tag{3.68}$$

(2) 调整时间

阶跃响应曲线首次进入稳态值 $\pm \delta$ 的误差带（通常 δ 取 5% 或 2%）并不再超越该误差带的时间为调整时间 t_s（图 3-23）。调整时间的长短与误差带的大小有关，当误差带为 $\pm 2\%$ 时，将 $y(t) = 0.98$（或 1.02）代入式(3.64)中得

$$y(t_s) = 1 - \mathrm{e}^{-\frac{t_s}{T}} = 0.98 \tag{3.69}$$

由式(3.69)解得误差带为 $\pm 2\%$ 时系统的调整时间为

$$t_s = 4T \tag{3.70}$$

使用同样的方法可得误差带为 $\pm 5\%$ 时系统的调整时间为

$$t_s = 3T \tag{3.71}$$

调整时间也称整定时间，它能反映系统的响应速度和衰减性。对于有超调的系统而言，过快的响应速度会导致剧烈振荡，响应曲线进入并稳定在某误差带之内的耗时长，因

此调整时间较长,这部分内容将在 3.4.2 中进行详述。对于没有超调的系统来说,响应速度越慢,响应延迟也越久,调整时间也越长。

例 3.2 某一阶系统单位阶跃响应曲线如图 3-24 所示,求该系统的传递函数。

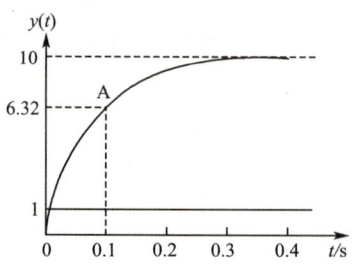

图 3-24 某一阶系统单位阶跃响应曲线

解:设该一阶系统传递函数为

$$G(s)=\frac{K}{Ts+1}$$

由图 3-24 可知,系统的稳态值为 10。由于系统的稳态值等于系统增益 K 与输入幅值 r 的乘积,即 $Kr=10$,且输入信号为单位阶跃信号,即 $r=1$,因此该系统传递函数的增益 K 为 10。图 3-24 中 A 点纵坐标为 6.32,为稳态值 10 的 63.2%,因此 A 点所对应的时间 0.1 s 为时间常数,即 $T=0.1$。

综上,该系统的传递函数为

$$G(s)=\frac{10}{0.1s+1}$$

3.4.2 二阶系统的时间响应性能指标

过阻尼二阶系统本质上是由两个一阶系统串联组成,其性能指标可参考一阶系统。因此,本节主要讨论欠阻尼二阶系统时间响应性能指标(图 3-25)。

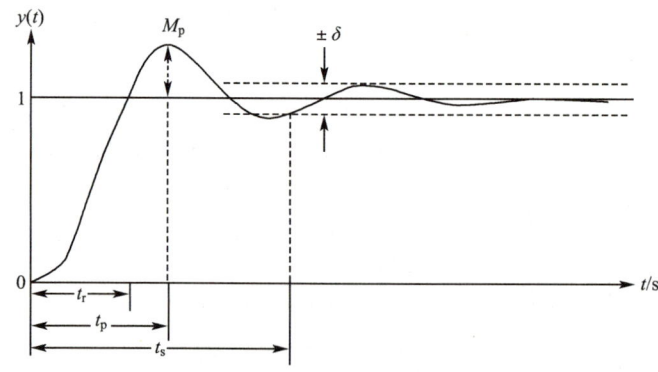

图 3-25 欠阻尼二阶系统阶跃响应曲线及其性能指标

(1)上升时间

欠阻尼二阶系统的上升时间是指系统响应 $y(t)$ 第一次达到稳态值所需的时间。欠阻尼状态下二阶系统的单位阶跃响应为

$$y(t) = 1 - e^{-\zeta\omega_n t}\left(\cos\omega_d t + \frac{\zeta}{\sqrt{1-\zeta^2}}\sin\omega_d t\right)$$

$y(t)=1$ 时的时间即上升时间

$$y(t_r) = 1 - e^{-\zeta\omega_n t_r}\left(\cos\omega_d t_r + \frac{\zeta}{\sqrt{1-\zeta^2}}\sin\omega_d t_r\right) = 1 \tag{3.72}$$

因为

$$e^{-\zeta\omega_n t_r} \neq 0 \tag{3.73}$$

所以

$$\cos\omega_d t_r + \frac{\zeta}{\sqrt{1-\zeta^2}}\sin\omega_d t_r = 0 \tag{3.74}$$

整理式(3.74)可得

$$\tan\omega_d t_r = -\frac{\sqrt{1-\zeta^2}}{\zeta} \tag{3.75}$$

解得

$$t_r = \frac{\pi - \arctan\frac{\sqrt{1-\zeta^2}}{\zeta}}{\omega_d} \tag{3.76}$$

定义特征角 θ 为

$$\theta = \arctan\frac{\sqrt{1-\zeta^2}}{\zeta} \tag{3.77}$$

将式(3.77)代入式(3.76)可得二阶系统的上升时间为

$$t_r = \frac{\pi - \theta}{\omega_d} = \frac{\pi - \theta}{\omega_n\sqrt{1-\zeta^2}} \tag{3.78}$$

(2) 峰值时间

系统响应曲线第一次到达最大值的时间为峰值时间。因为时间响应函数在峰值时间取得最大值,所以响应函数的导数在峰值时间的值为0,即

$$\left.\frac{dy(t)}{dt}\right|_{t=t_p} = (1-\zeta^2)\sin\omega_d t_p + \zeta^2\sin\omega_d t_p = 0 \tag{3.79}$$

即

$$\sin\omega_d t_p = 0 \tag{3.80-1}$$

解得

$$\omega_d t_p = n\pi, n = 0, 1, 2, \cdots, k \tag{3.80-2}$$

根据峰值时间的定义可知 $n=1$,所以峰值时间为

$$t_p = \frac{\pi}{\omega_d} = \frac{\pi}{\omega_n\sqrt{1-\zeta^2}} \tag{3.81}$$

(3) 最大百分比超调量

响应曲线的最大峰值与稳态值的差称为最大超调量:

$$M_p = y(t_p) - y(\infty) \tag{3.82}$$

式(3.82)中,$y(t_p)$ 为系统响应的最大峰值,$y(\infty)$ 为系统响应的稳态值。定义最大百分

比超调量为

$$M_p\% = \frac{y(t_p) - y(\infty)}{y(\infty)} \times 100\% \qquad (3.83)$$

对欠阻尼情况下二阶系统的单位阶跃响应而言,$y(\infty)=1$。根据式(3.29),欠阻尼二阶系统的单位阶跃响应峰值 $y(t_p)$ 为

$$y(t_p) = 1 - \frac{1}{\sqrt{1-\zeta^2}} e^{-\zeta\omega_n t_p} \times \sin\left(\pi + \arctan\frac{\sqrt{1-\zeta^2}}{\zeta}\right)$$

$$= 1 + \frac{1}{\sqrt{1-\zeta^2}} e^{-\zeta\omega_n t_p} \times \sqrt{1-\zeta^2} = 1 + e^{-\zeta\omega_n t_p} \qquad (3.84)$$

将式(3.84)和 $y(\infty)=1$ 带入式(3.83)得

$$M_p\% = \frac{1 + e^{-\zeta\omega_n t_p} - 1}{1} \times 100\% = e^{-\zeta\omega_n t_p} \times 100\% \qquad (3.85)$$

将式(3.81)代入式(3.85)可得最大百分比超调量为

$$M_p\% = e^{-\frac{\zeta\pi}{\sqrt{1-\zeta^2}}} \times 100\% \qquad (3.86)$$

由式(3.86)可知,阻尼比直接决定了系统的最大百分比超调量。反之,最大百分比超调量反映了系统的振荡程度,是体现系统稳定程度或相对稳定性的重要指标。

(4) 调整时间

如图 3-26 中虚线所示,指数函数 $1 \pm \dfrac{e^{-\zeta\omega_n t}}{\sqrt{1-\zeta^2}}$ 描述的曲线是欠阻尼二阶系统单位阶跃响应的一对包络线。只要包络线进入误差带,响应曲线也必然位于误差带之内,因此可采用包络线代替实际响应曲线来估算调整时间 t_s。

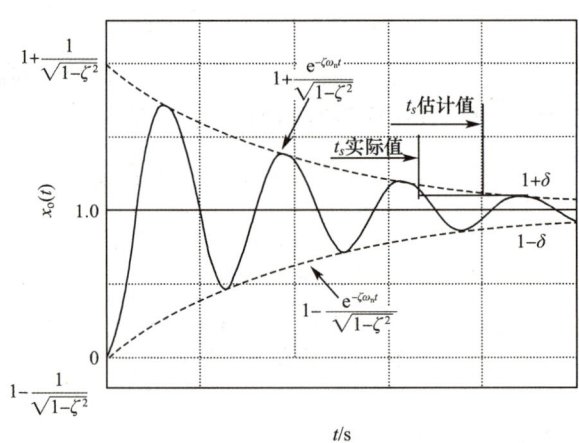

图 3-26　单位阶跃响应曲线的包络线

令上下包络线函数值分别等于上下误差带的纵坐标值

$$1 + \frac{e^{-\zeta\omega_n t_s}}{\sqrt{1-\zeta^2}} = 1 + \delta \qquad (3.87\text{-}1)$$

$$1 - \frac{e^{-\zeta\omega_n t_s}}{\sqrt{1-\zeta^2}} = 1 - \delta \qquad (3.87\text{-}2)$$

因此得

$$\frac{e^{-\zeta\omega_n t_s}}{\sqrt{1-\zeta^2}} = \delta \qquad (3.88)$$

解得调整时间为

$$t_s = \frac{1}{\zeta\omega_n}\left(\ln\frac{1}{\delta} + \ln\frac{1}{\sqrt{1-\zeta^2}}\right) \qquad (3.89)$$

由图 3-26 可知,式(3.89)所得结果(估算值)大于实际值,因而通常可忽略 $\ln\frac{1}{\sqrt{1-\zeta^2}}$ 项,进而采用如下近似式计算调整时间

$$t_s \approx \frac{1}{\zeta\omega_n}\ln\frac{1}{\delta} = \begin{cases} \dfrac{3}{\zeta\omega_n}(\delta = \pm 5\%) \\ \dfrac{4}{\zeta\omega_n}(\delta = \pm 2\%) \end{cases} \qquad (3.90)$$

ζ 与 t_s 的关系相对复杂,不能简单地由式(3.90)来判断。精确计算表明,ζ 有个临界值 ζ_c(约为 0.68)。当 $\zeta < \zeta_c$ 时,ζ 越大,t_s 越小,这与 t_p、t_r 和 ζ 的关系正好相反;当 $\zeta > \zeta_c$ 时,ζ 越小,t_s 越小。ζ 值是根据最大超调量确定的,因此 t_s 可根据 ω_n 来确定。在满足最大超调量的条件下,可通过调整 ω_n 改变 t_s。

由于式(3.90)是源于包络线估算的近似表达式,所以阻尼比较大时,基于式(3.90)计算的调整时间存在较大误差。例如,当 $\zeta = 0.707$、$\pm \delta = \pm 5\%$ 时,用包络线估算求得的调整时间为

$$t_s = \frac{1}{\zeta\omega_n}\left(\ln\frac{1}{\delta} + \ln\frac{1}{\sqrt{1-\zeta^2}}\right) = \frac{4.7}{\omega_n}$$

由式(3.90)求得的调整时间为

$$t_s \approx \frac{3}{\zeta\omega_n} = \frac{4.2}{\omega_n}$$

而实际的调整时间为

$$t_s = \frac{2.9}{\omega_n}$$

例 3.3 某系统的闭环传递函数为 $\Phi(s) = \dfrac{100}{s^2 + 15s + 100}$。求该系统的峰值时间、上升时间、调整时间($\pm 2\%$)和最大百分比超调量。

解:将该闭环传递函数与二阶系统传递函数的一般式进行比较

$$\Phi(s) = \frac{100}{s^2 + 15s + 100} = \frac{\omega_n^2}{s^2 + 2\zeta\omega_n s + \omega_n^2}$$

可得

$$\begin{cases} \omega_n^2 = 100 \\ 2\zeta\omega_n = 15 \end{cases}$$

解得

$$\begin{cases} \omega_n = 10 \\ \zeta = 0.75 \end{cases}$$

进一步得

$$\begin{cases} \omega_d = \omega_n \sqrt{1-\zeta^2} = 6.61 \\ \theta = \arctan\left(\dfrac{\sqrt{1-\zeta^2}}{\zeta}\right) = 0.72 \end{cases}$$

因此

$$\begin{cases} t_p = \dfrac{\pi}{\omega_d} = \dfrac{\pi}{\omega_n \sqrt{1-\zeta^2}} = 0.475 \\ M_p\% = e^{-\dfrac{\zeta\pi}{\sqrt{1-\zeta^2}}} \times 100\% = 2.836\% \\ t_s = \dfrac{4}{\zeta\omega_n} = 0.533(\pm 2\%) \\ t_r = \dfrac{\pi-\theta}{\omega_d} = 0.366 \end{cases}$$

例 3.4 某机械垂直平移系统如图 3-27(a)所示,当幅值为 2 的阶跃输入信号作用于该系统时,质量块的运动规律,即系统的输出位移 $x(t)$ 如图 3-27(b)中曲线所示。求质量块的质量 m、阻尼 B、弹簧刚度系数 k 的值。

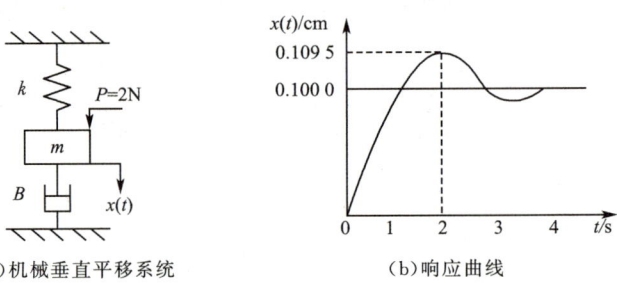

(a) 机械垂直平移系统　　　　　　(b) 响应曲线

图 3-27　机械垂直平移系统及其响应曲线

解: 建立系统微分方程并进行拉普拉斯变换,得该系统的传递函数为

$$\frac{X(s)}{P(s)} = \frac{1}{ms^2 + Bs + k}$$

由题可知系统输入信号的拉普拉斯变换为

$$P(s) = \frac{2}{s}$$

所以

$$X(s) = \frac{1}{ms^2 + Bs + k} \cdot \frac{2}{s}$$

由图 3-27(b)可知系统的终值(稳态值)为 0.001 m，即

$$x(\infty)=\lim_{s\to 0}sX(s)=\lim_{s\to 0}s\times\frac{1}{ms^2+Bs+k}\times\frac{2}{s}=\frac{2}{k}=0.001$$

解得 $k=2\,000$ N/m。由图 3-27(b)可知系统的最大百分比超调量为

$$M_p\%=e^{-\frac{\zeta\pi}{\sqrt{1-\zeta^2}}}\times 100\%=\frac{0.109\,5-0.1}{0.1}\times 100\%=9.5\%$$

解得 $\zeta=0.6$。由图 3-27(b)可知系统的峰值时间为 2s，即

$$t_p=\frac{\pi}{\omega_n\sqrt{1-\zeta^2}}=\frac{\pi}{0.8\omega_n}=2$$

解得 $\omega_n=1.96$ rad/s。将该系统传递函数与二阶系统传递函数一般式进行比较，得

$$\frac{X(s)}{P(s)}=\frac{1}{ms^2+Bs+k}=\frac{\frac{1}{m}}{s^2+\frac{B}{m}s+\frac{k}{m}}=\frac{\omega_n^2}{s^2+2\zeta\omega_n s+\omega_n^2}$$

可得

$$\begin{cases}\omega_n^2=\dfrac{k}{m}=\dfrac{2\,000}{m}\\ 2\zeta\omega_n=\dfrac{B}{m}\end{cases}$$

解得 $m=520$ kg，$B=1\,220$ N·s/m。

由时间响应性能指标的表达式可知，二阶系统阻尼比 ζ 及无阻尼自然频率 ω_n 影响着系统的性能指标。欲使二阶系统具有满意的瞬态性能，必须综合考虑 ζ 和 ω_n 的影响：

(1)若保持 ζ 不变而增大 ω_n，对最大百分比超调量 $M_p\%$ 无影响，但上升时间 t_r、峰值时间 t_p 和调整时间 t_s 均变小，提高了系统响应的快速性。

(2)若保持 ω_n 不变而增大 ζ，会使最大百分比超调量 $M_p\%$ 减小，系统的振荡程度降低，相对稳定性增加。减小 ζ 值，使上升时间 t_r、峰值时间 t_p 变小。ζ 与 t_s 的关系参见前面有关 t_s 的讲解。

(3)综合考虑系统的相对稳定性和快速性，通常取 $\zeta=0.4\sim 0.8$，此时最大百分比超调量 $M_p\%$ 为 25.4%~1.5%。若 $\zeta<0.4$，则系统超调严重，相对稳定性差；若 $\zeta>0.8$，则系统反应迟钝，快速性变差。当 $\zeta=0.707$ 时，$M_p\%$($\approx 4.32\%$) 和 t_s 均较小(当 $\pm\delta=\pm 5\%$ 时，$t_s<t_r$)，因此称 $\zeta=0.707$ 为最佳阻尼比。

3.5 控制系统的稳定性

控制系统在工作过程中会受到各种扰动，例如，来自系统外部的作用力、负载、能源波动、环境改变等，以及来自系统内部的参数变化、元件老化、工艺改变等。这些扰动会引起系统的自由振荡。若系统不稳定，则系统的自由振荡会随着时间的推移而发散；反之，系统的自由振荡会随着时间的推移而收敛。经典控制理论中涉及的稳定性是指自由振荡下的稳定性，即在输入为零，仅存在初始偏差(微小扰动)时考虑系统的稳定性，判断系统的

自由振荡是收敛还是发散。

稳定性是控制系统能正常工作并完成预期任务的首要条件。通常希望控制系统是绝对稳定的,但必要的相对不稳定性也是某些系统的重要品质。例如,对于民航飞机,相对不稳定性越小越好,这样才能带来良好的乘坐体验感;相反,对于战斗机而言,为保证良好的可操作性和快速机动性,只要有必要的相对不稳定性即可。

3.5.1 控制系统稳定的概念

某单摆系统如图 3-28 所示,假如某时刻在外界干扰作用下,单摆由原来平衡点 M 移动到新的位置 B。当外力去掉后,单摆在重力作用下将围绕点 M 反复振荡,经过一段时间,因受空气阻尼作用,单摆又重新回到平衡点 M。此处,平衡点 M 是稳定的平衡点。而对于图 3-29 所示的倒立摆系统,一旦离开了平衡点 N,即使外力消失,单摆也不会回到原平衡点 N,即平衡点 N 为不稳定平衡点。

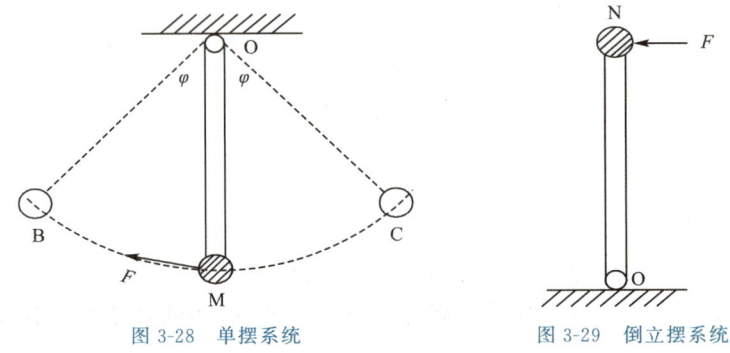

图 3-28 单摆系统　　　　图 3-29 倒立摆系统

可将上面例子中的系统归纳为两类:一类是工作在稳定平衡点的系统,其在扰动信号作用下能达到新的平衡状态,当扰动去掉后,系统的输出又能以一定的精度恢复到原来的平衡状态,这类系统是稳定的(图 3-28);另一类是工作在不稳定平衡点的系统,外界扰动停止作用后,系统输出不能恢复到原来的平衡状态,这类系统是不稳定的(图 3-29)。

若将扰动消失瞬间的系统输出与初始平衡状态的系统输出的差值看作系统的初始偏差,那么可将控制系统的稳定性定义为:设控制系统输入为零,在任何的初始偏差(微小扰动)作用下,其过渡过程随时间推移逐渐衰减并趋于零,直至恢复原平衡状态,称该系统稳定;否则,该系统不稳定。

还可从系统时间响应的角度去描述和分析系统的稳定性。若系统的自由响应(零输入响应)的解是收敛的,则系统是稳定的[图 3-30(a)];否则,系统就是不稳定的,包括如图 3-30(b)所示的发散响应形式和如图 3-30(c)所示的等幅振荡形式。严格意义上说等幅振荡属于临界稳定,但经典控制理论中将其归于不稳定。**稳定性是一种表征系统在扰动去除后的恢复能力,它是线性定常系统的固有特性,与输入信号无关。**

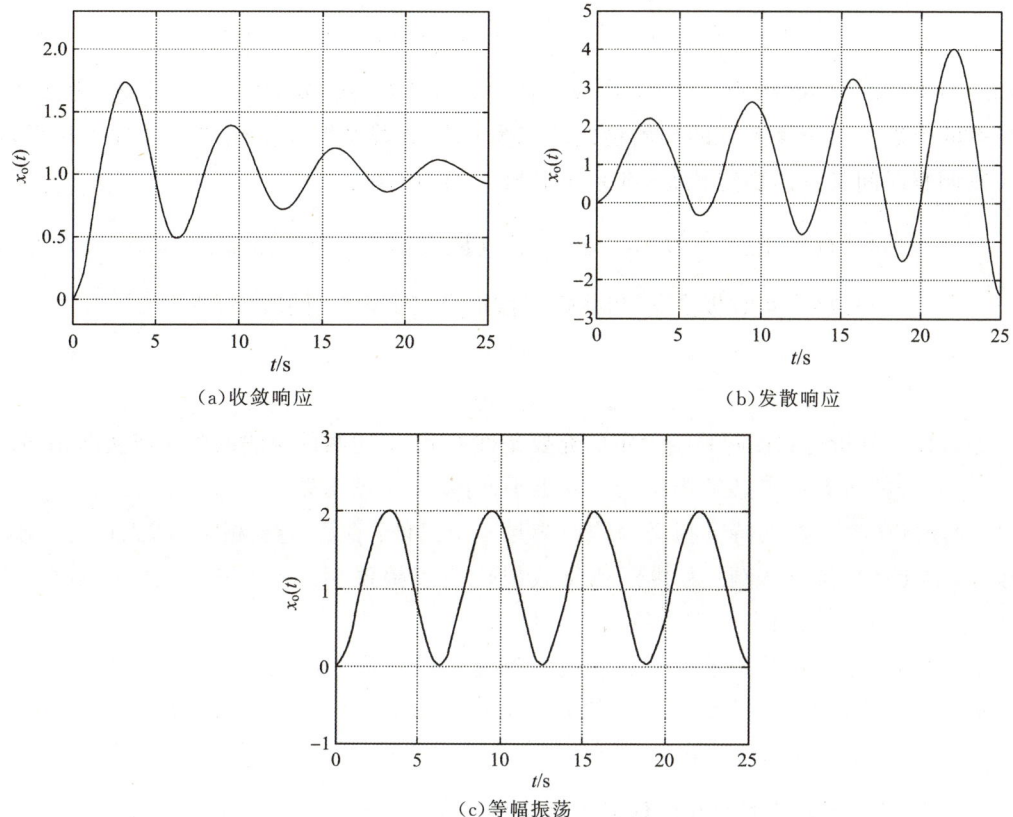

(a) 收敛响应　　(b) 发散响应　　(c) 等幅振荡

图 3-30　基于时间响应的控制系统稳定性

3.5.2　控制系统稳定的条件

由 3.5.1 节的控制系统稳定性概念可知，系统是否稳定可根据系统响应来判断。为分析系统稳定性，本节采用脉冲信号作为系统的干扰信号，这也是在不影响分析科学问题前提下的简单化处理。干扰信号 $N(S)$ 为单位脉冲信号的系统如图 3-31 所示，以 $X_o(s)$ 为输出、$N(s)$ 为输入的传递函数为

$$\frac{X_o(s)}{N(s)} = \frac{G_2(s)}{1+G_1(s)G_2(s)H(s)} = \frac{b_m s^m + b_{m-1} s^{m-1} + \cdots + b_1 s + b_0}{a_n s^n + a_{n-1} s^{n-1} + \cdots + a_1 s + a_0} \quad (3.91)$$

将 $N(s)=1$ 带入式(3.91)，得

$$X_o(s) = \frac{G_2(s)}{1+G_1(s)G_2(s)H(s)} \times N(s) = \frac{b_m s^m + b_{m-1} s^{m-1} + \cdots + b_1 s + b_0}{a_n s^n + a_{n-1} s^{n-1} + \cdots + a_1 s + a_0} \quad (3.92)$$

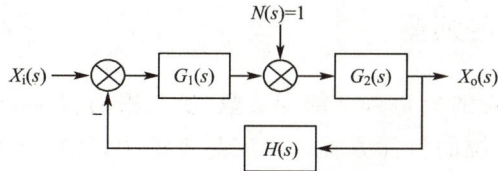

图 3-31　干扰信号为单位脉冲信号的系统框图

在零初始条件下，对式(3.92)进行拉普拉斯逆变换得系统的输出为

$$x_o(t) = \sum_{i=1}^{k} D_i e^{s_i t} + \sum_{j=1}^{r} e^{\delta_j t}(E_j \cos \omega_j t + F_j \sin \omega_j t) \quad (3.93)$$

式(3.93)中，s_i 为实数极点，k 为实数极点的个数，δ_j 为共轭复数极点实部，$2r$ 为共轭复数极点的个数。由于该系统的初始稳定状态为 0，因此若系统在受到单位脉冲干扰后，经过一段调整时间又重回稳定状态，则系统输出 $x_o(t)$ 应满足

$$\lim_{t \to \infty} x_o(t) = \lim_{t \to \infty}\left[\sum_{i=1}^{k} D_i e^{s_i t} + \sum_{j=1}^{r} e^{\delta_j t}(E_j \cos \omega_j t + F_j \sin \omega_j t)\right] = 0 \quad (3.94)$$

若式(3.94)成立，实数极点 s_i 和共轭复数极点实部 δ_j 应同时满足

$$\begin{cases} s_i < 0 \\ \delta_j < 0 \end{cases} \quad (3.95)$$

通过以上分析得到控制系统稳定的充要条件如下（下述两种说法的含义或实质相同）：

(1) 系统的所有极点必须均位于 s 左半平面内（不包括虚轴）。

(2) 闭环传递函数的特征根必须同时满足 4 个条件：①无零点、极点；②无位于虚轴上的极点，即无共轭纯虚根（因为共轭纯复数根代表等幅振荡）；③所有实数极点均为负；④所有共轭复数极点的实部均为负。

综上所述，控制系统稳定性的数学定义为线性控制系统在零初始条件下受到单位脉冲干扰信号的作用时，如果系统的输出 $x_o(t)$ 满足 $\lim\limits_{t \to \infty} x_o(t) = 0$，则该系统是稳定的；如果 $\lim\limits_{t \to \infty} x_o(t) = \infty$，则该系统是不稳定的。

以某单位负反馈系统的开环传递函数为例：

$$G(s) = \frac{K}{s(Ts+1)}$$

其中 $T > 0, K > 0$，且 $1 - 4TK < 0$。该系统的闭环传递函数为

$$\Phi(s) = \frac{G(s)}{1+G(s)} = \frac{K}{Ts^2+s+K}$$

特征方程为

$$Ts^2 + s + K = 0$$

其特征根为

$$s_{1,2} = -\frac{1}{2T} \pm \frac{\sqrt{4TK-1}}{2T}j$$

由于 $T > 0$，因此两个特征根的实部均为负，即该闭环系统是稳定的。

3.5.3 劳斯稳定判据

可通过系统特征方程的根是否全部为负数（复数根的实部为负）可判断系统稳定性，但需求解系统的特征方程。在实际系统中，特征方程的阶次往往较高，四阶以上的方程求根很困难。若能够避开直接求解高阶特征方程，通过分析特征根的分布来判断稳定性，对于高阶系统而言会更加方便。1877

从科学家到我们(2)

年英国数学家爱德华·劳斯(Edward Routh,1831—1907)在论文《已知运动状态的稳定性》中提出劳斯稳定判据,并不求解特征方程,而是通过行列式对系统特征根进行分析,进而判断高阶系统的稳定性。

(1) 系统稳定的必要条件

假设某系统的特征方程为

$$a_n s^n + a_{n-1} s^{n-1} + \cdots + a_1 s + a_0 = 0 \tag{3.96}$$

将式(3.96)中各项除以 a_n 得

$$s^n + \frac{a_{n-1}}{a_n} s^{n-1} + \frac{a_{n-2}}{a_n} s^{n-2} \cdots + \frac{a_1}{a_n} s + \frac{a_0}{a_n} = 0 \tag{3.97}$$

令 $s_1, s_2, \cdots, s_n$ 为系统的特征根,则特征方程式(3.97)可因式分解为

$$(s - s_1)(s - s_2) \cdots (s - s_n) = 0 \tag{3.98}$$

将式(3.98)展开得

$$(s-s_1)(s-s_2)\cdots(s-s_n) = s^n - \left(\sum_{i=1}^{n} s_i\right) s^{n-1} + \left(\sum_{i=1, j=2, i<j}^{n} s_i s_j\right) s^{n-2} - \cdots + (-1)^n \prod_{i=1}^{n} s_i = 0 \tag{3.99}$$

比较式(3.97)与式(3.99)可知,特征根与系数有如下关系

$$\begin{aligned} \frac{a_{n-1}}{a_n} &= -\sum_{i=1}^{n} s_i \\ \frac{a_{n-2}}{a_n} &= \sum_{i=1, j=2, i<j}^{n} s_i s_j \\ &\vdots \\ \frac{a_0}{a_n} &= (-1)^n \sum_{i=1}^{n} s_i \end{aligned} \tag{3.100}$$

由式(3.100)可知,若全部特征根 $s_1, s_2, \cdots, s_n$ 均具有负实部,那么:

① 特征方程的各项系数 $a_i (i=0,1,\cdots,n)$ 都不等于0。若某一系数为0,则必然出现实部为0的特征根或实部有正有负的特征根。

② 特征方程的各项系数 a_i 的符号都相同。若某些系数符号不同,则某些特征根或特征根实部符号必然不同。

由式(3.100)可知,仅由各项系数 a_i 的符号都相同且不为0不能判定 $s_1, s_2, \cdots, s_n$ 均具有负实部,因为如果特征根中有正有负,它们组合起来仍能满足式(3.100)的各项。因此,上述条件为系统稳定的必要条件,而非充要条件。

(2) 系统稳定的充要条件

基于劳斯稳定判据对系统稳定性进行判断即系统稳定性的充要条件。将系统特征方程式(3.96)的系数按下列形式排列,得到该系统的劳斯阵列:

s^n	a_n	a_{n-2}	a_{n-4}	a_{n-6}	...
s^{n-1}	a_{n-1}	a_{n-3}	a_{n-5}	a_{n-7}	...
s^{n-2}	A_1	A_2	A_3	A_4	...
s^{n-3}	B_1	B_2	B_3	B_4	...
...	...	...	...	...	...
s^2	D_1	D_2	...	...	...
s^1	E_1	...	...	...	...
s^0	a_0	0	0	0	0

劳斯阵列第 1 行和第 2 行为特征方程偶数项或奇数项按降幂排列的系数，例如，若特征方程最高阶次为偶数，则第 1 行为偶数项按降幂排列的系数，第 2 行为奇数项按降幂排列的系数。劳斯阵列第 3 行（s^{n-2} 行）各元素 $A_i(i=1,2,\cdots,n)$ 由下式计算

$$A_1 = \frac{a_{n-1}a_{n-2} - a_n a_{n-3}}{a_{n-1}}$$

$$A_2 = \frac{a_{n-1}a_{n-2} - a_n a_{n-5}}{a_{n-1}}$$ (3.101)

$$A_3 = \frac{a_{n-1}a_{n-2} - a_n a_{n-7}}{a_{n-1}}$$

...

A_i 一直计算到出现 0 为止。第四行（s^{n-3} 行）各元素 $B_i(i=1,2,\cdots,n)$ 由下式计算

$$B_1 = \frac{A_1 a_{n-3} - a_{n-1} A_2}{A_1}$$

$$B_2 = \frac{A_1 a_{n-5} - a_{n-1} A_3}{A_1}$$ (3.102)

$$B_3 = \frac{A_1 a_{n-7} - a_{n-1} A_4}{A_1}$$

...

B_i 一直计算到出现 0 为止。劳斯阵列其他行的计算与此相同。这一计算过程一直进行到第 n 行（s^1 行）为止。第 $n+1$ 行（s^0 行）仅有一项并等于特征方程常数项 a_0。

劳斯稳定判据指出，劳斯阵列第一列元素符号改变的次数等于系统特征方程具有位于复平面虚轴右侧特征根的数量。综上，基于劳斯稳定判据的系统稳定充要条件为劳斯阵列第一列各元素符号均为正且值不为 0。

▶ **例 3.5** 系统的特征方程为 $D(s) = s^4 + s^3 - 19s^2 + 11s + 30 = 0$，试基于劳斯稳定判据判断该系统的稳定性。

解：因特征方程系数符号不同，因此，根据系统稳定性的必要条件可初步判断系统不稳定。为进一步确定该系统不稳定特征根的个数，列写劳斯阵列如下

s^4	1	-19	30	
s^3	1	11	0	
s^2	$\dfrac{1\times(-19)-1\times 11}{1}=-30$	30	0	$1\to -30$,符号改变 1 次
s^1	$\dfrac{(-30)\times 11-1\times 30}{-30}=12$	0	0	$-30\to 12$,符号改变 1 次
s^0	30	0	0	

由劳斯阵列可知,第 1 列元素符号改变了两次,因此可知系统不稳定且系统有 2 个具有正实部的特征根。

▶ **例 3.6**　在图 3-32 所示系统中,已知 $\zeta=0.2, \omega_n=86.6$。试基于劳斯稳定判据求使系统稳定的 K 取值范围。

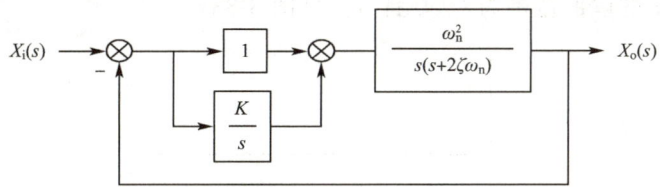

图 3-32　例 3.6 题

解：由图 3-32 得系统的开环传递函数和闭环传递函数分别为

$$G(s)=\frac{\omega_n^2(s+K)}{s^2(s+2\zeta\omega_n)}$$

$$\Phi(s)=\frac{X_o(s)}{X_i(s)}=\frac{\omega_n^2(s+K)}{s^3+2\zeta\omega_n s^2+\omega_n^2 s+K\omega_n^2}$$

闭环传递函数的特征方程为

$$D(s)=s^3+2\zeta\omega_n s^2+\omega_n^2 s+K\omega_n^2=0$$

将 $\zeta=0.2, \omega_n=86.6$ 代入特征方程得

$$D(s)=s^3+34.6s^2+7\,500s+7\,500K=0$$

该系统的劳斯阵列为

s^3	1	7 500	0
s^2	34.6	$7\,500K$	0
s^1	$\dfrac{34.6\times 7\,500-7\,500K}{34.6}$	0	0
s^0	$7\,500K$	0	0

根据劳斯稳定判据系统稳定的充要条件可知：

① $7\,500K>0$,即 $K>0$,这也是必要条件;② $\dfrac{34.6\times 7\,500-7\,500K}{34.6}>0$,即

$K<34.6$。因此,使系统稳定的参数 K 的取值范围为 $0<K<34.6$。

例 3.7 假设某系统的特征方程为 $D(s)=s^3+(\lambda+1)s^2+(\lambda+\mu-1)s+\mu-1=0$,试基于劳斯稳定判据确定使系统稳定的参数 λ 和 μ 的取值范围。

解:由特征方程的各项系数列写劳斯阵列为

$$
\begin{array}{c|ccc}
s^3 & 1 & \lambda+\mu-1 & 0 \\
s^2 & \lambda+1 & \mu-1 & 0 \\
s^1 & \dfrac{\lambda(\lambda+\mu)}{\lambda+1} & 0 & 0 \\
s^0 & \mu-1 & 0 & 0
\end{array}
$$

根据劳斯稳定判据系统稳定的充要条件为:

①$\lambda+1>0$,即 $\lambda>-1$;②$\lambda(\lambda+\mu)>0$,即 $\lambda>0,\lambda>-\mu$;③$\mu-1>0$,即 $\mu>1$。因此系统稳定的 λ 和 μ 的取值范围为 $\lambda>0$ 且 $\mu>1$(图 3-33)。

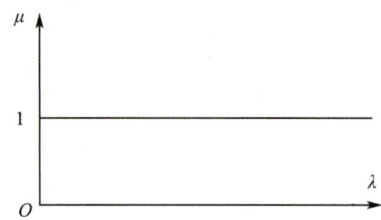

图 3-33 例 3.7 所示系统稳定的 λ 和 μ 的取值区域

(3)劳斯稳定判据在特殊情况下的使用

①劳斯阵列某行的第 1 列元素为 0,而其余项不为 0

在计算劳斯阵列的各元素值时,若出现某行第 1 列元素为 0 的情况,则在计算下一行的各元素值时将出现无穷大从而导致无法完成劳斯阵列的计算。为克服这一困难,计算时可用<u>无穷小的正数 ε</u> 来代替零元素,然后继续进行计算。

例 3.8 假设某系统的特征方程为 $s^4+2s^3+s^2+2s+1=0$,试基于劳斯稳定判据判断系统的稳定性。

解:由特征方程的各项系数列写劳斯阵列为

$$
\begin{array}{c|ccc}
s^4 & 1 & 1 & 1 \\
s^3 & 2 & 2 & 0 \\
s^2 & 0 & & \\
\end{array}
\quad \Rightarrow \quad
\begin{array}{c|ccc}
s^4 & 1 & 1 & 1 \\
s^3 & 2 & 2 & 0 \\
s^2 & \varepsilon(\varepsilon\approx 0) & 1 & 0 \\
s^1 & 2-\dfrac{2}{\varepsilon} & 0 & 0 \\
s^0 & 1 & 0 & 0
\end{array}
$$

计算得第 3 行第 1 列元素为 0,导致无法完成劳斯阵列。此时使用无穷小的正数 ε 代替 0,完成劳斯阵列的计算。由于 ε 为无穷小正数,因此 $2-\dfrac{2}{\varepsilon}\rightarrow-\infty$,即第 1 列元素符号变化两次,表明特征方程在复平面的右半平面内有 2 个根,该闭环系统不稳定。

② 劳斯阵列某行元素全部为 0

若劳斯阵列中某行元素全部为 0,说明系统的特征根中有对称于复平面原点的根存在,例如,符号相反绝对值相等的一对实根、实部为正的共轭复根、共轭纯虚根及以上几种根的组合。

工程师必备
工程素养(2)

在这种情况下,劳斯阵列表将在全为 0 的一行处中断。为完成劳斯阵列的计算,可利用全为 0 行的上一行的各项组成辅助方程式 $D(s)$,辅助方程式中 s 的方次均为偶次降。将辅助方程 $D(s)$ 对 s 求导,用求导得到的各项系数来代替全为 0 的一行系数,然后继续计算劳斯阵列,直至计算完 $(n+1)$ 行为止。

由于特征根关于复平面的原点对称,故辅助方程 $D(s)$ 的次数总是偶数,阶次是特征根中关于复平面原点对称根的数目。而这些大小相等、符号相反的特征根可由辅助方程 $D(s)=0$ 求得。

▶ **例 3.9** 某系统的特征方程为 $D(s)=s^6+2s^5+8s^4+12s^3+20s^2+16s+16=0$,试基于劳斯稳定判据判断系统的稳定性。

解: 由特征方程的各项系数列写劳斯阵列为

s^6	1	8	20	16		s^6	1	8	20	16
s^5	2	12	16	0		s^5	2	12	16	0
s^4	2	12	16	0	⇨	s^4	2	12	16	0
s^3	0	0	0	0		s^3	8	24	0	0
s^2						s^2	6	16	0	0
s^1						s^1	8/3	0	0	0
s^0						s^0	16	0	0	0

取全为零元素前一行的元素构建辅助方程为

$$D(s)=2s^4+12s^2+16$$

将 $D(s)$ 对 s 求导得

$$\frac{\mathrm{d}D(s)}{\mathrm{d}s}=8s^3+24s$$

使用上式得到的系数代替全部为 0 的一行,然后继续计算劳斯降列。从劳斯阵列的第 1 列可知,各项并无符号变化,因此特征方程无正根和实部为正的共轭复根。但因 s^3 行出现全为 0 的情况,可见必有共轭纯虚根存在。共轭纯虚根可通过求解辅助方程 $D(s)=0$ 得到

$$2s^4+12s^2+16=0$$

解得 2 对共轭纯虚根为

$$s_{1,2}=\pm\sqrt{2}\mathrm{j}$$
$$s_{3,4}=\pm 2\mathrm{j}$$

共轭纯虚根的存在说明该系统处于临界状态,即时间响应表现为等幅振荡。

3.6 控制系统的稳态误差

在图 3-34(a)中,位于稳定点 A 的小球被拿到高处 B 点,松手后,小球在点 B 和点 C 之间来回振荡并最终回到稳定点 A,这说明该系统是稳定的,这也是 3.5 节所述的系统稳定性问题。在小球重回稳定点 A 的过程中,由于阻尼的存在,小球再次稳定的点可能会偏离原始的稳定点 A,如点 A′,点 A 和点 A′之间的距离即稳态误差,如图 3-34(b)所示。如果说稳定性是衡量系统能否工作的前提条件,那么稳态误差就是衡量系统工作准确性的重要指标。

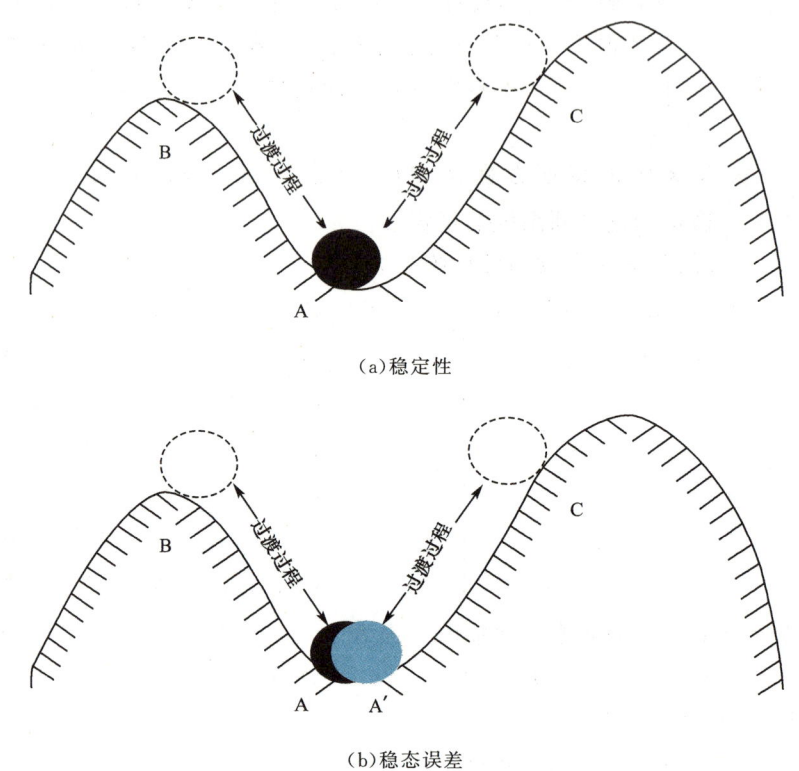

图 3-34 系统的稳定性和稳态误差

3.6.1 基本概念

某反馈控制系统传递函数框图如图 3-35 所示,下面给出与稳态误差有密切相关性的若干基本概念,进而引出稳态误差的概念。

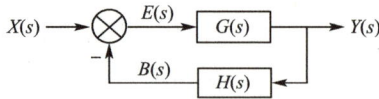

图 3-35 某反馈控制系统传递函数框图

(1) 偏差

偏差 $E(s)$ 的作用点位于输入端,其值为输入信号 $X(s)$ 和反馈信号 $B(s)$ 之差

$$E(s)=X(s)-B(s)=X(s)-H(s)Y(s)=\frac{X(s)}{1+G(s)H(s)} \quad (3.103)$$

(2) 稳态偏差

由终值定理可知，系统的稳态偏差为

$$e_{ss}(t)=\lim_{s\to 0}s\times E(s)=\lim_{s\to 0}s\times[X(s)-B(s)]=\lim_{s\to 0}s\times\frac{X(s)}{1+G(s)H(s)} \quad (3.104)$$

(3) 理想输出

当偏差为 0 时，闭环控制系统将不进行调节，此时被控量的实际值达到了与期望值相等的状态，此时的系统输出即理想输出 $Y_d(s)$

$$E(s)=X(s)-H(s)Y_d(s)=0 \quad (3.105)$$

解得系统的理想输出为

$$Y_d(s)=\frac{X(s)}{H(s)} \quad (3.106)$$

系统的理想输出的理论定义为偏差为 0 时系统的输出，物理定义为系统的理想状态。

(4) 误差

理想输出与实际输出的差即系统误差

$$\varepsilon(s)=Y_d(s)-Y(s)=\frac{X(s)}{H(s)}-Y(s)=\frac{X(s)-Y(s)H(s)}{H(s)}=\frac{E(s)}{H(s)} \quad (3.107)$$

将式(3.103)带入式(3.107)得

$$\varepsilon(s)=\frac{E(s)}{H(s)}=\frac{X(s)}{1+G(s)H(s)}\times\frac{1}{H(s)} \quad (3.108)$$

对于单位负反馈系统而言，将 $H(s)=1$ 带入式(3.108)得

$$\varepsilon(s)=\frac{E(s)}{H(s)}=E(s)=X(s)-Y(s) \quad (3.109)$$

由式(3.109)可知，单位负反馈系统的误差等于偏差，大小为系统的输入与输出的差。

误差、偏差、输出和理想输出之间的关系如图 3-36 所示，由图可知，误差 $\varepsilon(s)$ 定义在系统的输出端，偏差 $E(s)$ 定义在系统的输入端。

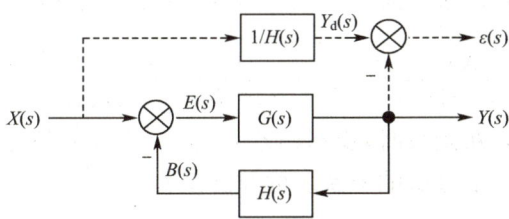

图 3-36　误差、偏差、输出和理想输出之间的关系

(5) 误差传递函数

系统的误差传递函数为误差信号与系统输入信号之比

$$\Phi_\varepsilon(s)=\frac{\varepsilon(s)}{X(s)} \quad (3.110)$$

将式(3.108)带入式(3.110)得系统的误差传递函数为

$$\Phi_\varepsilon(s) = \frac{\varepsilon(s)}{X(s)} = \frac{1}{1+G(s)H(s)} \times \frac{1}{H(s)} \tag{3.111}$$

对于单位负反馈系统而言,即 $H(s)=1$,其误差传递函数为

$$\Phi_\varepsilon(s) = \frac{\varepsilon(s)}{X(s)} = \frac{1}{1+G(s)} \tag{3.112}$$

(6) 稳态误差

稳态误差是指误差信号中的稳态分量,用 $\varepsilon_{ss}(t)$ 表示。当 $t \to \infty$ 时,若 $\varepsilon_{ss}(t)$ 的极限存在,则稳态误差可被表示为

$$\varepsilon_{ss}(t) = \lim_{t \to \infty} \varepsilon(t) \tag{3.113}$$

也可基于终值定理计算稳态误差

$$\varepsilon_{ss}(t) = \lim_{t \to \infty}\varepsilon(t) = \lim_{s \to 0}s\varepsilon(s) = \lim_{s \to 0}s \times \frac{E(s)}{H(s)} = \lim_{s \to 0}s \times \frac{X(s)}{1+G(s)H(s)} \times \frac{1}{H(s)} \tag{3.114}$$

对于单位负反馈系统而言,即 $H(s)=1$,其稳态误差为

$$\varepsilon_{ss}(t) = \lim_{t \to \infty}\varepsilon(t) = \lim_{s \to 0}s\varepsilon(s) = \lim_{s \to 0}s \times E(s) = \lim_{s \to 0}s \times \frac{X(s)}{1+G(s)} \tag{3.115}$$

> **例 3.10** 某单位负反馈系统的开环传递函数为 $G(s) = \dfrac{20}{(0.5s+1)(0.04s+1)}$,试分别求输入信号为单位阶跃函数和单位斜坡函数时系统的稳态误差。

解:根据式(3.115),系统的稳态偏差为

$$\varepsilon_{ss}(t) = \lim_{s \to 0}s \cdot \frac{X(s)}{1+G(s)} = \lim_{s \to 0}s \cdot \frac{(0.5s+1)(0.04s+1)}{20+(0.5s+1)(0.04s+1)} \cdot X(s)$$

当输入信号为单位阶跃函数时,即 $X(s) = \dfrac{1}{s}$,系统的稳态误差为

$$\varepsilon_{ss}(t) = \lim_{s \to 0}s \cdot \frac{X(s)}{1+G(s)} = \lim_{s \to 0}s \cdot \frac{(0.5s+1)(0.04s+1)}{20+(0.5s+1)(0.04s+1)} \cdot \frac{1}{s} = 0.05$$

该系统的开环增益为 20,对系统的稳态误差有着直接的影响。

当输入信号为单位斜坡函数时,即 $X(s) = \dfrac{1}{s^2}$,系统的稳态误差为

$$\varepsilon_{ss}(t) = \lim_{s \to 0}s \cdot \frac{X(s)}{1+G(s)} = \lim_{s \to 0}s \cdot \frac{(0.5s+1)(0.04s+1)}{20+(0.5s+1)(0.04s+1)} \cdot \frac{1}{s^2} = \infty$$

当输入信号为单位阶跃函数时,稳态误差为 0.05,当输入信号为单位斜坡函数时,稳态误差为 ∞。这说明输入信号影响着系统的稳态误差。

3.6.2 静态误差系数

由式(3.115)可知,对于单位负反馈系统而言,稳态误差与系统开环传递函数 $G(s)$ 和输入信号 $X(s)$ 有关。由例 3.10 可知,开环增益也对系统的稳态误差有影响。稳态误差与开环增益、开环传递函数和输入信号种类之间的关联可用静态误差系数来描述。静态误差系数是综合反映系统开环传递函数与输入信号对系统稳态误差影响的参数。

根据系统开环传递函数的形式,可将系统分为不同的类型。对于单位负反馈系统而言,由于 $H(s)=1$,因此其开环传递函数 $G(s)H(s)$ 实际上就是前向通路传递函数 $G(s)$,其因式分解形式为

$$G(s)=\frac{K(\tau_1 s+1)(\tau_2 s+1)\cdots(\tau_m s+1)}{s^v(T_1 s+1)(T_2 s+1)\cdots(T_n s+1)} \tag{3.116}$$

根据式(3.116)中积分环节的个数对系统进行分型:当 $v=0$ 时,系统类型为 0 型;当 $v=1$ 时,系统类型为 Ⅰ 型,以此类推。由于积分环节的增加会影响系统的稳定性,因此在实际控制系统中较少选择 Ⅱ 型以上系统。

工程中常用于系统分析的输入信号有阶跃、斜坡和加速度信号

$$\begin{aligned}x_s(t)&=R\\ x_r(t)&=Rt\\ x_a(t)&=\frac{Rt^2}{2}\end{aligned} \tag{3.117}$$

其中 R 为输入信号的幅值。它们的象函数分别为

$$\begin{aligned}X_s(s)&=\frac{R}{s}\\ X_r(s)&=\frac{R}{s^2}\\ X_a(s)&=\frac{R}{s^3}\end{aligned} \tag{3.118}$$

下面以单位负反馈系统为例,根据系统类型和系统输入信号的不同确定系统的静态误差系数,进而求取稳态误差。

(1) 阶跃输入

单位负反馈系统在阶跃输入信号作用下,式(3.115)可写为

$$\varepsilon_{ss}(t)=\lim_{s\to 0}s\times\frac{X(s)}{1+G(s)}=\lim_{s\to 0}s\times\frac{1}{1+G(s)}\times\frac{R}{s}=\frac{R}{1+\lim_{s\to 0}G(s)} \tag{3.119}$$

定义 K_p 为静态位置误差系数,其表达式为

$$K_p=\lim_{s\to 0}G(s) \tag{3.120}$$

将式(3.120)代入式(3.119)可得系统对阶跃输入的稳态误差为

$$\varepsilon_{ss}(t)=\frac{R}{1+K_p} \tag{3.121}$$

对于 0 型系统 ($v=0$),其传递函数为

$$G(s)=\frac{K(\tau_1 s+1)(\tau_2 s+1)\cdots(\tau_m s+1)}{s^0(T_1 s+1)(T_2 s+1)\cdots(T_n s+1)}=\frac{K(\tau_1 s+1)(\tau_2 s+1)\cdots(\tau_m s+1)}{(T_1 s+1)(T_2 s+1)\cdots(T_n s+1)} \tag{3.122}$$

因此静态位置误差系数为

$$K_p=\lim_{s\to 0}G(s)=\lim_{s\to 0}\frac{K(\tau_1 s+1)(\tau_2 s+1)\cdots(\tau_m s+1)}{(T_1 s+1)(T_2 s+1)\cdots(T_n s+1)}=K \tag{3.123}$$

将式(3.123)代入式(3.121),可得 0 型系统对于阶跃输入的稳态误差为

$$\varepsilon_{ss}(t) = \frac{R}{1+K} \tag{3.124}$$

对于 Ⅰ 型系统($v=1$),其传递函数为

$$G(s) = \frac{K(\tau_1 s+1)(\tau_2 s+1)\cdots(\tau_m s+1)}{s(T_1 s+1)(T_2 s+1)\cdots(T_n s+1)} \tag{3.125}$$

因此静态位置误差系数为

$$K_p = \lim_{s \to 0} G(s) = \lim_{s \to 0} \frac{K(\tau_1 s+1)(\tau_2 s+1)\cdots(\tau_m s+1)}{s(T_1 s+1)(T_2 s+1)\cdots(T_n s+1)} = \infty \tag{3.126}$$

将式(3.126)代入式(3.121),可得 Ⅰ 型系统对于阶跃输入的稳态误差为

$$\varepsilon_{ss}(t) = 0 \tag{3.127}$$

对于 Ⅱ 型系统($v=2$),其传递函数为

$$G(s) = \frac{K(\tau_1 s+1)(\tau_2 s+1)\cdots(\tau_m s+1)}{s^2(T_1 s+1)(T_2 s+1)\cdots(T_n s+1)} \tag{3.128}$$

因此静态位置误差系数为

$$K_p = \lim_{s \to 0} G(s) = \lim_{s \to 0} \frac{K(\tau_1 s+1)(\tau_2 s+1)\cdots(\tau_m s+1)}{s^2(T_1 s+1)(T_2 s+1)\cdots(T_n s+1)} = \infty \tag{3.129}$$

将式(3.129)代入式(3.121),可得 Ⅱ 型系统对于阶跃输入的稳态误差为

$$\varepsilon_{ss}(t) = 0 \tag{3.130}$$

图 3-37(a)中黑色曲线为 0 型系统的阶跃响应曲线,蓝色直线为阶跃输入信号。根据 0 型系统稳态误差的表达式(3.124)可知,增加系统开环增益 K 可减小 0 型系统的阶跃响应稳态误差,但需要注意的是增益过大会使系统不稳定。图 3-37(b)中黑色曲线为 Ⅰ 型以上系统的阶跃响应曲线,蓝色直线为阶跃输入信号。根据 Ⅰ 型系统稳态误差的表达式(3.124)可知,稳态误差趋于 0。

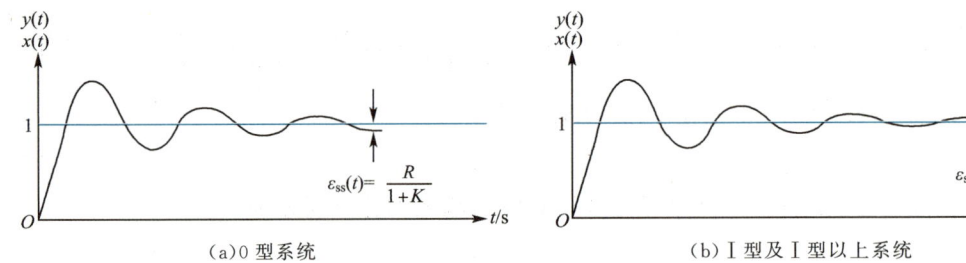

(a) 0 型系统   (b) Ⅰ 型及 Ⅰ 型以上系统

图 3-37 单位负反馈系统的阶跃响应曲线及稳态误差

(2) 斜坡输入

单位负反馈系统在斜坡输入信号作用下,式(3.115)可写为

$$\varepsilon_{ss}(t) = \lim_{s \to 0} s \times \frac{X(s)}{1+G(s)} = \lim_{s \to 0} s \times \frac{1}{1+G(s)} \times \frac{R}{s^2} = \frac{R}{\lim_{s \to 0} sG(s)} \tag{3.131}$$

定义 K_v 为静态速度误差系数,其表达式为

$$K_v = \lim_{s \to 0} sG(s) \tag{3.132}$$

将式(3.132)代入式(3.131)可得系统对斜坡输入的稳态误差为

$$\varepsilon_{ss}(t) = \frac{R}{K_v} \tag{3.133}$$

对于0型系统($v=0$),其传递函数为

$$G(s) = \frac{K(\tau_1 s+1)(\tau_2 s+1)\cdots(\tau_m s+1)}{s^0(T_1 s+1)(T_2 s+1)\cdots(T_n s+1)} = \frac{K(\tau_1 s+1)(\tau_2 s+1)\cdots(\tau_m s+1)}{(T_1 s+1)(T_2 s+1)\cdots(T_n s+1)} \tag{3.134}$$

因此静态速度误差系数为

$$K_v = \lim_{s\to 0} sG(s) = \lim_{s\to 0} s \frac{K(\tau_1 s+1)(\tau_2 s+1)\cdots(\tau_m s+1)}{(T_1 s+1)(T_2 s+1)\cdots(T_n s+1)} = 0 \tag{3.135}$$

将式(3.135)代入式(3.131),可得0型系统对于斜坡输入的稳态误差为

$$\varepsilon_{ss}(t) = \infty \tag{3.136}$$

对于Ⅰ型系统($v=1$),其传递函数为

$$G(s) = \frac{K(\tau_1 s+1)(\tau_2 s+1)\cdots(\tau_m s+1)}{s^1(T_1 s+1)(T_2 s+1)\cdots(T_n s+1)} \tag{3.137}$$

因此静态速度误差系数为

$$K_v = \lim_{s\to 0} sG(s) = \lim_{s\to 0} s \frac{K(\tau_1 s+1)(\tau_2 s+1)\cdots(\tau_m s+1)}{s(T_1 s+1)(T_2 s+1)\cdots(T_n s+1)} = K \tag{3.138}$$

将式(3.138)代入式(3.131),可得Ⅰ型系统对于斜坡输入的稳态误差为

$$\varepsilon_{ss}(t) = \frac{R}{K} \tag{3.139}$$

对于Ⅱ型系统($v=2$),其传递函数为

$$G(s) = \frac{K(\tau_1 s+1)(\tau_2 s+1)\cdots(\tau_m s+1)}{s^2(T_1 s+1)(T_2 s+1)\cdots(T_n s+1)} \tag{3.140}$$

因此静态速度误差系数为

$$K_v = \lim_{s\to 0} sG(s) = \lim_{s\to 0} s \frac{K(\tau_1 s+1)(\tau_2 s+1)\cdots(\tau_m s+1)}{s^2(T_1 s+1)(T_2 s+1)\cdots(T_n s+1)} = \infty \tag{3.141}$$

将式(3.141)代入式(3.131),可得Ⅱ型系统对于斜坡输入的稳态误差为

$$\varepsilon_{ss}(t) = 0 \tag{3.142}$$

图3-38(a)中黑色曲线为0型系统的斜坡响应曲线,蓝色直线为斜坡输入信号,由图可知,0型系统不能跟踪斜坡输入;图3-38(b)中黑色曲线为Ⅰ型系统的斜坡响应曲线,蓝色直线为斜坡输入信号,由图可知,Ⅰ型系统可跟踪斜坡输入,但有一定的稳态误差,且由式(3.139)可知,开环增益K越大,稳态误差越小;图3-38(c)中黑色曲线为Ⅱ型系统的斜坡响应曲线,蓝色直线为斜坡输入信号,由图可知,Ⅱ型以上系统能够精确地跟踪斜坡输入且没有稳态误差。

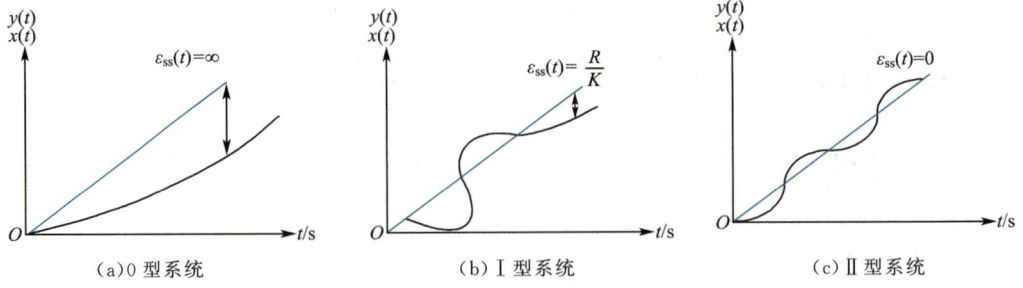

图 3-38 单位负反馈系统的斜坡响应曲线与稳态误差

(3) 加速度输入

单位负反馈系统在加速度信号作用下,式(3.115)可写为

$$\varepsilon_{ss}(t) = \lim_{s \to 0} s \times \frac{X(s)}{1+G(s)} = \lim_{s \to 0} s \times \frac{1}{1+G(s)} \times \frac{R}{s^3} = \frac{R}{\lim_{s \to 0} s^2 G(s)} \qquad (3.143)$$

定义 K_a 为静态加速度误差系数,其表达式为

$$K_a = \lim_{s \to 0} s^2 G(s) \qquad (3.144)$$

将式(3.144)代入式(3.143)可得系统对斜坡输入的稳态误差为

$$\varepsilon_{ss}(t) = \frac{R}{K_a} \qquad (3.145)$$

对于 0 型系统($v=0$),其传递函数为

$$G(s) = \frac{K(\tau_1 s+1)(\tau_2 s+1)\cdots(\tau_m s+1)}{s^0(T_1 s+1)(T_2 s+1)\cdots(T_n s+1)} = \frac{K(\tau_1 s+1)(\tau_2 s+1)\cdots(\tau_m s+1)}{(T_1 s+1)(T_2 s+1)\cdots(T_n s+1)} \qquad (3.146)$$

因此静态加速度误差系数为

$$K_a = \lim_{s \to 0} s^2 G(s) = \lim_{s \to 0} s^2 \frac{K(\tau_1 s+1)(\tau_2 s+1)\cdots(\tau_m s+1)}{(T_1 s+1)(T_2 s+1)\cdots(T_n s+1)} = 0 \qquad (3.147)$$

将式(3.147)代入式(3.143),可得 0 型系统对于加速度输入的稳态误差为

$$\varepsilon_{ss}(t) = \infty \qquad (3.148)$$

对于 Ⅰ 型系统($v=1$),其传递函数为

$$G(s) = \frac{K(\tau_1 s+1)(\tau_2 s+1)\cdots(\tau_m s+1)}{s^1(T_1 s+1)(T_2 s+1)\cdots(T_n s+1)} \qquad (3.149)$$

因此静态加速度误差系数为

$$K_a = \lim_{s \to 0} s^2 G(s) = \lim_{s \to 0} s^2 \frac{K(\tau_1 s+1)(\tau_2 s+1)\cdots(\tau_m s+1)}{s(T_1 s+1)(T_2 s+1)\cdots(T_n s+1)} = 0 \qquad (3.150)$$

将式(3.150)代入式(3.143),可得 Ⅰ 型系统对于加速度输入的稳态误差为

$$\varepsilon_{ss}(t) = \infty \qquad (3.151)$$

对于 Ⅱ 型系统($v=2$),其传递函数为

$$G(s) = \frac{K(\tau_1 s+1)(\tau_2 s+1)\cdots(\tau_m s+1)}{s^2(T_1 s+1)(T_2 s+1)\cdots(T_n s+1)} \qquad (3.152)$$

因此静态加速度误差系数为

$$K_\text{a} = \lim_{s\to 0} s^2 G(s) = \lim_{s\to 0} s^2 \frac{K(\tau_1 s+1)(\tau_2 s+1)\cdots(\tau_m s+1)}{s^2(T_1 s+1)(T_2 s+1)\cdots(T_n s+1)} = K \quad (3.153)$$

将式(3.153)代入式(3.143)，可得Ⅱ型系统对于加速度输入的稳态误差为

$$\varepsilon_\text{ss}(t) = \frac{R}{K} \quad (3.154)$$

由式(3.148)和式(3.151)可知，0型和Ⅰ型系统都不能追踪加速度输入。由式(3.154)可知，Ⅱ型系统可追踪加速度输入，但有一定的加速度误差且根据稳态误差表达式可知，开环增益 K 越大，稳态误差越小。

不同类型的系统对3种典型输入信号的稳态误差见表3-1，其中 R 为输入信号的幅值，K 为系统的开环增益。

表3-1　　不同类型的系统对3种典型输入信号的稳态误差

系统类型	典型输入信号		
	阶跃 $x(t)=R$	斜坡 $x(t)=Rt$	加速度 $x(t)=\dfrac{R}{2}t^2$
0	$\dfrac{R}{1+K}$	∞	∞
Ⅰ	0	$\dfrac{R}{K}$	∞
Ⅱ	0	0	$\dfrac{R}{K}$

▶ **例 3.11**　当输入信号分别为单位阶跃信号、单位斜坡信号和单位加速度信号时，分别计算3种输入信号下系统的稳态误差(图3-39)。

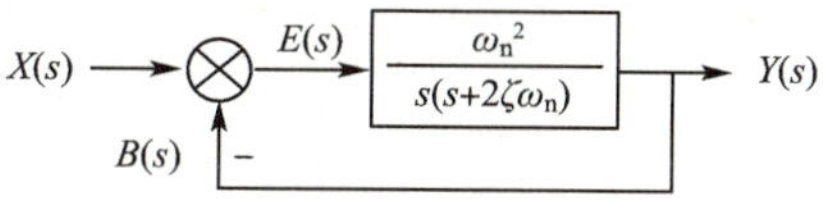

图 3-39　某二阶振荡系统的传递函数框图

解： 根据该系统的传递函数框图，可得其开环传递函数为

$$G(s) = \frac{\dfrac{\omega_\text{n}}{2\zeta}}{s\left(\dfrac{s}{2\zeta\omega_\text{n}}+1\right)}$$

因此，该系统为Ⅰ型系统，其开环增益为 $K=\dfrac{\omega_\text{n}}{2\zeta}$。由表3-1可得，当输入为单位阶跃信号时其稳态误差为 $\varepsilon_\text{ss}(t)=0$；当输入为单位斜坡信号时其稳态误差为 $\varepsilon_\text{ss}(t)=\dfrac{R}{K}=\dfrac{2\zeta}{\omega_\text{n}}$；当输入为单位加速度信号时其稳态误差为 $\varepsilon_\text{ss}(t)=\infty$。

3.6.3　扰动引起的稳态误差计算

实际控制系统中，除给定输入信号 $X(s)$ 外，通常还存在干扰信号 $N(s)$。图3-40所

示系统中,若要求系统的稳态误差,可基于线性定常系统的叠加定理,同时考虑由输入信号 $X(s)$ 引起的稳态误差和由干扰信号 $N(s)$ 引起的稳态误差。

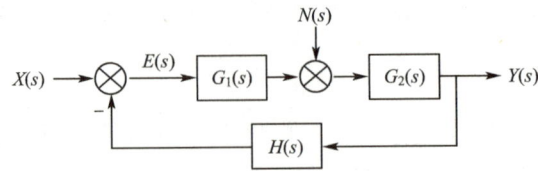

图 3-40　同时存在输入信号和干扰信号作用的系统传递函数框图

如图 3-41(a)所示,求输入信号 $X(s)$ 单独作用引起的稳态误差时,令 $N(s)=0$,此时的稳态误差为

$$\varepsilon_{ssx}(t)=\lim_{s\to 0}\frac{E_X(s)}{H(s)}=\lim_{s\to 0}\frac{X(s)-H(s)Y_X(s)}{H(s)} \quad (3.155)$$

如图 3-41(b)所示,求干扰信号 $N(s)$ 单独作用引起的稳态偏差时,令 $X(s)=0$,此时的稳态误差为

$$\varepsilon_{ssn}(t)=\lim_{s\to 0}\frac{E_N(s)}{H(s)}=\lim_{s\to 0}\frac{-Y_N(s)H(s)}{H(s)} \quad (3.156)$$

因此由输入信号 $X(s)$ 和干扰信号 $N(s)$ 共同引起的系统的稳态误差为

$$\varepsilon_{ss}(t)=\varepsilon_{ssx}(t)+\varepsilon_{ssn}(t)=\lim_{s\to 0}\frac{X(s)-H(s)Y_X(s)}{H(s)}+\lim_{s\to 0}\frac{-Y_N(s)H(s)}{H(s)} \quad (3.157)$$

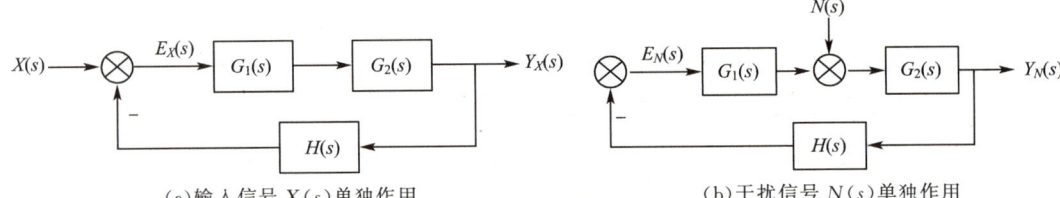

(a) 输入信号 $X(s)$ 单独作用　　　　　　　　(b) 干扰信号 $N(s)$ 单独作用

图 3-41　输入信号和干扰信号分别作用的传递函数框图

▶ **例 3.12**　某电液伺服阀控制系统传递函数如图 3-42 所示,其输入信号 $i(t)=0.01$ A,热变形引起的挡板角位移为干扰信号 $f(t)=-0.000\ 314$ rad。求由这两个输入信号共同引起的系统稳态误差。

控制理论与
人生哲理(3)

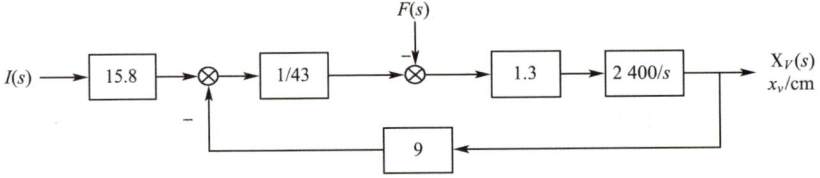

图 3-42　某电液伺服阀控制系统

解：首先,将输入端的比例环节 15.8 与输入信号合并获得新的输入信号

$$I'(s)=\frac{0.01\times 15.8}{s}=\frac{0.158}{s}$$

由式(3.157)及图 3-42 可得该系统在输入和干扰共同作用下的总稳态误差：

$$\varepsilon_{ss}(t) = \varepsilon_{ssI'}(t) + \varepsilon_{ssF}(t) = \lim_{s \to 0} s \frac{I'(s) - H(s)X_{VI'}(s)}{H(s)} + \lim_{s \to 0} s \frac{-H(s)X_{VF}(s)}{H(s)}$$

(3.158)

其中 $H(s) = 9$。由输入信号 $I'(s)$ 引起的系统输出 $X_{VI'}(s)$ 为

$$X_{VI'}(s) = \frac{\frac{1}{43} \times 1.3 \times \frac{2\,400}{s}}{1 + \frac{1}{43} \times 1.3 \times \frac{2\,400}{s} \times 9} \times \frac{0.158}{s}$$

由干扰信号 $F(s)$ 引起的系统输出 $X_{VF}(s)$ 为

$$X_{VF}(s) = \frac{1.3 \times \frac{2\,400}{s}}{1 + \frac{1}{43} \times 1.3 \times \frac{2\,400}{s} \times 9} \times \left(-\frac{0.000\,314}{s}\right)$$

将 $X_{VI'}(s)$ 和 $X_{VF}(s)$ 均代入式(3.158)即系统在两种输入作用下的总稳态误差
$\varepsilon_{ss}(t) = \varepsilon_{ssI'}(t) + \varepsilon_{ssF}(t)$

$$= \lim_{s \to 0} s \times [I'(s) - H(s) \times X_{VI'}(s)] \times \frac{1}{H(s)} + \lim_{s \to 0} s \times [-H(s) \times X_{VF}(s)] \times \frac{1}{H(s)}$$

$$= 0.015 \text{ mm}$$

习题

3-1 某单位负反馈系统的开环传递函数为

$$G(s) = \frac{K}{s(Ts+1)}$$

其中，T 和 K 均大于 0。为使系统的最大百分比超调量由 75% 降到 25%，系统的开环增益 K 要减小为原来的多少（百分比）？

3-2 某闭环控制系统如图 3-43 所示，其阻尼比 ζ 为 0.5。

(1) 求开环增益 K 及系统的单位阶跃响应；

(2) 求系统的调整时间 ($\delta = \pm 2\%$)、峰值时间和最大百分比超调量；

(3) 若输入信号为单位加速度信号，求系统的稳态误差。

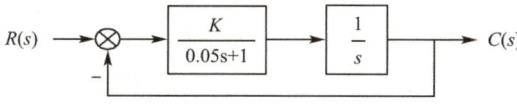

图 3-43 习题 3-2 图

3-3 某控制系统如图 3-44 所示。试求：

(1) 当输入为单位阶跃信号且 $K = 200$ 时的上升时间、调整时间($\pm 5\%$)和最大百分比超调量。

(2) 当 K 分别等于 13.5 和 200 时，定量比较两种 K 值时系统响应的快速性，并绘制两种 K 值对应的阶跃响应曲线示意图。

(3) 当输入信号为单位斜坡信号且 $K = 200$ 时，求系统的稳态误差，并以定性描述的方式给出至少两种减少稳态误差的方法(在学习完第六章后作答会有更多解决方案)。

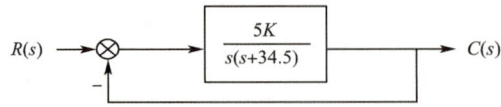

图 3-44 习题 3-3 图

3-4 某闭环控制系统如图 3-45 所示。

(1) 用劳斯稳定判据求使系统稳定的 K 和 λ 取值范围;

(2) 若系统以 1 rad/s 的频率持续振荡,求 K 和 λ 值。

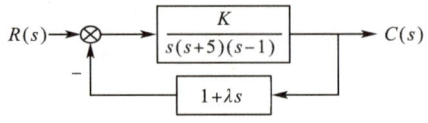

图 3-45 习题 3-4 图

3-5 某速度控制系统采用比例控制器做闭环反馈控制(图 3-46),其中 P 为比例系数。

(1) 若系统稳定,求 P 的取值范围;

(2) 求输入信号为单位速度信号时该系统的最小稳态速度误差。

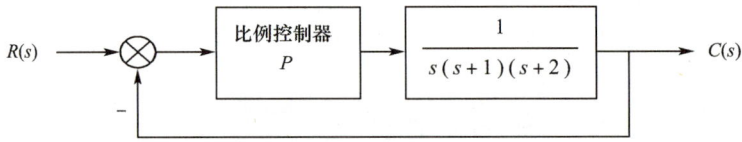

图 3-46 习题 3-5 图

3-6 某系统传递函数如图 3-47 所示,已知 $X(s) = N(s) = \dfrac{1}{s}$,求 $X(s)$ 和 $N(s)$ 作用下系统总的稳态误差。

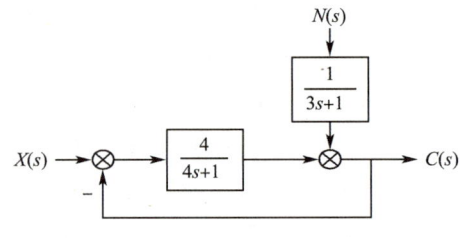

图 3-47 习题 3-6 图

第4章 根轨迹分析法

本章重点内容与学习思路

4.1 基本概念

- **4.1.1 根轨迹定义与基本形式**
  开环增益K从0到∞时,闭环极点的变化规律

- **4.1.2 根轨迹与系统性能**
  - 稳定性:根轨迹是否越过虚轴进入s右半平面及临界开环增益
  - 稳态误差:根轨迹上的开环增益与静态误差系数
  - 动态性能:由根轨迹可获得系统的时间响应指标

- **4.1.3 开闭环零点、极点关系**
  绘制闭环根轨迹 → 分析高阶系统
  $$\Phi(s)=\frac{K_G^*\prod_{i=1}^{f}(s-z_i)\prod_{j=1}^{h}(s-p_j)}{\prod_{i=1}^{n}(s-p_i)+K^*\prod_{j=1}^{m}(s-z_j)}$$

- **4.1.4 根轨迹方程**
  $$K^*\frac{\prod_{j=1}^{m}(s-z_j)}{\prod_{i=1}^{n}(s-p_i)}=-1 \Rightarrow \begin{cases}\sum_{j=1}^{m}\angle(s-z_j)-\sum_{i=1}^{n}\angle(s-p_i)=(2k+1)\pi \quad (k=0,\pm1,\pm2,\cdots)\\ K^*=\frac{\prod_{i=1}^{n}|s-p_i|}{\prod_{j=1}^{m}|s-z_j|}\end{cases}$$

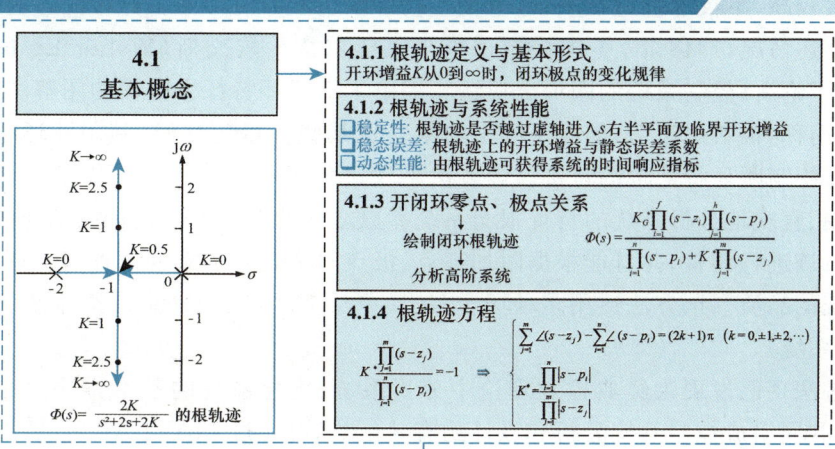

$\Phi(s)=\dfrac{2K}{s^2+2s+2K}$ 的根轨迹

4.2 绘制根轨迹的基本规则

- **4.2.1 分支数、起点与终点**
  - 规则1:若$n>m$,根轨迹在复平面上共有n条分支;若$m>n$,根轨迹在复平面上共有m条分支
  - 规则2:若$n=m$,当K从0增大到∞,根轨迹从开环传递函数$G(s)$的极点向零点移动
  - 规则3:实轴上的根轨迹存在于从右向左第奇数个极点或零点的左侧
  - 规则4:若$n>m$,即极点数大于零点数,则有$(n-m)$条分支从极点指向无穷;
    若$n<m$,即零点数大于极点数,则有$(m-n)$条分支从无穷指向零点

- **4.2.2 根轨迹的对称性**
  - 规则5:若存在复数根,则一定是共轭的,根轨迹关于实轴对称

- **4.2.3 根轨迹的渐近线**
  - 规则6:根轨迹沿渐近线移动,渐近线与实轴的交点和夹角分别为
    $\sigma_a=\dfrac{\sum_{i=1}^{n}p_i-\sum_{j=1}^{m}z_j}{n-m}$ $\Phi_a=\dfrac{2q+1}{n-m}\pi$

- **4.2.4 分离点或会合点**
  - 求法1:因分离点或会合点是特征方程的重根,因此可用求重根的方法确定它们的位置
  - 求法2:由闭环特征方程求增益表达式,对其求导并令其为零可确定分离点或会合点位置
  - 求法3:根据极点和零点方程求
    分离点或会合点位置 $\sum_{j=1}^{n}\dfrac{1}{d-p_j}=\sum_{i=1}^{m}\dfrac{1}{d-z_i}$

- **4.2.5 起始角与终止角**
  - 起始角:根轨迹起点处切线与水平线正向的夹角
  - 终止角:根轨迹终点处切线与水平线正向的夹角

- **4.2.6 分离角与会合角**
  - 分离角:根轨迹离开分离点时轨迹切线的倾角
  - 会合角:根轨迹达到会合点时轨迹切线的倾角

- **4.2.7 根轨迹与虚轴的交点**
  - 求法1:$\mathrm{Re}[1+G(j\omega)H(j\omega)]=0$,$\mathrm{Im}[1+G(j\omega)H(j\omega)]=0$,得$\omega$、临界开环增益$K^*$及根轨迹增益$K$
  - 求法2:通过劳斯稳定判据求出该交点

- **4.2.8 闭环极点之和**
  当$n-m\geq2$时,系统闭环极点之和等于开环极点之和

- **4.2.9 闭环极点之积**
  闭环极点之积$=\prod_{i=1}^{n}(-p_i)+K^*\prod_{j=1}^{m}(-z_j)$

4.3 根轨迹法的应用

- **4.3.1 根轨迹的几何性质**
  $A=|G(\sigma+j\omega)|=\dfrac{\prod\text{零点到}s\text{的距离}}{\prod\text{极点到}s\text{的距离}}$ $\Phi=\angle G(\sigma+j\omega)=(\sum\text{零点到}s\text{的夹角}-\sum\text{极点到}s\text{的夹角})|_{s=\sigma+j\omega}$

- **4.3.2 闭环零极点分布与性能指标**
  - 稳定性:闭环极点位于s平面与负实轴成$\pm45°$夹角线以内
  - 快速性:闭环极点远离虚轴,零点靠近离虚轴近的极点
  - 动态过程短暂:闭环极点间距大

- **4.3.3 利用根轨迹法设计控制器**
  通过增加开环零点或极点改变闭环根轨迹,从而改变系统的动态响应,即利用根轨迹的几何性质设计控制器

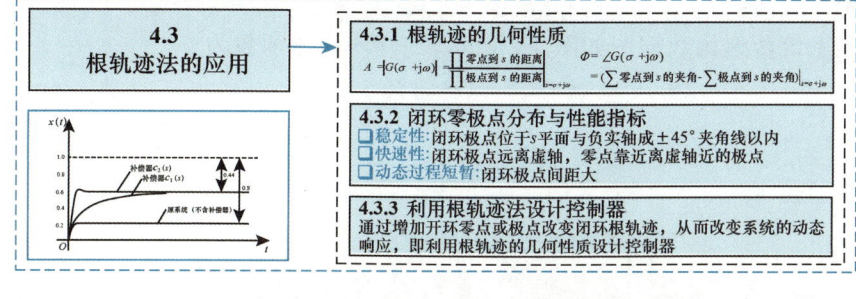

由前面章节可知,控制系统的稳定性和时间响应中瞬态分量均与系统特征方程的根(闭环极点)有关,因此确定特征根在 s 平面上的位置对分析系统的性能具有重要意义。此外,通过增加或调整开环零点、极点可使特征根处在 s 平面中所希望的位置,建立特征根分布规律可满足系统设计时对性能指标的要求。求解特征方程可获得特征根,但若特征方程阶次较高,不仅求解过程烦琐,也很难获得系统参数对特征根分布的影响规律。

针对上述情况,1948 年,美国控制理论学家沃尔特·埃文斯(Walter Evans,1920—1999)发表了论文《控制系统的图形分析法》,提出了求闭环特征方程根的图解法——根轨迹分析法(简称"根轨迹法"),即当系统中的某一或某些参量变化时,利用开环零点、极点等已知条件绘制闭环特征根的轨迹。该方法不仅避免了对特征方程求根的数值计算,并且可以简便、直观地分析系统的特征根与系统参数之间的关系。若特征根的位置不理想,可根据根轨迹进行调整,并且能根据附加零点、极点对根轨迹的影响设置附加环节从而改善原有系统的品质。该方法适用多种场合,包括单反馈系统、内外多反馈系统、单输入系统、多输入系统。

根轨迹法现已发展为经典控制理论中分析系统、优化系统的基本方法之一,与时域法、频域法共同组成控制系统分析和设计的有效工具,可通过 MATLAB 等软件迅速得到某传递函数的根轨迹,以 $G(s)=\dfrac{s+3}{s^2+2s+4}$ 为例,可输入如图 4-1(a)所示代码(蓝色字体)获得如图 4-1(b)所示的根轨迹曲线。

```
>> g=tf([1,3],[1,2,4])
g =
       s+3
    ---------
    s^2 + 2 s + 4
Continuous-time transfer function.
>> rlocus(g)
```

(a)代码　　　　　　　　　　　(b)根轨迹曲线

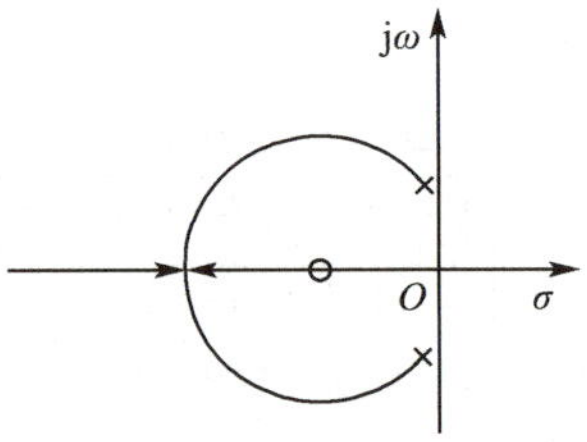

图 4-1　$G(s)=\dfrac{s+3}{s^2+2s+4}$ 的根轨迹 MATLAB 实现

4.1　根轨迹的基本概念

本节主要给出与根轨迹相关的基本概念,包括根轨迹的定义与基本形式,根据根轨迹如何分析和判断系统的某些性能,以及根轨迹与零点、极点的关系等。通过对根轨迹的初步了解,为正确绘制根轨迹奠定理论基础。

4.1.1　根轨迹定义与基本形式

某控制系统传递函数框图如图 4-2 所示,其开环传递函数为

$$G(s)=\frac{K}{s(0.5s+1)} \tag{4.1}$$

式(4.2)中，K 为开环增益。其闭环传递函数为

$$\Phi(s) = \frac{C(s)}{R(s)} = \frac{G(s)}{1+G(s)} = \frac{\dfrac{2K}{s(s+2)}}{1+\dfrac{2K}{s(s+2)}} = \frac{2K}{s^2+2s+2K} \quad (4.2)$$

闭环特征方程为

$$s^2 + 2s + 2K = 0 \quad (4.3)$$

特征根为

$$s_{1,2} = -1 \pm \sqrt{1-2K} \quad (4.4)$$

根轨迹指的是当系统的开环传递函数中某参数从零变化到无穷大时，系统闭环特征方程的根在 s 平面(复平面)上形成的轨迹。讨论根轨迹主要是以开环增益 K 作为变化参数展开，即当 K 从 0 到正无穷时，特征根即闭环极点的位置变化规律。

当图 4-2 所示系统的开环增益 K 从零到无穷大时，可求出闭环极点的全部数值(表 4-1)。将这些数值标注在 s 平面上，并依次连成光滑的粗实线，即该系统的根轨迹(图 4-3)。由图可知，根轨迹表示了随着参数开环增益 K 的变化，闭环特征根所发生的变化；根轨迹上的箭头表示根轨迹随 K 增大的变化趋势，标注的数值代表与闭环极点位置相应的开环增益 K 的数值，因此根轨迹图全面地描述了参数开环增益 K 对闭环特征根分布的影响。

表 4-1　　不同开环增益 K 求得 s_1 与 s_2 值

K	s_1	s_2
0	0	-2
0.5	-1	-1
1	$-1+\mathrm{j}$	$-1-\mathrm{j}$
∞	$-1+\mathrm{j}\infty$	$-1-\mathrm{j}\infty$

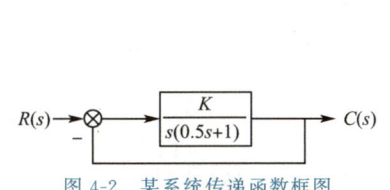

图 4-2　某系统传递函数框图

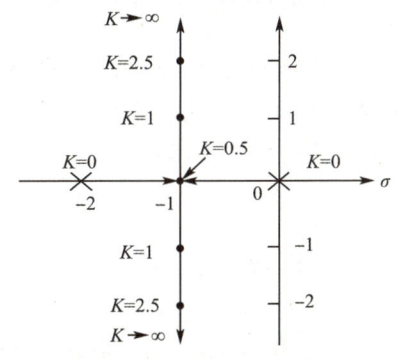

图 4-3　$\Phi(s) = \dfrac{2K}{s^2+2s+2K}$ 的根轨迹

4.1.2　根轨迹与系统性能

本小节将以图 4-2 所示系统及图 4-3 所示根轨迹为例，说明如何根据根轨迹分析和

判断系统的某些性能。

1. 稳定性

当开环增益 K 从零到无穷大时,根轨迹不会越过虚轴进入 s 平面的右侧(图 4-3),这说明对于所有开环增益 K 而言,图 4-2 所示系统都是稳定的。

对高阶系统而言,由于其可能存在不稳定右根,即其根轨迹有可能越过虚轴进入 s 平面的右侧,此时根轨迹与虚轴交点处的 K 值即临界开环增益。

2. 稳态误差

图 4-2 所示系统的开环传递函数有一个零极点,即开环传递函数中存在一个积分环节,所以系统为Ⅰ型系统,因而图 4-3 所示根轨迹上的 K 值即静态速度误差系数 K_v。

若某系统的稳态误差是给定的,则由根轨迹图可确定闭环极点的分布范围。在一般情况下,根轨迹图上标注的参数不是开环增益,而是根轨迹增益,即开环增益和根轨迹增益之间仅相差一个比例系数。这也适用其他参数变化下的根轨迹图。

3. 动态特性

$0<K<0.5$ 时,所有闭环极点均位于实轴,系统为过阻尼系统,单位阶跃响应为单调函数,且没有超调;$K=0.5$ 时,2 个闭环实数极点重合,系统为临界阻尼系统,阻尼比为 1,单位阶跃响应仍为单调函数,但响应速度比 $0<K<0.5$ 时快;$K>0.5$ 时,闭环极点为复数极点,特征根为共轭复根,系统为欠阻尼系统,单位阶跃响应为阻尼振荡,且超调量随 K 值的增大而增大,但调整时间的变化不明显(图 4-3)。由坐标原点作与负实轴夹角为 $\pm 45°$ 的直线,得 $s_1=-1+\mathrm{j}$,$s_2=-1-\mathrm{j}$,此时,$K=1$,得到最佳阻尼比 $\zeta=0.707$。

上述分析表明,根轨迹与系统动态性能之间有着比较密切的联系。然而,对于高阶系统而言,很难用解析方法绘制系统的根轨迹图,就更谈不上基于根轨迹图分析系统性能了。但如果根据系统闭环零点、极点与开环零点、极点之间的关系,由开环传递函数绘制闭环系统的根轨迹图,即可实现对高阶系统特性的分析。

4.1.3 开闭环零点、极点关系

由于系统的开环零点、极点是已知的,因此若建立了开环零点、极点与闭环零点、极点之间的关系,将有助于绘制闭环系统根轨迹,以实现对高阶系统特性的分析。

某控制系统的闭环传递函数为

$$\Phi(s)=\frac{C(s)}{R(s)}=\frac{G(s)}{1+G(s)H(s)} \tag{4.5}$$

其前向通路传递函数 $G(s)$ 可表示为

$$G(s)=\frac{K_G(\tau_1 s+1)(\tau_2^2 s^2+2\zeta_1 \tau_2 s+1)\cdots}{s^v(T_1 s+1)(T_2^2 s^2+2\zeta_2 T_2 s+1)\cdots}=K_G^* \frac{\prod_{i=1}^{f}(s-z_i)}{\prod_{i=1}^{q}(s-p_i)} \tag{4.6}$$

式(4.6)中,K_G 为前向通路增益,K_G^* 为前向通路根轨迹增益,两者之间满足:

$$K_G^* = K_G \frac{\tau_1 \tau_2^2 \cdots}{T_1 T_2^2 \cdots} \tag{4.7}$$

反馈通路传递函数 $H(s)$ 可表示为

$$H(s) = K_H^* \frac{\prod_{j=1}^{l}(s-z_j)}{\prod_{j=1}^{h}(s-p_j)} \tag{4.8}$$

式(4.8)中,K_H^* 为反馈通路根轨迹增益。

联合式(4.6)与(4.8),式(4.5)所示系统的开环传递函数可表示为

$$G(s)H(s) = K^* \frac{\prod_{i=1}^{f}(s-z_i)\prod_{j=1}^{l}(s-z_j)}{\prod_{i=1}^{q}(s-p_i)\prod_{j=1}^{h}(s-p_j)} \tag{4.9}$$

式(4.9)中,$K^* = K_G^* K_H^*$ 为开环系统根轨迹增益,它与开环增益 K 之间的关系类似于式(4.7),仅相差一个比例系数。对于有 m 个开环零点和 n 个开环极点的系统而言,$f+l=m, q+h=n$。将式(4.6)和式(4.9)代入式(4.5),得

$$\Phi(s) = \frac{K_G^* \prod_{i=1}^{f}(s-z_i)\prod_{j=1}^{h}(s-p_j)}{\prod_{i=1}^{n}(s-p_i) + K^* \prod_{j=1}^{m}(s-z_j)} \tag{4.10}$$

比较前向通路传递函数式(4.6)、反馈通路传递函数式(4.8)、开环传递函数式(4.9)和闭环传递函数式(4.10),可得以下结论:

(1)闭环根轨迹增益等于前向通路根轨迹增益。对于单位负反馈系统而言,闭环根轨迹增益即开环根轨迹增益。

(2)闭环零点由前向通路传递函数的零点和反馈通路传递函数的极点组成。对于单位负反馈系统而言,闭环零点即开环零点。

(3)闭环极点与开环零点、开环极点以及根轨迹增益 K^* 均有关。

根轨迹法的基本任务在于如何由已知开环零、极点的分布及根轨迹增益,通过图解的方法找出闭环极点。一旦确定闭环极点后,闭环传递函数的形式便不难确定,因为闭环零点可由式(4.10)直接得到。在已知闭环传递函数的情况下,闭环系统的时间响应可由拉普拉斯逆变换获取。

4.1.4 根轨迹方程

根轨迹是系统所有闭环极点的集合,因此为画出闭环极点,可令闭环传递函数式(4.5)的分母为0,即系统的特征方程:

$$1 + G(s)H(s) = 0 \tag{4.11}$$

由式(4.10)可知,当系统有 m 个开环零点和 n 个开环极点时,式(4.11)等价为

$$K^* \frac{\prod_{j=1}^{m}(s-z_j)}{\prod_{i=1}^{n}(s-p_i)} = -1 \tag{4.12}$$

式(4.12)中,z_j 为已知的开环零点,p_i 为已知的开环极点。K^* 从零变到无穷大,式(4.12)即根轨迹方程,当 K^* 从零变到无穷大时,可据此绘制系统的连续根轨迹图。只要闭环特征方程可转化为式(4.12)的形式,均可绘制系统的连续根轨迹图,其中变化的实参数既可为根轨迹增益 K^*,也可为系统其他变化参数,但由式(4.12)表达的开环零极点在 s 平面上的位置必须是确定的,否则无法绘制根轨迹。

根轨迹方程实质上是向量方程,直接使用不便。考虑欧拉公式 $-1 = e^{j(2k+1)\pi}$,其中,$k=0,\pm1,\pm2,\cdots$。因此,根轨迹方程(4.12)可用如下 2 个方程描述:

$$\sum_{j=1}^{m}\angle(s-z_j) - \sum_{i=1}^{n}\angle(s-p_i) = (2k+1)\pi \quad k=0,\pm1,\pm2,\cdots \tag{4.13}$$

$$K^* = \frac{\prod_{i=1}^{n}|s-p_i|}{\prod_{j=1}^{m}|s-z_j|} \tag{4.14}$$

方程(4.13)和(4.14)是根轨迹上的点应同时满足的 2 个条件,方程(4.13)为相角条件,方程(4.14)为幅值条件。根据这 2 个条件可完全确定 s 平面上的根轨迹和根轨迹上对应的 K^* 值。需要注意的是,相角条件是确定 s 平面上根轨迹的充要条件,即只需要相角条件就能绘制根轨迹。只有当需要确定根轨迹上各点的 K^* 值时,才会使用幅值条件。

4.2 绘制根轨迹的基本规则

某单位负反馈系统的闭环传递函数为

$$\Phi(s) = \frac{KG(s)}{1+KG(s)} \tag{4.15}$$

式(4.15)中,$G(s)$ 为增益是 1 的开环传递函数,K 为开环增益。该系统的闭环特征方程为 $1+KG(s)=0$。

例如,某单位负反馈系统的闭环传递函数为

$$\Phi(s) = \frac{KG(s)}{1+KG(s)} = \frac{Ks}{s^3+3s^2+Ks+1} \tag{4.16}$$

该系统的闭环特征方程为

$$s^3+3s^2+Ks+1=0 \tag{4.17}$$

根据单位负反馈系统的开闭环关系,可得

$$KG(s) = \frac{\Phi(s)}{1-\Phi(s)} = \frac{Ks}{s^3+3s^2+1} \tag{4.18}$$

进一步可得

$$1+KG(s)=1+\frac{Ks}{s^3+3s^2+1}=\frac{s^3+3s^2+Ks+1}{s^3+3s^2+1} \qquad (4.19)$$

令上式为 0,得

$$s^3+3s^2+Ks+1=0 \qquad (4.20)$$

由式(4.17)、(4.19)和式(4.20)可知,$1+KG(s)=0$ 为特征方程,其中 $G(s)$ 是增益为 1 的开环传递函数。

由于根轨迹研究的是当 K 从 0 到∞时闭环控制系统的根,即 $1+KG(s)=0$ 时极点位置的变化规律,因此基于 $1+KG(s)=0$ 的根随系统开环增益 K 的变化规律绘制的曲线即系统的闭环根轨迹。

4.2.1 分支数、起点与终点

控制系统的开环传递函数 $G(s)$ 可以写成如下形式

$$G(s)=\frac{(s-z_1)(s-z_2)\cdots(s-z_m)}{(s-p_1)(s-p_2)\cdots(s-p_n)}=\frac{N(s)}{D(s)} \qquad (4.21)$$

式(4.21)中,$D(s)$ 与 $N(s)$ 分别表示开环传递函数 $G(s)$ 的分母和分子多项式之积;z_1, z_2,…,z_m 为开环零点,在复平面中用"○"来表示;p_1,p_2,…,p_n 为开环极点,在复平面中用"×"来表示。根轨迹起始于开环极点,终止于开环零点。下面给出根轨迹规则,也可将其看作根轨迹的绘制规则。

规则 1:如果 $n>m$,根轨迹在复平面上共有 n 条分支。如果 $m>n$,根轨迹在复平面上共有 m 条分支。

▶ **例 4.1** 某系统的开环传递函数为 $G(s)=\dfrac{s+3}{s^3+2s^2+5}$,判断其根轨迹分支数。

解:$G(s)$ 的分母多项式是 3 阶的,有 3 个极点,即 $n=3$;分子多项式是 1 阶的,有 1 个零点,即 $m=1$;因此 $n>m$,根据规则 1 可知,根轨迹在复平面上共有 3 条分支。

规则 2:如果 $n=m$,随着 K 从 0 增大到∞,根轨迹从开环传递函数 $G(s)$ 的极点向零点移动。

证明:设某系统的开环传递函数、闭环传递函数和闭环特征方程分别为

$$G(s)=\frac{N(s)}{D(s)} \qquad (a)$$

$$\Phi(s)=\frac{KG(s)}{1+KG(s)} \qquad (b)$$

$$1+KG(s)=0 \qquad (c)$$

将(a)代入(c)并整理得

$$D(s)+KN(s)=0 \qquad (d)$$

由式(d)可知:当 $K=0$ 时,$D(s)=0$,参见式(a),此时的 s 值是 $G(s)$ 的极点;当 $K\to\infty$时,$N(s)\to 0$,参见式(a),此时的 s 值是 $G(s)$ 的零点。所以当 K 从 0 增大到∞时,闭环传递函数的根轨迹将从 $G(s)$ 的极点向零点移动。

例 4.2 某系统的开环传递函数为 $G(s)=\dfrac{s+2}{s+3}$,判断其根轨迹分支数,并绘制闭环传递函数的根轨迹。

解:$G(s)$ 的分母和分子多项式都是 1 阶的,有 $n=1$ 个极点($p_1=-3$)和 $m=1$ 个零点($z_1=-2$),因此根据规则 1,根轨迹只有 1 条分支。根据规则 2,根轨迹随着 K 的增加,从极点($p_1=-3$)向零点($z_1=-2$)移动(图 4-4)。

规则 2 的使用前提是开环零点、极点各有 1 个,若存在多个开环零点、极点该如何处理呢?例如

$$G(s)=\frac{(s+2)(s+4)}{(s+1)(s+3)}$$

由上式可知,该开环传递函数有 2 个极点:$p_1=-1, p_2=-3$;2 个零点:$z_1=-2, z_2=-4$(图 4-5)。根据规则 2 可知其根轨迹应该从极点指向零点,但是从极点 -3 指向零点 -2,还是极点 -1 指向零点 -2 呢?对于这种多个零点、极点的情况,应该从哪个极点指向哪个零点呢?

规则 3:实轴上的根轨迹存在于从右向左数第奇数个极点或零点的左侧。

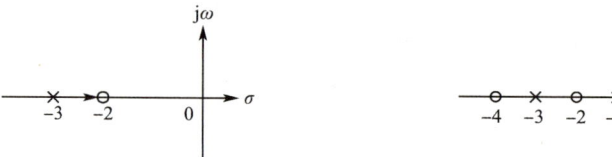

图 4-4 例 4.2 的根轨迹　　图 4-5 开环传递函数 $G(s)=\dfrac{(s+2)(s+4)}{(s+1)(s+3)}$ 的零点、极点

例 4.3 某系统的开环传递函数为 $G(s)=\dfrac{(s+2)(s+4)}{(s+1)(s+3)}$,判断其根轨迹分支数,并绘制闭环传递函数的根轨迹。

解:$G(s)$ 的分母和分子多项式都是 2 阶的,有 $n=2$ 个极点($p_1=-1, p_2=-3$)和 $m=2$ 个零点($z_1=-2, z_2=-4$),因此根据规则 1,根轨迹有 2 条分支。

将该系统的开环传递函数 $G(s)$ 的零点、极点标注在复平面上[图 4-6(a)]。

从右往左数第 1 个点,奇数点:极点 $p_1=-1$,根据规则 3,根轨迹存在于它左边的实轴上,指向零点 $z_1=-2$。

从右往左数第 2 个点,偶数点:零点 $z_1=-2$,根据规则 3,它左边的实轴上没有根轨迹。

从右往左数第 3 个点,奇数点:极点 $p_2=-3$,根据规则 3,根轨迹存在于它左边的实轴上,指向零点 $z_1=-4$。

从右往左数第 4 个点,偶数点:零点 $z_1=-4$,根据规则 3,它左边的实轴上没有根轨迹。

综上所述,该系统的闭环根轨迹如图 4-6(b)所示。需要注意的是,这些零点、极点一定都存在于实轴,如果不在实轴则可忽略不计。

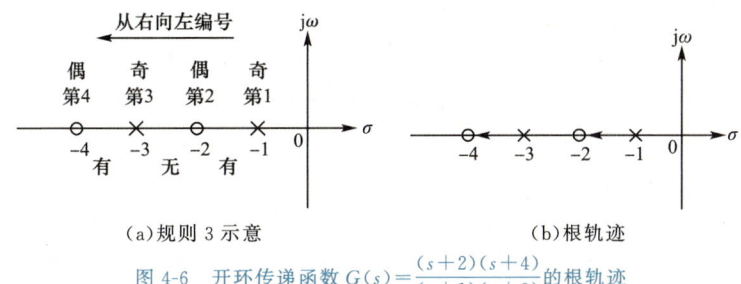

(a) 规则3示意　　　　　　　　(b) 根轨迹

图 4-6　开环传递函数 $G(s)=\dfrac{(s+2)(s+4)}{(s+1)(s+3)}$ 的根轨迹

使用规则3的前提是零点、极点个数相同,这样才能保证零点和极点是两两配对的。那么若零点和极点的个数不同该如何处理呢?

规则4:若 $n>m$,即极点数大于零点数,则有 $(n-m)$ 条分支从极点指向无穷;若 $n<m$,即零点数大于极点数,则有 $(m-n)$ 条分支从无穷指向零点。

证明:设 $n>m$,当 $K=0$ 时,根轨迹方程为

$$(s-p_1)(s-p_2)\cdots(s-p_n)=0 \tag{4.22}$$

由此求得根轨迹的起点为 $p_1,p_2,\cdots,p_n$。

根轨迹的终点为开环增益 $K\to\infty$ 时的闭环极点,由根轨迹方程可知

$$\frac{\prod\limits_{i=1}^{m}(s-z_i)}{\prod\limits_{j=1}^{n}(s-p_j)}=-\frac{1}{K^*} \tag{4.23}$$

当 $K^*\to\infty$ 时,只有 $s-z_i=0$,才满足上式。所以当 $K\to\infty$ 时,根轨迹终止于开环零点。但当 $n>m$ 时,只有 m 条根轨迹趋向于开环零点,还有 $(n-m)$ 条根轨迹趋向于何处呢?由于 $n>m$,当 $s\to\infty$ 时,式(4.23)可写为

$$\frac{1}{s^{n-m}}\to 0 \tag{4.24}$$

所以当 $K\to\infty$ 时,剩下的 $(n-m)$ 条根轨迹趋向于无穷远处。

对于 $n<m$ 的情况证明略。

例 4.4　某系统的开环传递函数为 $G(s)=\dfrac{s+2}{(s+1)(s+3)}$,判断其根轨迹分支数,并绘制闭环传递函数的根轨迹。

解:$G(s)$ 的分母多项式为2阶,即有 $n=2$ 个极点,分别为 $p_1=-1$、$p_2=-3$;$G(s)$ 的分子多项式为1阶,即有 $m=1$ 个零点,为 $z_1=-2$。$G(s)$ 的零点、极点如图 4-7(a)所示。

根据规则1,该系统闭环传递函数的根轨迹合计有2条分支。

分支1:

根据规则3,存在1条根轨迹分支:从极点 $p_1=-1$ 指向零点 $z_1=-2$。

分支2:

根据规则3,因为 $p_2=-3$ 是从右向左数实轴上第3个极点,它也是最后1个奇数点,因此存在1条根轨迹分支:在 $p_2=-3$ 左边的实轴上。

根据规则 4,因为 $n>m$,存在($n-m=1$)条根轨迹的分支:从某个极点指向无穷。联系上面一条可知,该极点为 $p_2=-3$,根轨迹从 $p_2=-3$ 指向无穷。

综上所述,该系统闭环传递函数的根轨迹如图 4-7(b)所示。

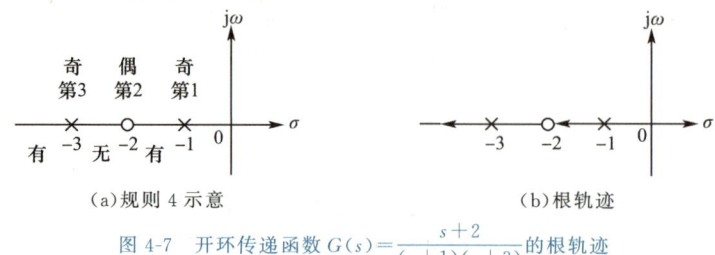

图 4-7　开环传递函数 $G(s)=\dfrac{s+2}{(s+1)(s+3)}$ 的根轨迹

> **例 4.5**　某系统的开环传递函数为 $G(s)=s+1$,判断其根轨迹分支数,并绘制闭环传递函数的根轨迹。

解:$G(s)$ 的分母多项式为 1 阶,有 $m=1$ 个零点,为 $z_1=-1$,没有极点,即 $n=0$。

根据规则 1,根轨迹有 1 条分支。

根据规则 3,存在 1 条根轨迹的分支:在零点 $z_1=-1$ 的左边实轴上。

根据规则 4,$m>n$,则有 $m-n=1$ 条根轨迹的分支:从无穷指向零点 $z_1=-1$。

综上所述,该系统闭环传递函数的根轨迹如图 4-8 所示。

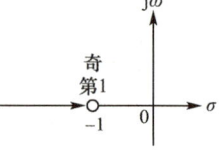

图 4-8　例 4.5 的根轨迹

4.2.2　根轨迹的对称性

开环零点、极点与闭环零点、极点要么为实数,要么为成对的共轭复数且它们在 s 平面上的分布关于实轴对称,所以根轨迹具有对称性,关于实轴对称。同时,由于成对的共轭复根在实轴上产生的相角之和总是 360°,所以位于实轴上根轨迹区段右侧的开环零点、极点个数之和应为奇数。

规则 5:若存在复数根,则一定是共轭的,根轨迹关于实轴对称。

> **例 4.6**　某系统的开环传递函数为 $G(s)=\dfrac{s^2+4}{s^2+2s+2}$,判断其根轨迹分支数,并绘制闭环传递函数的根轨迹。

解:$G(s)$ 的分子多项式和分母多项式均为 2 阶,即有 $n=2$ 个极点:$p_1=-1+\mathrm{j}$,$p_2=-1-\mathrm{j}$;$m=2$ 个零点:$z_1=2\mathrm{j}$,$z_2=-2\mathrm{j}$。

根据规则 1,根轨迹有 2 条分支。

根据规则 2,当 $n=m$ 时,随着 K 从 0 增大到 ∞,根轨迹从开环传递函数 $G(s)$ 的极点向零点移动。

根据规则 5,这 2 条根轨迹应该是关于实轴对称的分支。

综上所述,该闭环系统的根轨迹如图 4-9 所示。

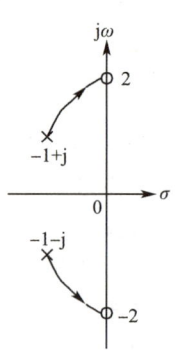

图 4-9　例 4.6 的根轨迹

4.2.3 根轨迹的渐近线

例 4.7 某系统开环传递函数为 $G(s)=\dfrac{1}{(s+1)(s+2)}$,判断其根轨迹分支数,并绘制闭环传函的根轨迹。

解:$G(s)$ 的分母多项式为 2 阶,分子多项式为 0 阶,即有 $n=2$ 个极点:$p_1=-1$,$p_2=-2$,$m=0$ 个零点,因此根据规则 1,根轨迹有 2 条分支。

根据规则 4,$n>m$,即极点数大于零点数,会有 $n-m=2$ 条根轨迹分支从 $G(s)$ 的 2 个极点指向无穷。

根据规则 3,根轨迹在实轴上存在于 2 个极点之间。2 条根轨迹分支分别从 2 个极点出发,沿着实轴相向汇聚后沿着一定的渐近线向无穷移动。

由于前述 5 个规则无法判断例 4.7 的渐近线具体形式,需要规则 6 作为判断依据。

规则 6:根轨迹沿渐近线移动,渐近线与实轴的交点和夹角分别为

$$\sigma_a = \frac{\sum_{i=1}^{n} p_i - \sum_{j=1}^{m} z_j}{n-m} \tag{4.25}$$

$$\varphi_a = \frac{2q+1}{n-m}\pi \tag{4.26}$$

式中,当 $n>m$ 时,$q=0,1,\cdots,n-m-1$;当 $n<m$ 时,$q=0,1,\cdots,m-n-1$。

证明:设 $n>m$,则当 $K^* \to \infty$ 时,趋向无穷远处的根轨迹共有 $(n-m)$ 条,其趋向于无穷远处的方位或形式由渐近线决定。

设某系统的开环传递函数为

$$G(s)H(s)=\frac{K^*(s-z_1)(s-z_2)\cdots(s-z_m)}{(s-p_1)(s-p_2)\cdots(s-p_n)},n>m \tag{4.27}$$

上式表明,该系统的根轨迹有 $(n-m)$ 条渐近线。当 s 很大时,上式可近似为

$$G(s)H(s)=\frac{K^*}{(s-\sigma_a)^{n-m}} \tag{4.28}$$

式(4.28)的分母为

$$(s-\sigma_a)^{n-m}=s^{n-m}-(n-m)\sigma_a s^{n-m-1}+\cdots \tag{4.29}$$

由式(4.27)、(4.28)和(4.29)联立可知:

$$\frac{(s-p_1)(s-p_2)\cdots(s-p_n)}{(s-z_1)(s-z_2)\cdots(s-z_m)}=s^{n-m}-\left(\sum_{i=1}^{n}p_i-\sum_{j=1}^{m}z_j\right)s^{n-m-1}+\cdots \tag{4.30}$$

令式(4.29)和式(4.30)中 s^{n-m-1} 项系数相等,可得渐近线与实轴交点的坐标为

$$\sigma_a = \frac{\sum_{i=1}^{n} p_i - \sum_{j=1}^{m} z_j}{n-m} \tag{4.31}$$

式(4.31)的分子即极点之和减去零点之和,渐近线与实轴正方向的夹角为

$$\varphi_a = \frac{(2q+1)\pi}{n-m} \tag{4.32}$$

式中，$q=0,1,\cdots,n-m-1$。随着 q 值的增大，夹角位置会重复出现，其独立的渐近线只有 $(n-m)$ 条，所以要一直计算到获得 $(n-m)$ 个倾角为止。

对于 $n<m$ 的情况证明略。

根据规则6，例4.7的渐近线与实轴的交点和夹角分别为 $\sigma_a = \dfrac{\sum_{i=1}^{n} p_i - \sum_{j=1}^{m} z_j}{n-m} = \dfrac{(-1-2)-0}{2-0} = -1.5$，$\varphi_a = \dfrac{(2q+1)\pi}{2}$。由于 $n>m$，因此 $q=0$、1，且当 $q=0$ 时，$\varphi_{a1} = \pi/2$；当 $q=1$ 时，$\varphi_{a2} = 3\pi/2$。综上，例4.7的根轨迹如图4-10所示。

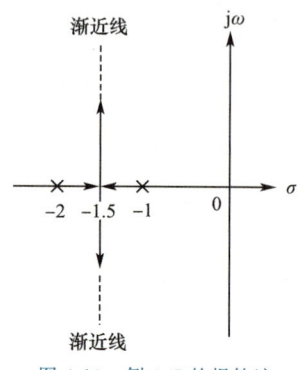

图 4-10 例4.7 的根轨迹

> **例 4.8** 某系统的开环传递函数为 $G(s) = \dfrac{s+1}{s(s+2)(s+3)(s+4)}$，判断其根轨迹分支数，并绘制闭环传递函数的根轨迹。

解：$G(s)$ 的分母多项式为4阶，分子多项式为1阶，即有 $n=4$ 个极点：$p_1=0$，$p_2=-2$，$p_3=-3$，$p_4=-4$，有 $m=1$ 个零点：$z_1=-1$。其零点、极点如图4-11(a)所示。

根据规则1，根轨迹有 $n=4$ 条分支。

根据规则3，实轴上的根轨迹存在于从右向左数第奇数个极点或零点的左侧，则 $p_1=0$ 与 $z_1=-1$ 之间应有1条根轨迹且起始于开环极点，终止于开环零点，因此由极点 $p_1=0$ 指向零点 $z_1=-1$。

根据规则4，$n>m$，则有 $n-m=3$ 条根轨迹分支从 $G(s)$ 的3个极点指向无穷。

根据规则3，根轨迹在实轴上存在于这2个极点之间，即2条根轨迹分支分别从 $p_2=-2$ 和 $p_3=-3$ 两个极点出发，沿着实轴相向汇聚后沿着一定的渐近线向无穷移动。同时，在 $p_4=-4$ 的左边实轴上应该也存在1条根轨迹指向无穷。

根据规则6，可得到渐近线与实轴的交点为 $\sigma_a = \dfrac{(0-2-3-4)-(-1)}{4-1} = -\dfrac{8}{3}$，又因为 $n-m=3$，所以 q 只能取 0、1、2，得渐近线与实轴的夹角为 $\varphi_a = \dfrac{(2q+1)\pi}{n-m}$，当 $q=0$ 时，$\varphi_{a1} = \pi/3$；当 $q=1$ 时，$\varphi_{a2} = \pi$；当 $q=2$ 时，$\varphi_{a3} = 5\pi/3$。

与实轴夹角 $\varphi_{a2} = \pi$ 的渐近线是从 $p_4=-4$ 沿着实轴指向负无穷的根轨迹分支。另外两条渐近线则与实轴的交点在 $\sigma_a = -8/3$，夹角分别为 $\varphi_{a1} = \pi/3$ 和 $\varphi_{a3} = 5\pi/3$，即这2

条根轨迹分支从 $p_2=-2$ 和 $p_3=-3$ 这 2 个极点出发,沿着实轴相向汇聚后再沿着渐近线移动,指向无穷(图 4-11)。

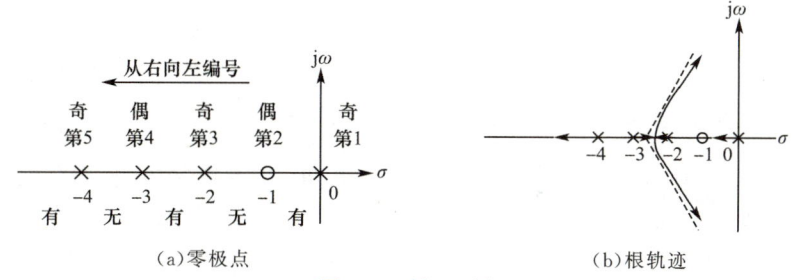

图 4-11　例 4.8 图

4.2.4　分离点或会合点

若干条根轨迹在 s 平面上相遇后又分开(或分开后又相遇)的点被称为根轨迹的分离点(或会合点)。求取分离点及会合点坐标的方法主要有以下 3 种:

方法 1:因分离点(或会合点)是特征方程的重根,因此可用求重根的方法确定它们的位置。

设某系统的开环传递函数为

$$G(s)H(s)=\frac{K^* N(s)}{D(s)} \tag{4.33}$$

其闭环特征方程为

$$K^* N(s)+D(s)=0 \tag{4.34}$$

若分离点(或会合点)为重根,则根据重根和导数之间的关系可得

$$K^* N'(s)+D'(s)=0 \tag{4.35}$$

由式(4.34)和式(4.35),可得

$$D(s)N'(s)-D'(s)N(s)=0 \tag{4.36}$$

即

$$\frac{d[G(s)H(s)]}{ds}=0 \tag{4.37}$$

根据式(4.37),即可确定分离点(或会合点)的位置。

▶ **例 4.9**　某系统的开环传递函数为 $G(s)H(s)=\dfrac{K^*(s+6)}{s(s+4)}$,试求其开环增益。

解:根据方法 1,由式(4.37)可得 $s^2+12s+24=0$,解得特征根为 $s_1=-2.54$,$s_2=-9.46$。由 $G(s)H(s)=\dfrac{K^*(s+6)}{s(s+4)}$ 可知,其闭环特征方程为 $K^*(s+6)+s(s+4)=0$。将 $s_1=-2.54,s_2=-9.46$ 分别代入闭环特征方程中,得增益 $K_1^*=1.07,K_2^*=14.9$。

方法 2:设系统的开环传递函数为

$$G(s)H(s)=\frac{K^*(s-z_1)(s-z_2)\cdots(s-z_m)}{(s-p_1)(s-p_2)\cdots(s-p_n)}$$

由系统闭环特征方程可得

$$K^* = -\frac{(s-p_1)(s-p_2)\cdots(s-p_n)}{(s-z_1)(s-z_2)\cdots(s-z_m)}$$

求导并令其为 0 得

$$\frac{dK^*}{ds}=0$$

即可确定分离点(或会合点)的参数。

以例 4.9 为例,由 $G(s)H(s)=\frac{K^*(s+6)}{s(s+4)}$ 可知,其闭环特征方程为 $K^*(s+6)+s(s+4)=0$,因此 $K^*=-\frac{s(s+4)}{(s+6)}=-\frac{s^2+4s}{s+6}$。令 $\frac{dK^*}{ds}=0$,即 $s^2+12s+24=0$,解得 $s_1=-2.54, s_2=-9.46$。相应的增益为 $K_1^*=1.07, K_2^*=14.9$。与方法 1 的结论相同。

方法 3:分离点(或会合点)的坐标可由下式求得

$$\sum_{j=1}^{n}\frac{1}{d-p_j}=\sum_{i=1}^{m}\frac{1}{d-z_i} \tag{4.38}$$

式(4.38)中,p_j 为开环极点,z_i 为开环零点。

▷ **例 4.10** 某系统的开环传递函数为 $G(s)H(s)=\frac{K^*(s+1)}{s^2+3s+3.25}$,求系统闭环根轨迹的分离点坐标。

解:由已知条件得

$$G(s)H(s)=\frac{K^*(s+1)}{(s+1.5+j)(s+1.5-j)}$$

根据式(4.38)可得

$$\frac{1}{d+1.5+j}+\frac{1}{d+1.5-j}=\frac{1}{d+1}$$

解此方程得 $d_1=-2.12, d_2=0.12$。由于 d_1 在根轨迹上,因此为所求的分离点,而 d_2 不在根轨迹上,则舍弃(图 4-12)。

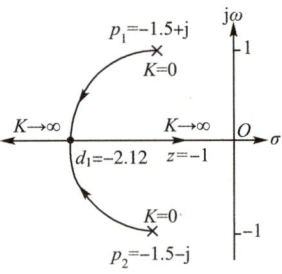

图 4-12 例 4.10 的根轨迹

可利用本节的内容验证二阶系统中阻尼比 ζ 对系统性能的影响。设某单位负反馈系统的开环和闭环传递函数分别为

$$G(s)=\frac{2\zeta\omega_n s}{s^2+\omega_n^2}$$

$$\Phi(s)=\frac{2\zeta\omega_n s}{s^2+2\zeta\omega_n s+\omega_n^2}$$

将该统传递函数中的 ζ 用 K 代替,则开闭环传递函数分别为

$$G(s)=\frac{2K\omega_n s}{s^2+\omega_n^2}$$

$$\Phi(s)=\frac{2K\omega_n s}{s^2+2K\omega_n s+\omega_n^2}$$

为分析问题方便,将 K 从 $G(s)$ 表达式中分离出来,剩余部分仍表示为 $G(s)$(图 4-13)。

$G(s)$ 的分母多项式为 2 阶,分子多项式为 1 阶,即有 $n=2$ 个极点:$p_1=j\omega_n$,$p_2=-j\omega_n$。有 $m=1$ 个零点:$z_1=0$。因此根据规则 1 可知,根轨迹有 $n=2$ 条分支。根据规则 2 和规则 4 可知,由于 $n>m$,有 $n-m=1$ 条分支从极点指向无穷。根据规则 3 可知,零点 $z_1=0$ 左边实轴上存在根轨迹。根据规则 5 可知,根轨迹关于实轴对称。开环传递函数 $G(s)=\dfrac{2\omega_n s}{s^2+\omega_n^2}$ 的根轨迹如图 4-14 所示,2 条分支分别从两个极点开始,对称向实轴移动,汇聚于实轴上某点之后一条指向零点,另一条指向负无穷。根轨迹中出现的圆弧形状与根轨迹的起始角、终止角都有关。

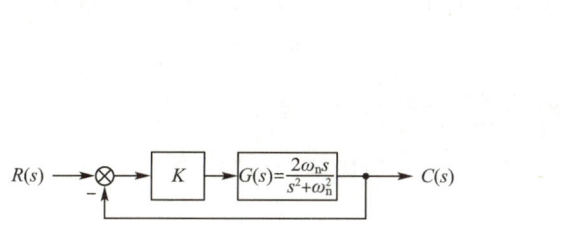

图 4-13 某单位负反馈系统传递函数框图

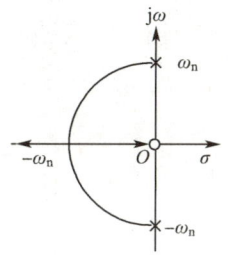

图 4-14 开环传递函数 $G(s)=\dfrac{2\omega_n s}{s^2+\omega_n^2}$ 的根轨迹

如图 4-13 所示,系统的特征方程为 $s^2+2K\omega_n s+\omega_n^2=0$,可得 $K=-\dfrac{s^2+\omega_n^2}{2\omega_n s}$,即 K 是以 s 为自变量的函数,其中 s 为复数,可表示为 $s=\sigma+j\omega$。当 s 位于实轴时,即 $s=\sigma$,$j\omega=0$,K 是以 σ 为自变量的函数,即

$$K(\sigma)=-\dfrac{\sigma^2+\omega_n^2}{2\omega_n \sigma} \tag{4.39}$$

令 $K'(\sigma)=0$,解得 $\sigma=\pm\omega_n$,此时 σ 代表 s 在实轴上的极限位置,因此满足上式的 σ 就是汇合点。汇合点在虚轴的左边,所以 $\sigma=-\omega_n$,代入式(4.39)中得:$K(\sigma)=1$。由此可见实轴上的汇合点位置在 $\sigma=-\omega_n$ 上,此时 $K=1$。根据前面假设可知,在此处 K 是二阶系统的阻尼比,即 $K=\zeta$。于是当 $K=\zeta=0$ 时,闭环传递函数有 2 个纯虚数根,对应无阻尼二阶系统;当 $K=\zeta$ 在 0 到 1($0<K=\zeta<1$)时,闭环传递函数有 2 个共轭的复数根,对应欠阻尼系统;当 $K=\zeta=1$ 时,对应临界阻尼系统。当 $K=\zeta>1$ 时,闭环传递函数有 2 个实根,对应过阻尼系统。

4.2.5 起始角与终止角

在绘制根轨迹时,若零点、极点不都在轴上时,根轨迹从极点指向零点可有多条路线选择,既可以是直接连接向量,也可以是圆弧,究竟是什么形状需要对根轨迹相关的几何信息进一步研究,本节的起始角和终止角是判断形状的重要指标。

根轨迹的<u>起始角</u>(或出射角)为根轨迹起点处的切线与水平线正方向的夹角。根轨迹的<u>终止角</u>(或入射角)为根轨迹终点处的切线与水平线正方向的夹角,图 4-15(a)中的 θ_a

为起始角,图 4-15(b)中的 θ_b 为终止角。

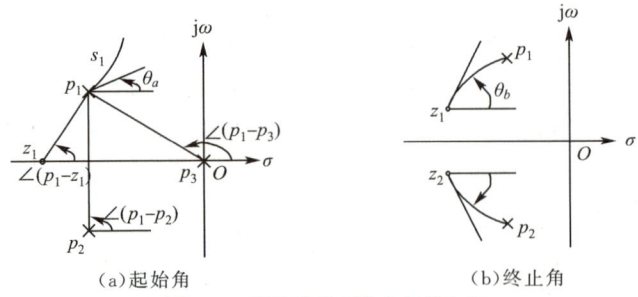

(a)起始角　　　　　(b)终止角

图 4-15　根轨迹的起始角与终止角

在根轨迹上选择点 s_1,设距离复数极点 p_a 为 δ,当 $\delta \to 0$ 时,则 $\angle(s_1 - p_a) = \theta_a$ 即为起始角。该系统其他极点、零点至 s_1 点向量的相角,趋近于它们在 p_a 点向量的相角。根据相角条件可得

$$\theta_a + \sum_{j=1, j \neq a}^{n} \theta_j - \sum_{i=1}^{m} \varphi_i = \pm(2k+1)\pi \quad (4.40)$$

式(4.40)中,$\theta_j = \angle(p_j - p_a)$,$\varphi_i = \angle(z_i - p_a)$。由此得出起始角为

$$\theta_a = \pm(2k+1)\pi - \sum_{j=1, j \neq a}^{n} \theta_j + \sum_{i=1}^{m} \varphi_i \quad (4.41)$$

同理可得复数零点处的终止角为

$$\theta_b = \pm(2k+1)\pi + \sum_{j=1}^{n} \theta_j - \sum_{i=1, i \neq b}^{m} \varphi_i \quad (4.42)$$

4.2.6　分离角与会合角

根轨迹离开分离点时,轨迹切线的倾角为分离角。由相角条件可推出,当根轨迹从实轴二重极点上分离时,其右边为偶数个零点、极点,因此该二重极点相角之和为 $\pm(2n+1)\pi$,即实轴上分离点的分离角恒为 $\pm\pi/2$。同理,实轴上会合点的会合角也恒为 $\pm\pi/2$。

4.2.7　根轨迹与虚轴的交点

根轨迹与虚轴相交意味着有闭环极点位于虚轴上,即闭环特征方程有纯虚根,系统处于临界稳定状态。求根轨迹与虚轴交点坐标的常用方法有 2 种:

方法 1:将 $s = j\omega$ 代入特征方程(4.11)得:$1 + G(j\omega)H(j\omega) = 0$。令 $\text{Re}[1 + G(j\omega)H(j\omega)] = 0$,$\text{Im}[1 + G(j\omega)H(j\omega)] = 0$,则可得 ω、对应的临界开环增益 K^* 及根轨迹增益 K。

▶ 例 4.11　某系统的开环传递函数为 $G(s) = \dfrac{K^*}{s(s+1)(s+2)}$,求根轨迹与虚轴的交点。

解:方法 1

系统闭环特征方程为

$$D(s) = s(s+1)(s+2) + K^* = s^3 + 3s^2 + 2s + K^* = 0$$

令 $s = j\omega$，代入上式得

$$D(j\omega) = (j\omega)^3 + 3(j\omega)^2 + 2(j\omega) + K^* = 0$$

整理得

$$-3\omega^2 + K^* + (-\omega^3 + 2\omega)j = 0$$

即

$$\begin{cases} -3\omega^2 + K^* = 0 \\ -\omega^3 + 2\omega = 0 \end{cases}$$

联立求解得 $\omega_1 = 0, \omega_{2,3} = \pm 1.414, K^* = 6$，在此情况下令 $s = 0$，求得 $K = 3$。其中，K 为系统开环增益，K^* 为根轨迹增益。

方法2：根轨迹与虚轴交点坐标可通过劳斯稳定判据求出。

▶ **例 4.11** 某系统的开环传递函数为 $G(s) = \dfrac{K^*}{s(s+1)(s+2)}$，求根轨迹与虚轴的交点。

解：方法2

以例 4.11 为例使用方法2求解，根据系统闭环特征方程 $D(s) = s^3 + 3s^2 + 2s + K^* = 0$，其劳斯表为

$$\begin{array}{c|cc} s^3 & 1 & 2 \\ s^2 & 3 & K^* \\ s^1 & \dfrac{6-K^*}{3} & \\ s^0 & K^* & \end{array}$$

则根据劳斯稳定判据可知，若系统稳定，则要求

$$\begin{cases} \dfrac{6-K^*}{3} > 0 \\ K^* > 0 \end{cases}$$

解得 $K^* = 6$（临界状态）即所求。

4.2.8 闭环极点之和

将系统开环传递函数的分子、分母展开，得

$$G(s)H(s) = K^* \frac{s^m - (\sum_{i=1}^{m} z_i s^{m-1} + \cdots)}{s^n - (\sum_{j=1}^{n} p_j s^{n-1} + \cdots)} \tag{4.43}$$

若系统满足 $n - m \geq 2$，则系统的特征方程为

$$s^n + \sum_{j=1}^{n}(-p_j)s^{n-1} + \cdots + \left[\prod_{j=1}^{n}(-p_j) + K^* \prod_{i=1}^{m}(-z_i)\right] = 0 \tag{4.44}$$

由代数方程根与系数的关系可知，n 阶代数方程 n 个根的和等于第 $(n-1)$ 次项的系

数乘(-1),即

$$\text{系统闭环极点之和} = \sum_{j=1}^{n} p_j \tag{4.45}$$

由此可知:当 $n-m \geqslant 2$ 时,系统闭环极点之和等于开环极点之和。

通常把 $\dfrac{\sum_{j=1}^{n} p_j}{n}$ 称作"极点重心",可知当 K^* 值变化时,极点重心保持不变。该规则可用来估计根轨迹曲线的变化趋势,有助于确定极点位置及相应的 K^* 值。

4.2.9 闭环极点之积

根据式(4.44),基于代数方程根和系数关系,得

$$\text{闭环极点之积} = \prod_{j=1}^{n}(-p_j) + K^* \prod_{i=1}^{m}(-z_i) \tag{4.46}$$

若系统具有开环零点、极点,则

$$\text{闭环极点之积} = K^* \prod_{i=1}^{m}(-z_i) \tag{4.47}$$

式(4.47)中,z_i 为系统开环零点。

对于正反馈系统,由于相角条件发生改变,故相应的绘图规则也要相应改变。存在延时环节的系统有无数条根轨迹,其中位于 $-j\pi$ 与 $j\pi$ 之间的根轨迹主分支是最重要的。

4.3 根轨迹法的应用

上一节详述了手绘根轨迹的方法,本节将从根轨迹的几何性质入手,给出根轨迹在分析二阶系统、研究系统零点与极点、评价性能指标及设计控制器等方面的应用。

4.3.1 根轨迹的几何性质

由于根轨迹是绘制在复数平面内的曲线,因此研究根轨迹需要使用复数的相关理论。如图 4-16 所示,复数通常有 3 种表达形式。

1. 代数形式

复数 z 的代数形式为 $z = \sigma + j\omega$,其中,σ 称为"实部",ω 称为"虚部",j 为虚数单位,$j = \sqrt{-1}$。当虚部为 0 时,z 为实数;当虚部不为 0 实部为 0 时,z 为纯虚数。

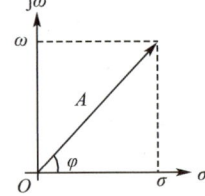

图 4-16 复数的 3 种表达形式

2. 向量形式

复数 $z = \sigma + j\omega$ 可表示复平面上的向量,其中辐角(相位)$\varphi = \angle z = \arctan \dfrac{\omega}{\sigma}$、模 $A = |z| = \sqrt{\sigma^2 + \omega^2}$。$\varphi$ 以逆时针方向为正。

3. 指数形式

由图 4-16 的几何关系可知 $\sigma = A\cos\varphi, \omega = A\sin\varphi$，于是

$$z = \sigma + j\omega = A\cos\varphi + jA\sin\varphi = A(\cos\varphi + j\sin\varphi) \tag{4.48}$$

因此，由欧拉公式 $\cos\varphi + j\sin\varphi = e^{j\varphi}$ 可知 $z = Ae^{j\varphi}$，即复数的指数形式。

设两复数分别为

$$z_1 = \sigma_1 + j\omega_1 = A_1 e^{j\varphi_1}$$

$$z_2 = \sigma_2 + j\omega_2 = A_2 e^{j\varphi_2}$$

则两复数相乘和相除分别为

$$z_1 z_2 = A_1 e^{j\varphi_1} \times A_2 e^{j\varphi_2} = A_1 A_2 e^{j(\varphi_1 + \varphi_2)}$$

$$\frac{z_1}{z_2} = \frac{A_1 e^{j\varphi_1}}{A_2 e^{j\varphi_2}} = \frac{A_1}{A_2} e^{j(\varphi_1 - \varphi_2)}$$

因此，当 $s = \sigma + j\omega$ 时，式(4.21)所示传递函数的模为

$$A = |G(\sigma + j\omega)| = \left.\frac{\prod \text{零点到 } s \text{ 的距离}}{\prod \text{极点到 } s \text{ 的距离}}\right|_{s=\sigma+j\omega} \tag{4.49}$$

辐角为

$$\varphi = \angle G(\sigma + j\omega) = \left.\left(\sum \text{零点到 } s \text{ 的夹角} - \sum \text{极点到 } s \text{ 的夹角}\right)\right|_{s=\sigma+j\omega} \tag{4.50}$$

▶ **例 4.12** 求当 $s = -1 + \sqrt{3}j$ 时，传递函数 $G(s) = \dfrac{s+2}{s(s+1)}$ 的模和辐角。

解：方法 1

将 $s = -1 + \sqrt{3}j$ 代入 $G(s) = \dfrac{s+2}{s(s+1)}$，得

$$G(s)\big|_{s=-1+\sqrt{3}j} = \frac{-1+\sqrt{3}j+2}{(-1+\sqrt{3}j)(-1+\sqrt{3}j+1)} = -\frac{1}{2} - \frac{\sqrt{3}}{6}j$$

则 $G(s)$ 的模和辐角分别为

$$A = |G(s)| = \sqrt{\left(-\frac{1}{2}\right)^2 + \left(\frac{\sqrt{3}}{6}\right)^2} = \frac{\sqrt{3}}{3}$$

$$\varphi = \arctan\frac{\left(-\frac{\sqrt{3}}{6}\right)}{\left(-\frac{1}{2}\right)} - \pi = -\pi$$

指数形式为

$$G(s)\big|_{s=-1+\sqrt{3}j} = Ae^{j\varphi} = \frac{\sqrt{3}}{3}e^{-\frac{5}{6}\pi}$$

方法 2

由 $G(s)$ 的表达式可知，极点为 $p_1 = 0$、$p_2 = -1$，零点为 $z_1 = -2$，令 $s = -1 + \sqrt{3}j$ 并将其与零点、极点分别连接起来(图 4-17)。

由图 4-17 可知，$l_1 = 2$、$l_2 = \sqrt{3}$、$l_3 = 2$，以及相应的幅角为 $\varphi_1 = \pi/3$、$\varphi_2 = \pi/2$、$\varphi_3 = 2\pi/3$。代入式(4.49)和(4.50)，得 $G(s)$ 的模和辐角分别为

$$A = \left.\frac{\prod 零点到~s~的距离}{\prod 极点到~s~的距离}\right|_{s=-1+\sqrt{3}j} = \frac{l_1}{l_2 l_3} = \frac{2}{\sqrt{3} \times 2} = \frac{\sqrt{3}}{3}$$

$$\varphi = \left.\left(\sum 零点到~s~的夹角 - \sum 极点到~s~的夹角\right)\right|_{s=-1+\sqrt{3}j}$$

$$= \varphi_1 - (\varphi_2 + \varphi_3) = \frac{\pi}{3} - \left(\frac{\pi}{2} + \frac{2\pi}{3}\right) = -\frac{5}{6}\pi$$

使用 A 和 φ，将 $G(s)$ 写成指数形式，与方法 1 所得结果一致。

下面结合数学上的概念和算法介绍的求解传递函数的方法可以有效判断给定值 $s = \sigma + j\omega$ 是否为传递函数 $G(s) = \dfrac{KG(s)}{1+KG(s)}$ 的根（极点），进而可以调节增益及设计控制器。

闭环传递函数 $G(s) = \dfrac{KG(s)}{1+KG(s)}$ 的特征方程为 $1 + KG(s) = 0$，移项后得 $KG(s) = -1$。$|KG(s)| = 1$，$\angle KG(s) = -(2q+1)\pi$，$q = 0, \pm 1, \pm 2, \cdots$。由于增益 K 是常数，因此 $\angle KG(s) = \angle G(s) = -(2q+1)\pi$。式 $\angle G(s) = -(2q+1)\pi$ 可用来判断给定值 $s = \sigma + j\omega$ 是否在传递函数 $G(s) = \dfrac{KG(s)}{1+KG(s)}$ 的根轨迹上（图 4-18）。

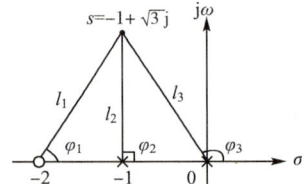
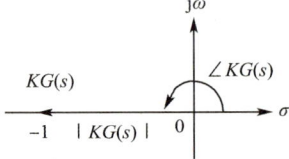

图 4-17　$G(s)$ 模和辐角的几何求解　　图 4-18　$KG(s) = -1$ 的复平面表达

▶ **例 4.13**　某系统的开环传递函数为 $G(s) = \dfrac{1}{(s+2)(s+4)}$，请利用根轨迹的几何性质判断 $s_1 = -3 - j$ 和 $s_2 = -2 + 2\sqrt{3}j$ 是否在闭环传递函数 $\Phi(s)$ 的根轨迹上。

解：首先将 $G(s)$ 的极点 $p_1 = -2$ 和 $p_2 = -4$，以及给定点 $s_1 = -3 - j$ 和 $s_2 = -2 + 2\sqrt{3}j$ 分别表示在复平面中（图 4-19）。将所有极点[$G(s)$ 无零点]与给定点 s_1 和 s_2 连接起来。

根据图中几何关系求得 $\varphi_1 = -\dfrac{3}{4}\pi$、$\varphi_2 = -\dfrac{\pi}{4}$、$\varphi_3 = \dfrac{\pi}{2}$、$\varphi_4 = \dfrac{\pi}{3}$。

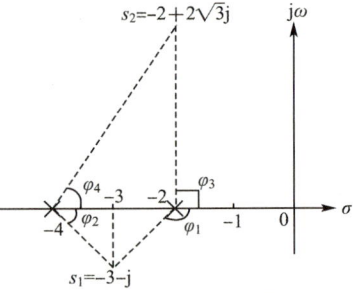

图 4-19　例 4.13 题图

将 $s_1 = -3 - j$ 带入式(4.50)，由于 $G(s)$ 无零点，则 $\sum$ 零点到 s_1 的夹角 $= 0$，因此可得

$$\angle G(s_1=-3-\mathrm{j})=\left(\sum 零点到 s_1 的夹角 - \sum 极点到 s_1 的夹角\right)\bigg|_{s_1=-3-\mathrm{j}}$$
$$=0-(\varphi_1+\varphi_2)=\frac{3\pi}{4}+\frac{\pi}{4}=\pi$$

当 $q=0,\pm 1,\pm 2,\cdots,n$ 时,上式满足 $\angle G(s)=-(2q+1)\pi$,因此 $s_1=-3-\mathrm{j}$ 在闭环传递函数 $\Phi(s)$ 的根轨迹上。

同理可判断 $s_2=-2+2\sqrt{3}\mathrm{j}$ 是否在闭环传递函数 $\Phi(s)$ 的根轨迹上,将 $s_2=-2+2\sqrt{3}\mathrm{j}$ 代入式(4.50)得

$$\angle G(s_2=-2+2\sqrt{3}\mathrm{j})=\left(\sum 零点到 s_2 的夹角 - \sum 极点到 s_2 的夹角\right)\bigg|_{s_2=-2+2\sqrt{3}\mathrm{j}}$$
$$=0-(\varphi_3+\varphi_4)=0-\left(\frac{\pi}{2}+\frac{\pi}{3}\right)=-\frac{5}{6}\pi$$

当 $q=0,\pm 1,\pm 2,\cdots,n$ 时,上式不满足 $\angle G(s)=-(2q+1)\pi$,因此 $s_2=-2+2\sqrt{3}\mathrm{j}$ 不在闭环传递函数 $\Phi(s)$ 的根轨迹上。这意味着无论增益 K 如何调节,$\Phi(s)$ 的极点都无法与 s_2 相交,但可设计控制器改变 $\Phi(s)$ 的根轨迹,使其能够包含给定的 $s_2=-2+2\sqrt{3}\mathrm{j}$。

4.3.2　闭环零点、极点分布与性能指标

用根轨迹图可求得闭环传递函数的极点、系统反馈通路传递函数 $H(s)$ 的极点和前向通路传递函数 $G(s)$ 的零点。工程实际中总是希望控制系统的输出量尽可能接近理想输出且具有较好的快速性和稳定性,因此通常要求闭环的零点和极点满足以下约束:

(1) 为保证系统的稳定性,闭环极点必须都位于 s 平面的左半平面上。

(2) 若要求系统快速性好,需要使得阶跃响应中的每个分量衰减得快,则闭环极点应该远离虚轴。

(3) 若要求系统的稳定性好,则极点最好位于 s 平面与负实轴成 $\pm 45°$ 夹角线以内。对于二阶系统,当共轭复数极点位于 $\pm 45°$ 线上时,对应的阻尼比为 0.707,是相对最优选择,此时系统的快速性和稳定性都相对理想。

(4) 远离虚轴的闭环极点对瞬态响应影响很小,一般情况下若某极点比其他极点距离虚轴远 $4\sim 6$ 倍的时候,则它对瞬态响应的影响可忽略不计。

(5) 若系统的控制目标之一是动态过程短暂,则应使闭环极点之间的间距大一些,使零点靠近极点。零点应靠近距离虚轴较近的极点,这样可提高快速性。

(6) 若某极点与某零点之间的间距小于它们本身到原点距离的 $1/10$,即可认为是一对偶极子,工程上可对偶极子进行互消,以实现系统降阶的作用。

4.3.3　利用根轨迹法设计控制器

可通过增加开环传递函数 $G(s)$ 的零点或极点来改变闭环传递函数 $\Phi(s)$ 的根轨迹,从而改变系统的动态响应,即利用根轨迹的几何性质设计控制器(或称补偿器)。

1. 比例微分控制

例 4.14　某系统传递函数框图如图 4-20 所示,K 为增益。试设计控制器提高系

统的响应速度。

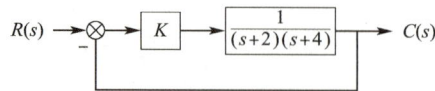

图 4-20 某系统传递函数框图

解:首先绘制 $G(s)$ 的根轨迹,$G(s)$ 的分母多项式为 2 阶,分子多项式为 0 阶,即有 $n=2$ 个极点,$p_1=-2$,$p_2=-4$,有 $m=0$ 个零点,因此根据规则 1,根轨迹有 $n=2$ 条分支。根据规则 4,$n>m$,则有 $n-m=2$ 条分支从极点指向无穷。根据规则 6,根轨迹沿渐近线移动,渐近线与实轴的交点为 $\sigma_a = \dfrac{\sum\limits_{i=1}^{n} p_i - \sum\limits_{j=1}^{m} z_j}{n-m} = \dfrac{(-2-4)-0}{2-0} = -3$。因为 $n-m=2$,所以渐近线与实轴的夹角的计算中 q 只能取 0 和 1,得渐近线与实轴的夹角为 $\varphi_a = \dfrac{2q+1}{n-m}\pi = \dfrac{2q+1}{2-0}\pi$。当 $q=0$ 时,$\varphi_{a1}=\pi/2$;当 $q=1$ 时,$\varphi_{a2}=3\pi/2$。根据规则 3,根轨迹在实轴上存在于 $p_1=-2$ 和 $p_2=-4$ 这 2 个极点之间,即 2 条根轨迹分支分别从 $p_1=-2$ 和 $p_2=-4$ 这 2 个极点出发,沿着实轴相向汇聚后,沿着一定的渐近线指向无穷。

综上所述,$G(s)$ 的根轨迹如图 4-21 所示,由例 4.13 可知,$s_1=-3-j$ 在其根轨迹上。

增益 K 较小时,闭环传递函数有 2 个小于 0 的实数极点。例如,$K=0.3$ 时,将 $G(s) = \dfrac{1}{(s+2)(s+4)}$ 代入 $1+KG(s)=0$,得 2 个实数根分别为 $s_1=-2.16$,$s_2=-3.84$。当系统的输入是单位阶跃函数时,其单位阶跃响应为

$$x(t) = 1 + C_1 e^{s_1 t} + C_2 e^{s_2 t} = 1 + C_1 e^{-2.16t} + C_2 e^{-3.84t}$$

式中,C_1 和 C_2 为常数。$x(t)$ 是由三部分相加组成的,分别是来自输入的常数 1 和两个指数函数。两个指数函数随着时间 t 的增加均会趋近于 0。又因为 s_1 的绝对值小于 s_2 的绝对值,因此 $s_1=-2.16$ 为靠近虚轴的主导极点,$C_2 e^{-3.84}$ 的收敛速度要比 $C_1 e^{-2.16}$ 快,最终由 $C_1 e^{-2.16}$ 来决定收敛性。随着 K 的增加,$G(s)$ 的根轨迹离开实轴向无穷移动,当 $K=2$ 时,$G(s)$ 的 2 个极点则分别是 $s_3=-3+2j$,$s_4=-3-2j$,若此时系统的输入是单位阶跃函数,该系统的响应为 $x(t)=1+C_3 e^{-3t} \sin(\omega t + \varphi)$。因为收敛速度与闭环传递函数极点的实部 -3 有关,所以无论如何改变 K 值都无法改变函数的收敛速度。其响应曲线如图 4-22 所示,无论 K 的值如何增大,$G(s)$ 极点的实部最小值 $\sigma_{\min}=-3$,即系统最快就是沿着 e^{-3t} 这条渐近线收敛。

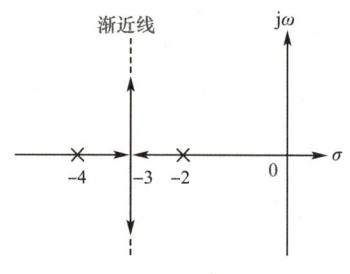

图 4-21 $G(s)=\dfrac{1}{(s+2)(s+4)}$ 的根轨迹

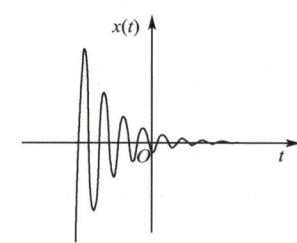

图 4-22 $x(t)=1+C_3 e^{-3t}\sin(\omega t+\varphi)$

若想加快上述系统的收敛速度,必须改变其根轨迹。为实现该目标可通过串联控制器(补偿器)来实现。由于收敛速度与闭环传递函数极点的实部有关,因此若要加快收敛速度,则希望根轨迹越靠近左边越好,假设 $s_{3,4}=\sigma\pm\mathrm{j}\omega=-4\pm2\sqrt{3}\mathrm{j}$ 在根轨迹上,那么系统的单位阶跃响应就会沿着渐近线 e^{-4t} 收敛,根据规则5,若存在复数根,则一定是共轭的,根轨迹相对于实轴对称,于是只要分析 $s_{3,4}=\sigma\pm\mathrm{j}\omega=-4\pm2\sqrt{3}\mathrm{j}$ 中的1个点即可。在复数平面上标注出 $s_3=-4+2\sqrt{3}\mathrm{j}$,利用根轨迹的几何性质,$G(s)$ 没有零点,连接 s_3 与 $p_1=-2$ 和 $p_2=-4$ 两个极点,因为:

$$\angle G(s_3=-4+2\sqrt{3}\mathrm{j})=\left(\sum 零点到 s 的夹角 - \sum 极点到 s 的夹角\right)\Big|_{s_3=-4+2\sqrt{3}\mathrm{j}}$$
$$=0-(\varphi_1+\varphi_2)=0-\left(\frac{\pi}{2}+\frac{2}{3}\pi\right)=-\frac{7}{6}\pi$$

上式不满足 $\angle G(s)=-(2q+1)\pi$,可见 $s_{3,4}=\sigma\pm\mathrm{j}\omega=-4\pm2\sqrt{3}\mathrm{j}$ 不在根轨迹上。为满足 $\angle G(s)=-(2q+1)\pi$,需要补充 $+\frac{1}{6}\pi$,可考虑为开环传递函数 $G(s)$ 增加1个零点,令其到 $s_3=-4+2\sqrt{3}\mathrm{j}$ 的夹角为 $+\frac{1}{6}\pi$。根据几何关系可得零点为 $z_1=-10$(图 4-23)。此时 $\angle G(s_3=-4+2\sqrt{3}\mathrm{j})=\frac{1}{6}\pi-\left(\frac{2}{3}\pi+\frac{\pi}{2}\right)=-\pi$,满足 $\angle G(s)=-(2q+1)\pi$。

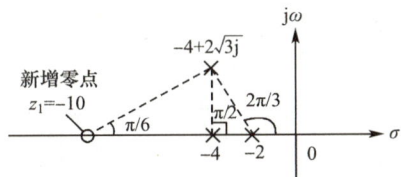

图 4-23 增加零点($z_1=-10$)的情况

新增加的控制器对应的传递函数为 $U(s)=s+10$,s 代表微分项,10 代表比例项,所以这是典型的比例微分控制器,将其串联在控制系统中,则控制系统由图 4-20 变为图 4-24,根轨迹如图 4-25 所示。

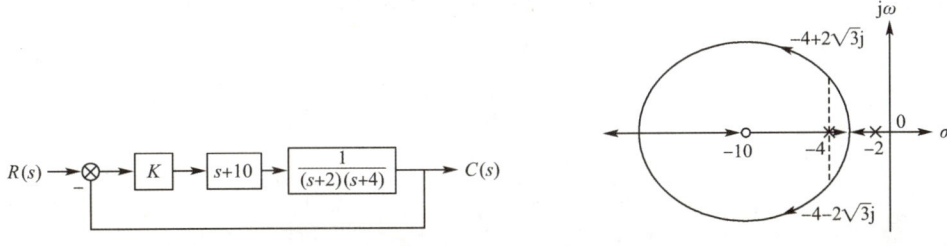

图 4-24 加入 PD 控制器后的系统　　　　图 4-25 加入 PD 控制器的根轨迹

使用 PD 控制可提高系统的响应速度,并且可预判误差的变化趋势并提前做出反应。但在实际操作中往往要避免这样的 PD 控制,因为其有两个明显的劣势:第一,PD 控制器无法通过被动元件来实现,需要额外的能量来源;第二,PD 控制器对高频噪声比较敏感,会放大高频噪声。这时就需要引入超前补偿器来弥补 PD 控制的缺陷。

2. 超前补偿器

超前补偿器的工作原理是<u>在上述只增加零点的基础上增加极点,即同时为系统增加1个极点和1个零点且零点的位置更靠近虚轴</u>:

$$U(s)=\frac{s-z_c}{s-p_c} \tag{4.51}$$

式中,$p_c<z_c<0$。以例 4.14 为例,若新增零点、极点各 1 个,如图 4-26 所示,需保证 $\varphi_z-\varphi_p=\pi/6$,因此为满足 $\angle G(s)=-(2q+1)\pi(q=0,\pm 1,\pm 2,\cdots,n)$ 的条件,则 $\varphi_z-(\varphi_p+2\pi/3+\pi/2)=-\pi$,加入超前补偿器后的框图如图 4-27 所示。

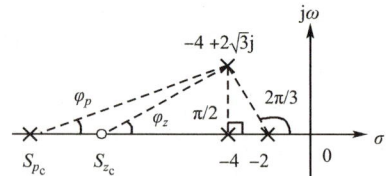

图 4-26 例 4.14 加入超前补偿器的情况

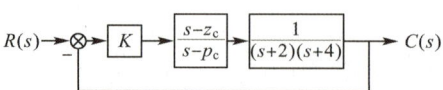

图 4-27 例 4.14 加入超前补偿器后的系统传递函数框图

根据规则 3,实轴上的根轨迹存在于从右向左数第奇数个极点或零点的左侧,p_c 与 z_c 之间应该有一条根轨迹,且起始于新增开环极点 p_c,终止于开环零点 z_c。根据规则 4,极点个数大于零点个数,则会有 ($n-m=3-1=2$) 条根轨迹分支从 $G(s)$ 的 2 个极点指向无穷。根据规则 3,根轨迹在实轴上存在于这 2 个极点之间,即 2 条根轨迹分支分别从 $p_1=-2$ 和 $p_2=-4$ 两个极点出发,沿着实轴相向汇聚后沿着一定的渐近线向无穷移动。根据规则 6,得渐近线与实轴的交点为:

$$\sigma_a=\frac{\sum_{i=1}^n p_i-\sum_{j=1}^m z_j}{n-m}=\frac{(-2-4+p_c)-z_c}{3-1}=-3+\frac{p_c-z_c}{2} \tag{4.52}$$

因为 $p_c<z_c<0$,所以 $\sigma_a=-3+\dfrac{p_c-z_c}{2}<-3$;因为 $n-m=2$,所以渐近线与实轴夹角的计算中 q 只能取 0 和 1,得渐近线与实轴的夹角为 $\varphi_a=\dfrac{2q+1}{n-m}\pi=\dfrac{2q+1}{3-1}\pi$。当 $q=0$ 时,$\varphi_{a1}=\pi/2$;当 $q=1$ 时,$\varphi_{a2}=3\pi/2$。根轨迹如图 4-28 所示,渐近线与实轴的交点在超前补偿器的作用下被拉到了 -3 的左边,更加远离虚轴,因此提高了系统的响应速度和稳定性。

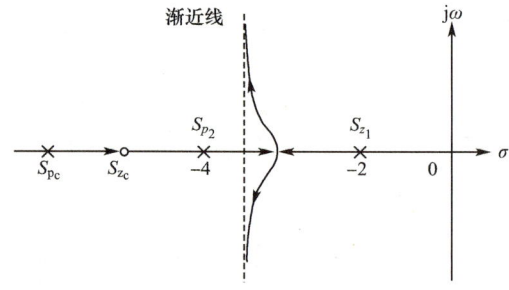

图 4-28 例 4.14 加入超前补偿器后的根轨迹

3. 滞后补偿器

除了响应速度和稳定性,稳态误差也是评价系统的重要指标。某系统如图 4-29 所示,其中 $G(s)=N(s)/D(s)$,该系统的误差为 $E(s)=R(s)-C(s)=R(s)-E(s)KG(s)$,将 $G(s)=N(s)/D(s)$ 代入并整理为

$$E(s)=R(s)\frac{1}{1+K\dfrac{N(s)}{D(s)}} \tag{4.53}$$

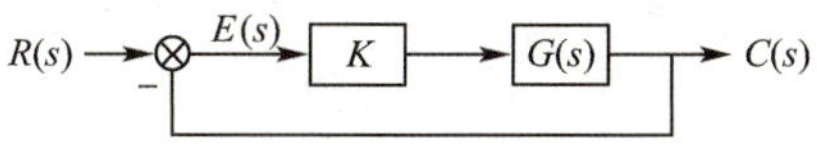

图 4-29 某系统传递函数框图

当系统的输入是单位阶跃函数时,即其拉普拉斯变换为 $R(s)=1/s$,系统的误差 $E(s)$ 为

$$E(s)=\frac{1}{s}\times\frac{1}{1+K\dfrac{N(s)}{D(s)}} \tag{4.54}$$

由终值定理可得系统的稳态误差为

$$e_{ss}=\lim_{s\to 0}sE(s)=\lim_{s\to 0}s\times\frac{1}{s}\times\frac{1}{1+K\times\dfrac{N(s)}{D(s)}}=\frac{D(0)}{D(0)+K\times N(0)} \tag{4.55}$$

例 4.13 中的传递函数 $G(s)=\dfrac{1}{(s+2)(s+4)}$,若 $K=2$,在不使用补偿器的情况下,系统的输入为单位阶跃函数,稳态误差为

$$e_{ss}=\lim_{s\to 0}sE(s)=\lim_{s\to 0}s\times\frac{1}{s}\times\frac{1}{1+K\times G(s)}=\frac{1}{1+K\times G(0)}=\frac{1}{1+2\times\dfrac{1}{(0+2)\times(0+4)}}=0.8 \tag{4.56}$$

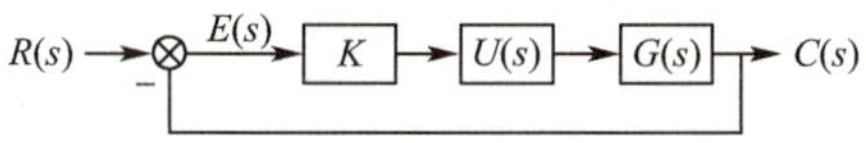

图 4-30 加入滞后补偿器的某控制系统

若在图 4-29 所示的 K 和 $G(s)$ 之间加入补偿器 $U(s)=\dfrac{s-z_c}{s-p_c}$(图 4-30),则系统误差 $E(s)$ 为

$$E(s)=R(s)-C(s)=R(s)-E(s)\times K\times U(s)\times G(s)=R(s)\times\frac{1}{1+K\times U(s)\times G(s)} \tag{4.57}$$

当系统的输入为单位阶跃函数时,将 $R(s)=\dfrac{1}{s}$、$G(s)=\dfrac{N(s)}{D(s)}$ 和 $U(s)=\dfrac{s-z_c}{s-p_c}$ 分别代入上式得

$$E(s)=\frac{1}{s}\times\frac{1}{1+K\times\dfrac{s-z_c}{s-p_c}\times\dfrac{N(s)}{D(s)}} \tag{4.58}$$

由终值定理可得此时系统的稳态误差为

$$e_{ss}=\lim_{s\to 0}sE(s)=\lim_{s\to 0}s\times\frac{\dfrac{1}{s}}{1+K\times\dfrac{s-z_c}{s-p_c}\times\dfrac{N(s)}{D(s)}}=\frac{1}{1+K\times\dfrac{-z_c}{-p_c}\times\dfrac{N(0)}{D(0)}}=\frac{D(0)}{D(0)+K\times N(0)\times\dfrac{z_c}{p_c}}$$
(4.59)

由此可见：z_c/p_c 越大，e_{ss} 就越小。若设计系统的目标是尽量降低稳态误差，那么设计的补偿器应该有 z_c 的绝对值大于 p_c 的绝对值，同时 z_c 和 p_c 应均在实轴的负半轴上，因此 $z_c<p_c<0$。此时，补偿器的极点 $s=p_c$ 在零点 $s=z_c$ 的右侧，更加靠近虚轴，这与超前补偿器恰好相反，因此被称为"滞后补偿器"。

对于 $G(s)=\dfrac{1}{(s+2)(s+4)}$，当 $K=2$ 时，若不使用补偿器，在单位阶跃输入信号的情况下，系统的稳态误差为 0.8。若串联滞后补偿器 $U(s)=\dfrac{s-z_c}{s-p_c}$，则系统的稳态误差为

$$\begin{aligned}e_{ss}&=\lim_{s\to 0}sE(s)=\lim_{s\to 0}s\times\frac{1}{s}\times\frac{1}{1+K\times U(s)\times G(s)}\\ &=\lim_{s\to 0}\frac{1}{1+K\times\dfrac{z_c}{p_c}\times G(0)}=\frac{1}{1+2\times\dfrac{z_c}{p_c}\times\dfrac{1}{(0+2)(0+4)}}=\frac{4}{4+\dfrac{z_c}{p_c}}\end{aligned}$$
(4.60)

若 $z_c/p_c=5$，系统的稳态误差为 0.44。实现 $z_c/p_c=5$ 的方法很多，表 4-2 为其中两种方法。

表 4-2　　　　　　　　　　　　　　$z_c/p_c=5$ 的两种实现方法

	方法 1	方法 2
p_c	-0.1	-1
z_c	-0.5	-5
$U(s)$	$U_1(s)=\dfrac{s+0.5}{s+0.1}$	$U_2(s)=\dfrac{s+5}{s+1}$
系统框图	$R(s)\to\otimes\xrightarrow{E(s)}\boxed{K}\to\boxed{U(s)}\to\boxed{G(s)}\to C(s)$	
根轨迹		

续表

	方法 1	方法 2
系统输出	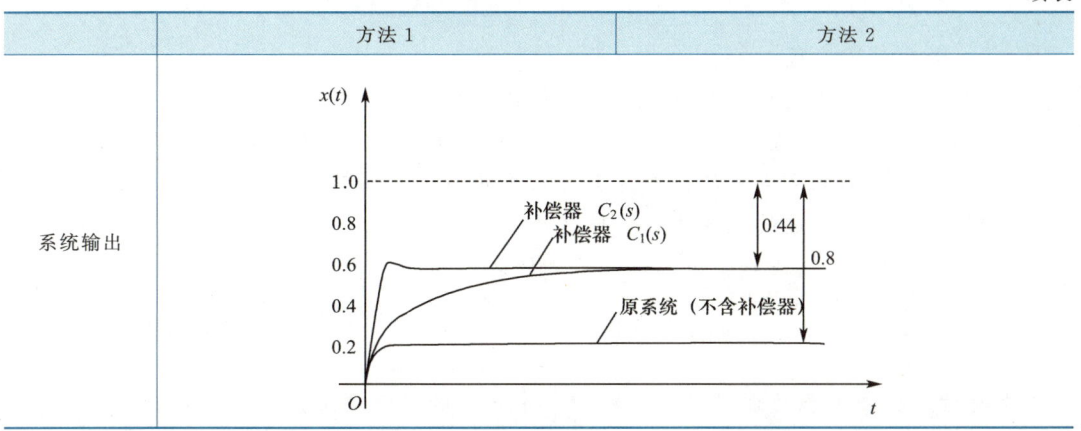	

虽然两种情况下补偿器新增的极点和零点均相差 5 倍,但在实际操作中,一般会选择方法 1,因为该情况下的零点、极点距虚轴更近,系统输出和原系统的根轨迹图更接近。相比之下方法 2 的根轨迹图及系统输出图改变较大。也可从根轨迹的角度对其进一步分析。原有系统有两个极点:$p_1 = -2$ 和 $p_2 = -4$,需满足 $\angle G(s) = -(2q+1)\pi$,$q = 0, \pm 1, \pm 2, \cdots, n$,设计补偿器的实质就是加上一对零点和极点。对于方法 1 [图 4-31(a)]而言,加入的零点、极点靠近虚轴,那么即使二者相差倍数很大也会非常接近。这种情况下它们二者到根轨迹上的某个点的角度相差不大,新增的这对零点、极点靠近虚轴时就不会对原有系统的根轨迹产生很大的影响,这就是前面给出的结论,即设计滞后补偿器时,应使其尽量靠近虚轴,即使它们之间相差倍数很大,距离也不会很远,从而尽可能地保持原有的瞬态响应。相反,若新增的这对零点、极点距离虚轴较远,即方法 2 [图 4-31(b)]的情况,新增的零点、极点相差倍数较大,导致两个夹角相差较大,对原有系统的瞬态响应会产生较大影响。

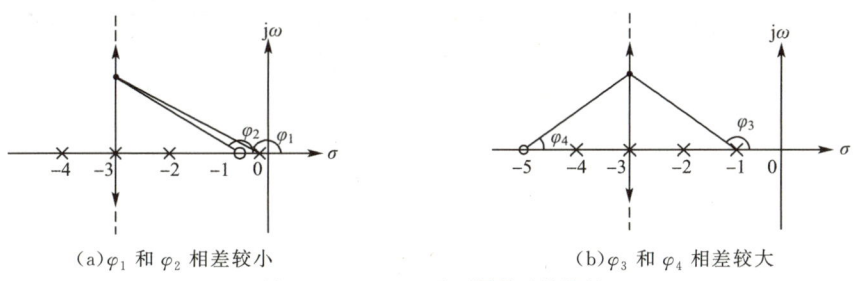

(a)φ_1 和 φ_2 相差较小　　　　(b)φ_3 和 φ_4 相差较大

图 4-31　$-z_c/p_c$ 取不同值时的情况

习 题

4-1 思考与简答题

(1) 根轨迹分析法的目的是什么？根据根轨迹的基本规则可大致绘制根轨迹，这是否说明根轨迹不能对系统进行定量分析？根轨迹的分支数与开环极点数是什么关系？

(2) 根轨迹与虚轴交点处的频率是否为系统的持续振荡频率？

(3) 绘制参数根轨迹的主要步骤是什么？

(4) 增加开环零点、极点会对根轨迹产生什么影响？

(5) 判断给定值 $s=\sigma+j\omega$ 是否在传递函数 $G(s)=\dfrac{KG(s)}{1+KG(s)}$ 的根轨迹上；需要满足什么条件才能保证其在传递函数 $G(s)=\dfrac{KG(s)}{1+KG(s)}$ 的根轨迹上。

(6) 设计滞后补偿器时需要注意什么？

4-2 设单位负反馈系统的开环传递函数为

$$G(s)=\frac{K(3s+1)}{s(2s+1)}$$

试用解析法绘制开环增益 K 从零增加到无穷时的闭环根轨迹图。

4-3 某单位负反馈系统的开环传递函数为 $G(s)=\dfrac{K^*}{s(s+1)(s+2)}$，试绘制其渐近线。

4-4 系统开环零点、极点分布如图 4-32 所示，试绘制闭环根轨迹图。

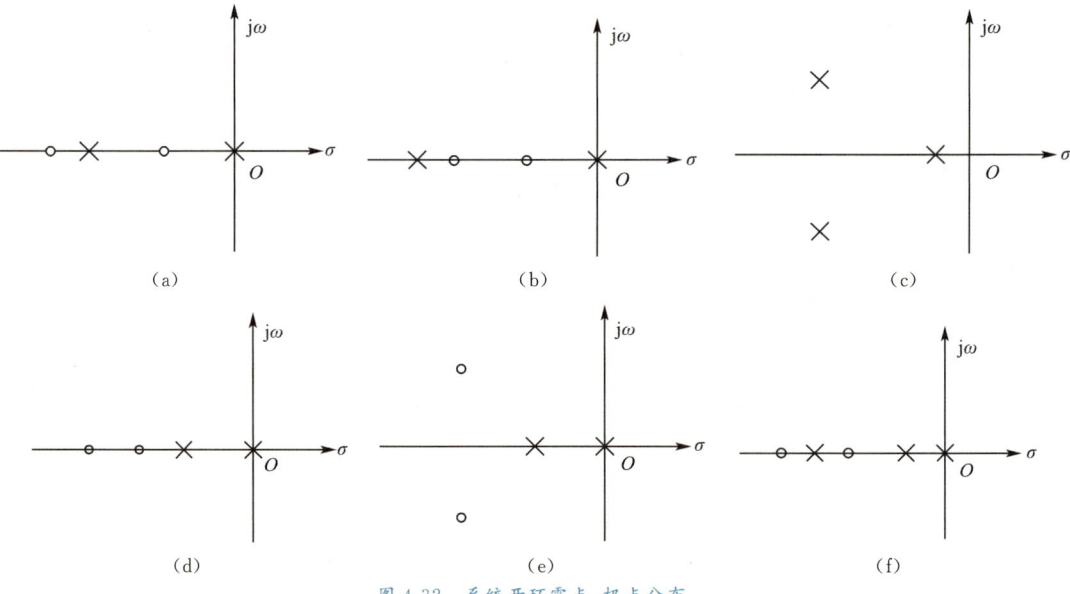

图 4-32 系统开环零点、极点分布

第5章 频率特性分析法

本章重点内容与学习思路

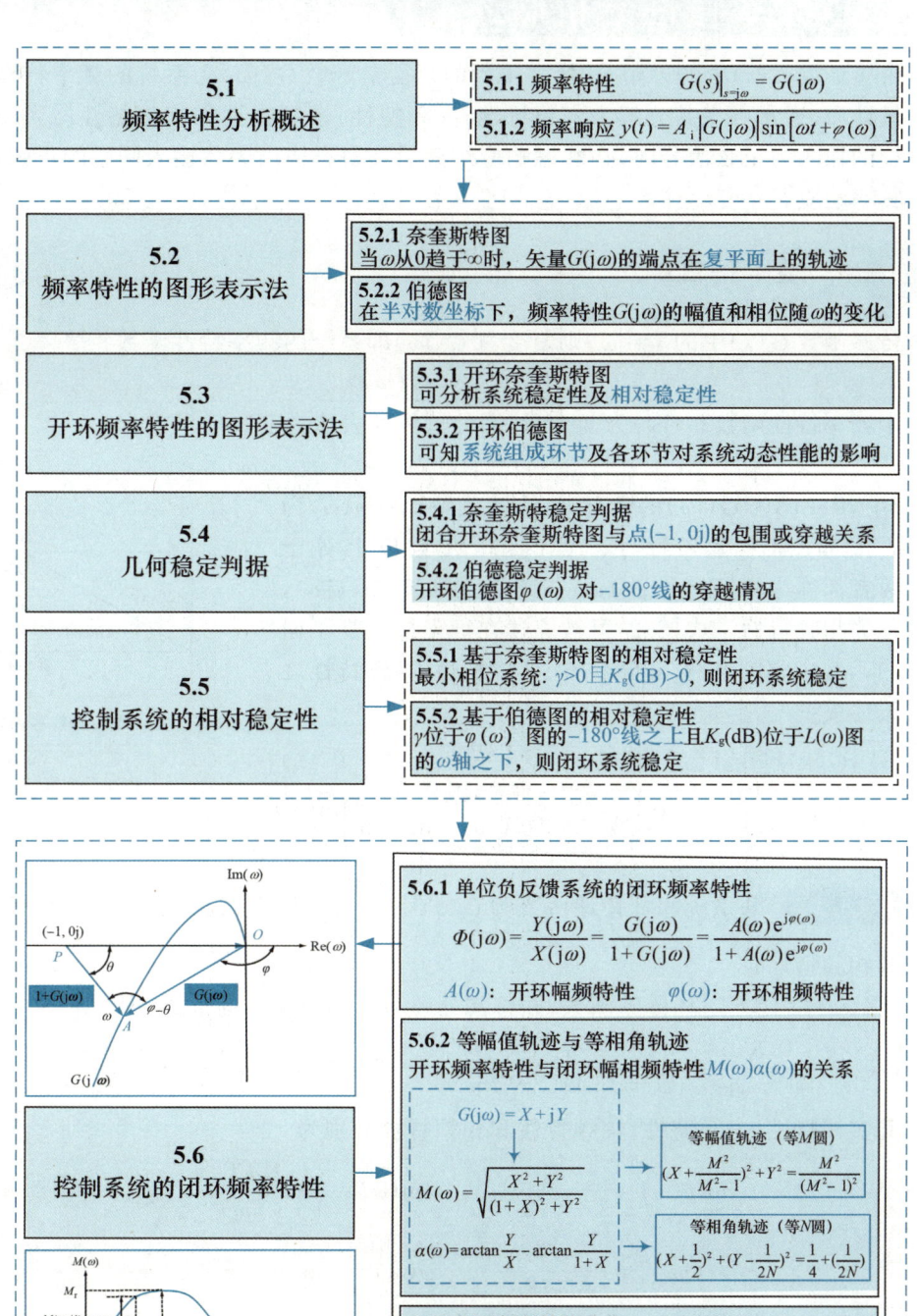

在分析和设计系统时,频率特性分析法是除时间响应分析法外的另一种重要且实用的方法,尤其在对系统的动态特性分析方面具有优势,该方法通过在一定范围内改变输入信号的频率,研究其产生的响应,进而对系统进行分析与设计。

5.1 频率特性分析概述

将传递函数 $G(s)$ 中的 s 用 $j\omega$ 代替得到的复变量函数 $G(j\omega)$ 为系统的频率特性。根据复变量性质,通常可将其分解为实频特性、虚频特性、幅频特性和相频特性。当线性时不变系统的输入为正弦信号时,在瞬态响应结束后其稳态输出为与输入同频的正弦信号,称其为频率响应。

5.1.1 频率特性

令传递函数 $G(s)$ 中的 $s=j\omega$,则复变量 $G(j\omega)$ 即系统的频率特性函数:

$$G(s)\big|_{s=j\omega}=G(j\omega) \tag{5.1}$$

由于频率特性函数 $G(j\omega)$ 为复变量,因此可将其表达为复数的形式:

$$G(j\omega)=\text{Re}(\omega)+j\text{Im}(\omega)=|G(j\omega)|e^{j\varphi(\omega)}=A(\omega)\times e^{j\angle G(j\omega)} \tag{5.2}$$

式(5.2)中,$\text{Re}(\omega)$ 为 $G(j\omega)$ 的实部,称为实频特性;$\text{Im}(\omega)$ 为 $G(j\omega)$ 的虚部,称为虚频特性;$|G(j\omega)|$ 在数值上等于 $A(\omega)$,两者都称为幅频特性;$\varphi(\omega)$ 在数值上等于 $\angle G(j\omega)$,两者都称为相频特性。式(5.2)可被表述在极坐标或复平面内(图5-1),其中幅频特性、相频特性、实频特性、虚频特性之间满足下述关系

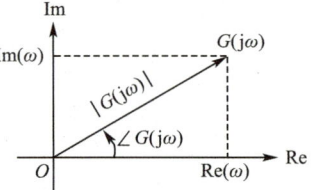

图 5-1 频率特性的复平面表示

$$|G(j\omega)|=A(\omega)=\sqrt{\text{Re}(\omega)^2+\text{Im}(\omega)^2} \tag{5.3}$$

$$\varphi(\omega)=\angle G(j\omega)=\arctan\frac{\text{Im}(\omega)}{\text{Re}(\omega)} \tag{5.4}$$

例 5.1 某系统闭环传递函数为 $G(s)=\dfrac{K}{1+Ts}$,试求其实频特性、虚频特性、幅频特性和相频特性。

解:将 $s=j\omega$ 代入闭环传递函数,并将其分解为实部与虚部的形式,即

$$G(j\omega)=\frac{K}{1+Tj\omega}=\frac{K}{(1+Tj\omega)(1-Tj\omega)}(1-Tj\omega)=\frac{K}{1+(T\omega)^2}-\frac{K\omega T}{1+(T\omega)^2}j$$

因此实频特性、虚频特性、幅频特性和相频特性分别为

$$\text{Re}(\omega)=\frac{K}{1+(T\omega)^2} \quad \text{Im}(\omega)=\frac{-K\omega T}{1+(T\omega)^2}$$

$$|G(j\omega)|=\frac{K}{\sqrt{1+(T\omega)^2}} \quad \varphi(\omega)=\arctan(-\omega T)$$

还可从系统的输出和输入的角度考虑系统的幅频特性和相频特性。设某系统的输出

为 $y(t)$，输入为 $i(t)$，该系统的闭环传递函数为

$$G(s) = \frac{Y(s)}{I(s)} \tag{5.5}$$

令传递函数 $G(s)$ 中的 $s = j\omega$，可得复变量 $G(j\omega)$ 为

$$G(j\omega) = \frac{Y(j\omega)}{I(j\omega)} \tag{5.6}$$

根据复数性质，可得复变量 $G(j\omega)$ 的幅值和相位分别为

$$|G(j\omega)| = \frac{|Y(j\omega)|}{|I(j\omega)|} \tag{5.7}$$

$$\varphi_G(\omega) = \varphi_Y(\omega) - \varphi_I(\omega) \tag{5.8}$$

式(5.7)表明系统的幅频特性描述了系统输出与输入幅值比随频率的变化情况，即幅值的衰减或放大特性。式(5.8)表明系统的相频特性描述了输出信号相位对输入信号相位的滞后或超前特性。

> **例 5.2** 某系统传递函数为 $G(s) = \dfrac{s+1}{s^2+5s+6}$，试求其幅值特性和相频特性。

解： 该系统的零点、极点分别为 $z = -1, p_1 = -2, p_2 = -3$，因此闭环传递函数可改写为

$$G(s) = \frac{s+1}{(s+2)(s+3)}$$

将 $s = j\omega$ 代入上式得

$$G(j\omega) = \frac{j\omega+1}{(j\omega+2)(j\omega+3)}$$

根据复数的计算法则，该系统的幅频特性和相频特性分别为

$$|G(j\omega)| = \frac{|j\omega+1|}{|j\omega+2| \times |j\omega+3|} = \frac{\sqrt{1+\omega^2}}{\sqrt{2^2+\omega^2} \times \sqrt{3^2+\omega^2}}$$

$$\varphi(\omega) = \arctan \omega - \arctan \frac{\omega}{2} - \arctan \frac{\omega}{3}$$

5.1.2 频率响应

系统的输入为谐波信号时的稳态输出为频率响应。一般来说，选用正弦信号作为谐波输入信号。正弦函数的欧拉公式为

$$\sin(\omega t) = \frac{e^{j\omega t} - e^{-j\omega t}}{2j} \tag{5.9}$$

根据欧拉公式，正弦信号的复指数形式为

$$i(t) = A_i \sin(\omega t) = \frac{A_i}{2j}(e^{j\omega t} - e^{-j\omega t}) \tag{5.10}$$

式(5.10)中，A_i 和 ω 分别为输入正弦信号的幅值和频率。对式(5.10)进行拉氏变换得

$$I(s) = \frac{A_i}{2j}\left(\frac{1}{s-j\omega} - \frac{1}{s+j\omega}\right) \tag{5.11}$$

设某线性系统的传递函数为

$$G(s)=\frac{Y(s)}{I(s)}=\frac{K(b_m s^m+b_{m-1}s^{m-1}+\cdots+b_1 s+b_0)}{a_n s^n+a_{n-1}s^{n-1}+\cdots+a_1 s+a_0} \tag{5.12}$$

将式(5.11)带入式(5.12)得系统的输出为

$$Y(s)=G(s)I(s)=\frac{K(b_m s^m+b_{m-1}s^{m-1}+\cdots+b_1 s+b_0)}{a_n s^n+a_{n-1}s^{n-1}+\cdots+a_1 s+a_0}\times\frac{A_i}{2j}\left(\frac{1}{s-j\omega}-\frac{1}{s+j\omega}\right) \tag{5.13}$$

为简化分析过程,假定$G(s)$具有不同的实数极点,因此利用部分分式法对式(5.13)进行因式分解得

$$Y(s)=G(s)\cdot I(s)=\sum_{i=1}^n \frac{K_i}{s-p_i}+\frac{C_1}{s-j\omega}+\frac{C_2}{s+j\omega} \tag{5.14}$$

式(5.14)中,$K_i(i=1,2,\cdots,n)$、C_1、C_2分别为

$$K_i=Y(s)(s-p_i)|_{s=p_i} \tag{5.15}$$

$$\begin{aligned}C_1&=Y(s)(s-j\omega)|_{s=j\omega}=G(s)I(s)(s-j\omega)|_{s=j\omega}\\&=G(s)\frac{A_i}{2j}\cdot\left(\frac{1}{s-j\omega}-\frac{1}{s+j\omega}\right)(s-j\omega)\Big|_{s=j\omega}\\&=\frac{A_i G(s)}{2j}\Big|_{s=j\omega}=\frac{A_i|G(j\omega)|e^{j\varphi(\omega)}}{2j}=\frac{A_i A(\omega)}{2j}e^{j\varphi(\omega)}\end{aligned} \tag{5.16}$$

$$\begin{aligned}C_2&=Y(s)(s+j\omega)|_{s=-j\omega}=G(s)I(s)(s+j\omega)|_{s=-j\omega}\\&=G(s)\frac{A_i}{2j}\cdot\left(\frac{1}{s-j\omega}-\frac{1}{s+j\omega}\right)(s+j\omega)\Big|_{s=-j\omega}\\&=-\frac{A_i G(s)}{2j}\Big|_{s=-j\omega}=-\frac{A_i|G(j\omega)|e^{-j\varphi(\omega)}}{2j}=-\frac{A_i A(\omega)}{2j}e^{-j\varphi(\omega)}\end{aligned} \tag{5.17}$$

将式(5.15)、(5.16)、(5.17)带入式(5.14)得系统的输出为

$$Y(s)=\sum_{i=1}^n \frac{K_i}{s-p_i}+\frac{A_i|G(j\omega)|}{2j}e^{j\varphi(\omega)}\cdot\frac{1}{s-j\omega}-\frac{A_i|G(j\omega)|}{2j}e^{-j\varphi(\omega)}\cdot\frac{1}{s+j\omega} \tag{5.18}$$

式(5.18)中,K_i、$\dfrac{A_i|G(j\omega)|}{2j}e^{j\varphi(\omega)}$、$\dfrac{A_i|G(j\omega)|}{2j}e^{-j\varphi(\omega)}$均为常数。对式(5.18)进行拉氏逆变换即该系统的响应

$$\begin{aligned}y(t)&=\sum_{i=1}^n K_i e^{p_i t}+\frac{A_i|G(j\omega)|}{2j}e^{j\varphi(\omega)}e^{j\omega t}-\frac{A_i|G(j\omega)|}{2j}e^{-j\varphi(\omega)}e^{-j\omega t}\\&=\sum_{i=1}^n K_i e^{p_i t}+\frac{A_i|G(j\omega)|}{2j}\left[e^{j[\omega t+\varphi(\omega)]}-e^{-j[\omega t+\varphi(\omega)]}\right]\\&=\sum_{i=1}^n K_i e^{p_i t}+A_i|G(j\omega)|\sin[\omega t+\varphi(\omega)]\end{aligned} \tag{5.19}$$

式(5.19)中,$p_i<0(i=1,2,\cdots,n)$。当时间t趋于无穷时,$\sum_{i=1}^n K_i e^{p_i t}$趋于0,因此系统的稳态响应为

$$y(t) = A_i |G(j\omega)| \sin[\omega t + \varphi(\omega)] \tag{5.20}$$

式(5.20)中,A_i 和 ω 分别为输入正弦信号的幅值和频率,$|G(j\omega)|$ 为系统的幅值,$\varphi(\omega)$ 为输出相位。为便于与输入相位和系统相位进行区别,将式(5.20)中的输出相位 $\varphi(\omega)$ 表示为 $\varphi_Y(\omega)$,输入相位表示为 $\varphi_I(\omega)$,系统相位表示为 $\varphi_G(\omega)$,根据输入输出相位关系可知三者满足 $\varphi_Y(\omega) = \varphi_I(\omega) + \varphi_G(\omega)$。因此式(5.20)改写为

$$y(t) = A_i |G(j\omega)| \sin[\omega t + \varphi_Y(\omega)] \tag{5.21}$$

图 5-2 所示为在正弦输入信号作用下,线性时不变系统的输出即频率响应为同频率的正弦信号。与输入信号相比,输出的幅值为输入信号 A_i 的 $|G(j\omega)|$ 倍,输出与输入之间的相位差为 $G(j\omega)$ 的相位角 $\varphi_G(\omega)$。

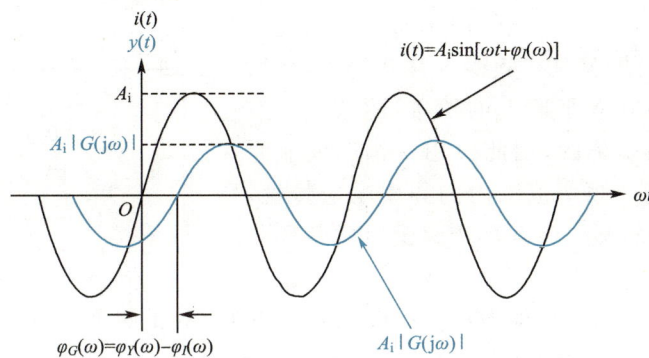

图 5-2　正弦输入信号作用下系统的稳态输出

例 5.3 某系统的传递函数为 $G(s) = \dfrac{Y(s)}{I(s)} = \dfrac{s+1}{(s+2)(s+4)}$,作用在其上的输入信号为 $i(t) = 2\sin(t + 45°)$,试求其频率响应。

解:将 $s = j\omega$ 代入闭环传递函数得系统的频率特性为

$$G(j\omega) = \frac{Y(j\omega)}{I(j\omega)} = \frac{j\omega + 1}{(j\omega + 2)(j\omega + 4)}$$

因此系统的幅值特性和相频特性分别为

$$|G(j\omega)| = \frac{|1 + j\omega|}{|j\omega + 2| \times |j\omega + 4|} = \frac{\sqrt{1 + \omega^2}}{\sqrt{2^2 + \omega^2} \times \sqrt{4^2 + \omega^2}}$$

$$\varphi_G(\omega) = \arctan\omega - \arctan\frac{\omega}{2} - \arctan\frac{\omega}{4}$$

由于输入信号为 $i(t) = 2\sin(t + 45°)$,即其频率 $\omega = 1$,得幅频特性 $|G(j\omega)|$ 和相频特性 $\varphi(\omega)$ 分别为

$$|G(j\omega)|\Big|_{\omega=1} = \frac{\sqrt{2}}{\sqrt{5} \times \sqrt{17}} = 0.153\,4$$

$$\varphi_G(\omega)\Big|_{\omega=1} = \arctan 1 - \arctan\frac{1}{2} - \arctan\frac{1}{4} = 4.4°$$

由式(5.21)可得该系统的稳态响应为

$$y(t) = A_i |G(j\omega)| \sin[\omega t + \varphi_Y(\omega)]$$
$$= 2 \times 0.153\,4 \sin(1 \times t + 45° + 4.4°) = 0.306\,8 \sin(t + 49.4°)$$

5.2 频率特性的图形表示法

图形表示法在频率特性分析中起着重要作用,可更深入地理解系统在频域内的动态行为,为系统的设计、控制等提供有用的信息。常用的频率特性图形表示法主要指奈奎斯特图和伯德图。

5.2.1 奈奎斯特图

奈奎斯特图是极坐标上频率特性 $G(j\omega)$ 的幅值和相位与频率之间的关系曲线。由于 $G(j\omega)$ 为复变量,因此其奈奎斯特图就是当频率 ω 从 0 趋于 ∞ 时,矢量 $G(j\omega)$ 的端点在复平面上的轨迹(图 5-3)。奈奎斯特图是基于极坐标的,因此仅用一幅图就能完整表示出系统在整个频率范围内的频率响应特性,但不能通过奈奎斯特图得到开环传递函数中各环节对系统响应的影响。

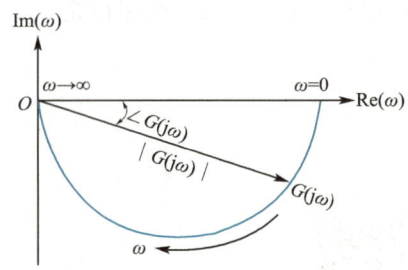

图 5-3 矢量 $G(j\omega)$ 的奈奎斯特图

绘制奈奎斯特图的过程即为对系统进行频率特性分析的过程。首先计算不同频率 ω 下的幅频特性 $|G(j\omega)|$、相频特性 $\angle G(j\omega)$ 或实频特性 $\text{Re}(\omega)$、虚频特性 $\text{Im}(\omega)$,以便在极坐标或复平面上确定当频率 ω 从 0 趋于 ∞ 时矢量 $G(j\omega)$ 的端点,将各矢量端点连接起来即为 $G(j\omega)$ 的奈奎斯特图。主要绘制步骤如下:

(1)令 $s = j\omega$,由传递函数 $G(s)$ 得到频率特性 $G(j\omega)$。

(2)计算 $\omega = 0$ 和 $\omega \to \infty$ 下的 $|G(j\omega)|$、$\angle G(j\omega)$、$\text{Re}(\omega)$ 和 $\text{Im}(\omega)$。对于二阶振荡环节,计算无阻尼自然频率 ω_n 下的 $|G(j\omega)|$、$\angle G(j\omega)$、$\text{Re}(\omega)$ 和 $\text{Im}(\omega)$。

(3)令 $\text{Re}(\omega) = 0$,求出 ω 并代入 $\text{Im}(\omega)$,得奈奎斯特曲线与虚轴的交点;令 $\text{Im}(\omega) = 0$,求出 ω 并代入 $\text{Re}(\omega)$,得奈奎斯特曲线与实轴的交点。

(4)为获得较为准确的奈奎斯特曲线,在 $0 < \omega < \infty$ 的范围内再取若干点分别求 $|G(j\omega)|$、$\angle G(j\omega)$、$\text{Re}(\omega)$ 和 $\text{Im}(\omega)$。

(5)按 ω 从 0 趋于 ∞ 的方向连接上述矢量的端点,即 $G(j\omega)$ 的奈奎斯特曲线。

典型环节的奈奎斯特图对于分析系统的动态特性和判断系统的稳定性有着较为重要的作用。

1. 比例环节

比例环节的传递函数为 $G(s) = K$,其频率特性为

$$G(j\omega) = K \tag{5.22}$$

由式(5.22)可知,比例环节的实频特性 $\text{Re}(\omega)$ 为 K,虚频特性 $\text{Im}(\omega)$ 为 0,幅频特性 $|G(j\omega)|$ 为 K,相频特性 $\angle G(j\omega)$ 为 $0°$。当 ω 从 0 变化到 ∞ 时,$G(j\omega)$ 的幅值总是 K,相位总是 $0°$,即比例环节的奈奎斯特图为实轴上的定点 $(K, 0\text{j})$(图 5-4)。

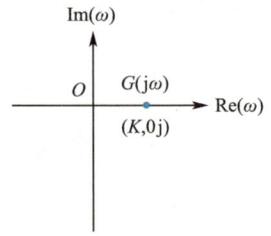

图 5-4 比例环节奈奎斯特图

2. 积分环节

积分环节的传递函数为 $G(s)=\dfrac{1}{s}$，其频率特性为

$$G(j\omega)=\dfrac{1}{j\omega}=-j\dfrac{1}{\omega} \tag{5.23}$$

由式(5.23)可知，积分环节的实频特性 $\text{Re}(\omega)$ 为 0，虚频特性 $\text{Im}(\omega)$ 为 $-1/\omega$，幅频特性 $|G(j\omega)|$ 为 $1/\omega$，相频特性 $\angle G(j\omega)$ 为 $-90°$。如图 5-5 所示，当 ω 从 0 变化到 ∞ 时，$G(j\omega)$ 的幅值从 ∞ 变化到 0，相位总是 $-90°$，即积分环节的奈奎斯特图为虚轴的下半轴，且由无穷远指向原点。

3. 理想微分环节

理想微分环节的传递函数为 $G(s)=s$，其频率特性为

$$G(j\omega)=j\omega \tag{5.24}$$

由式(5.24)可知，理想微分环节的实频特性 $\text{Re}(\omega)$ 为 0，虚频特性 $\text{Im}(\omega)$ 为 ω，幅频特性 $|G(j\omega)|$ 为 ω，相频特性 $\angle G(j\omega)$ 为 $90°$。当 ω 从 0 变化到 ∞ 时，$G(j\omega)$ 的幅值从 0 变化到 ∞，相位总是 $90°$，即理想微分环节的奈奎斯特图为虚轴的上半轴，且由原点指向无穷远(图 5-6)。

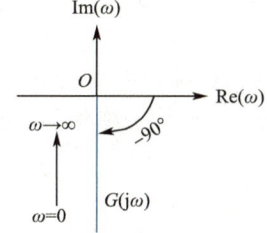
图 5-5　积分环节奈奎斯特图

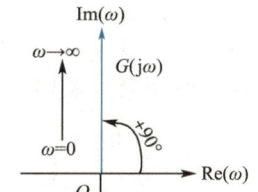
图 5-6　理想微分环节奈奎斯特图

4. 惯性环节

惯性环节的传递函数为 $G(s)=\dfrac{1}{Ts+1}$，其频率特性为

$$G(j\omega)=\dfrac{1}{1+j\omega T}=\dfrac{1}{1+\omega^2 T^2}-\dfrac{T\omega}{1+\omega^2 T^2}\cdot j \tag{5.25}$$

由式(5.25)可知，惯性环节的实频特性、虚频特性、幅频特性和相频特性分别为 $\text{Re}(\omega)=\dfrac{1}{1+\omega^2 T^2}$，$\text{Im}(\omega)=\dfrac{-T\omega}{1+\omega^2 T^2}$、$|G(j\omega)|=\dfrac{1}{\sqrt{1+T^2\omega^2}}$、$\angle G(j\omega)=-\arctan T\omega$。

当 $\omega=0$ 时，$|G(j\omega)|=1$，$\angle G(j\omega)=0°$，$\text{Re}(\omega)=1$，$\text{Im}(\omega)=0$；当 $\omega=\dfrac{1}{T}$ 时，$|G(j\omega)|=0.707$，$\angle G(j\omega)=-45°$，$\text{Re}(\omega)=0.5$，$\text{Im}(\omega)=-0.5$；当 $\omega\to\infty$ 时，$|G(j\omega)|=0$，$\angle G(j\omega)=-90°$，$\text{Re}(\omega)=0$，$\text{Im}(\omega)=0$。

设实频特性和虚频特性分别为变量 U 和 V，即 $U=\dfrac{1}{1+\omega^2 T^2}$，$V=\dfrac{-T\omega}{1+\omega^2 T^2}$，可得 $(U-0.5)^2+V^2=0.5^2$，此为圆方程。同时，当 ω 从 0 变化到 ∞ 时，$\angle G(j\omega)$ 和 $\text{Im}(\omega)$ 恒为负值。综上，惯性环节的奈奎斯特曲线为如图 5-7 所示的半圆。

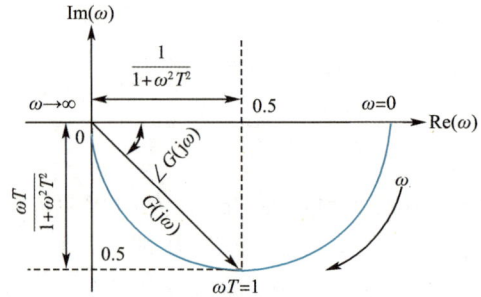

图 5-7 惯性环节奈奎斯特图

5. 一阶微分环节

一阶微分环节的传递函数为 $G(s)=Ts+1$，其频率特性为

$$G(j\omega)=1+j\omega T \tag{5.26}$$

由式(5.26)可知，一阶微分环节的实频特性、虚频特性、幅频特性和相频特性分别为 $\text{Re}(\omega)=1$、$\text{Im}(\omega)=T\omega$、$|G(j\omega)|=\sqrt{1+T^2\omega^2}$、$\angle G(j\omega)=\arctan T\omega$。当 $\omega=0$ 时，$\text{Re}(\omega)=1,\text{Im}(\omega)=0,|G(j\omega)|=1,\angle G(j\omega)=0°$；当 $\omega=\dfrac{1}{T}$ 时，$\text{Re}(\omega)=1,\text{Im}(\omega)=1$，$|G(j\omega)|=1.414,\angle G(j\omega)=45°$；当 $\omega\rightarrow\infty$ 时，$\text{Re}(\omega)=1,\text{Im}(\omega)=\infty,|G(j\omega)|\rightarrow\infty$，$\angle G(j\omega)=90°$。

当 ω 从 0 变化到 ∞ 时，$|G(j\omega)|$ 由从 1 变化到 ∞，$\angle G(j\omega)$ 由 $0°$ 变化到 $90°$。因此，一阶微分环节的奈奎斯特图为第一象限内、始于点 $(1,0j)$ 且平行于虚轴的直线(图 5-8)。

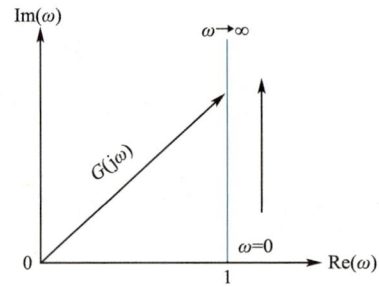

图 5-8 一阶微分环节奈奎斯特图

6. 二阶振荡环节

二阶振荡环节的无阻尼自然频率形式传递函数为

$$G(s)=\dfrac{\omega_n^2}{s^2+2\zeta\omega_n s+\omega_n^2}(0<\zeta<1) \tag{5.27}$$

令 $T=1/\omega_n$，将其改写为时间常数形式

$$G(s)=\dfrac{1}{T^2 s^2+2\zeta T s+1} \tag{5.28}$$

式(5.27)和(5.28)中的系统增益均为 1。二阶振荡环节的频率特性为

$$G(\mathrm{j}\omega) = \frac{1}{T^2(\mathrm{j}\omega)^2 + 2\zeta T(\mathrm{j}\omega) + 1} = \frac{1 - T^2\omega^2}{(1 - T^2\omega^2)^2 + (2\zeta T\omega)^2} - \mathrm{j}\frac{2\zeta T\omega}{(1 - T^2\omega^2)^2 + (2\zeta T\omega)^2}$$
(5.29)

由式(5.29)可知,二阶振荡环节的实频特性、虚频特性、幅频特性及相频特性分别为

$$\begin{cases} \mathrm{Re}(\omega) = \dfrac{1 - T^2\omega^2}{(1 - T^2\omega^2)^2 + (2\zeta T\omega)^2} \\ \mathrm{Im}(\omega) = -\dfrac{2\zeta T\omega}{(1 - T^2\omega^2)^2 + (2\zeta T\omega)^2} \\ |G(\mathrm{j}\omega)| = \dfrac{1}{\sqrt{(1 - T^2\omega^2)^2 + (2\zeta T\omega)^2}} \\ \angle G(\mathrm{j}\omega) = -\arctan\dfrac{2\zeta T\omega}{1 - T^2\omega^2} \end{cases}$$
(5.30)

由式(5.30)可知,当 $\omega = 0$ 时,$\mathrm{Re}(\omega) = 1$,$\mathrm{Im}(\omega) = 0$,$|G(\mathrm{j}\omega)| = 1$,$\angle G(\mathrm{j}\omega) = 0°$;当 $\omega = 1/T$ 时,$\mathrm{Re}(\omega) = 0$,$\mathrm{Im}(\omega) = -1/2\zeta$,$|G(\mathrm{j}\omega)| = 1/2\zeta$,$\angle G(\mathrm{j}\omega) = -90°$;当 $\omega \to \infty$ 时,$\mathrm{Re}(\omega) = 0$,$\mathrm{Im}(\omega) = 0$,$|G(\mathrm{j}\omega)| = 0$,$\angle G(\mathrm{j}\omega) = -180°$。

二阶振荡系统的奈奎斯特图始于点$(1, 0\mathrm{j})$,而终于点$(0, 0\mathrm{j})$,与虚轴交点的频率是无阻尼自然频率 ω_n,幅值为 $1/2\zeta$。当 ω 从 0 到 ∞ 变化时,$|G(\mathrm{j}\omega)|$ 从 1 变化到 0,$\angle G(\mathrm{j}\omega)$ 从 $0°$ 变化到 $-180°$(图 5-9)。

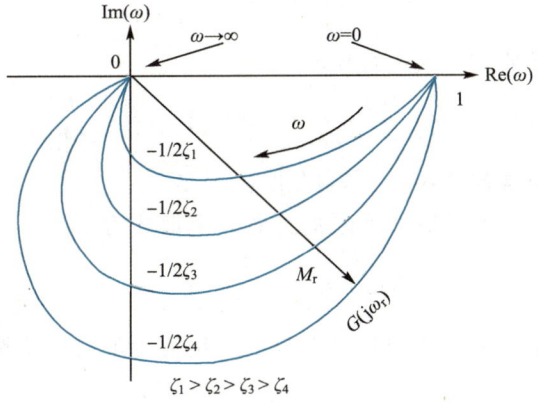

图 5-9 二阶振荡环节奈奎斯特图

二阶振荡环节的幅频特性可能会在某频率处出现峰值,称其为谐振峰值,对应的频率称为谐振频率。令 $\dfrac{\partial |G(\mathrm{j}\omega)|}{\partial \omega} = 0$,解得谐振频率为

$$\omega_\mathrm{r} = \frac{1}{T}\sqrt{1 - 2\zeta^2} = \omega_\mathrm{n}\sqrt{1 - 2\zeta^2}$$
(5.31)

由式(5.31)可知,只有当 $1 - 2\zeta^2 \geqslant 0$、即 $0 < \zeta \leqslant 0.707$ 时,谐振频率 ω_r 才具有意义,此时的谐振峰值为

$$M_\mathrm{r} = |G(\mathrm{j}\omega_\mathrm{r})| = \frac{1}{2\zeta\sqrt{1 - \zeta^2}}$$
(5.32)

将谐振频率 ω_r 带入二阶振荡环节的相频特性中,可得谐振峰值 M_r 处的相位为:

$$\angle G(j\omega_r) = -\arctan\frac{\sqrt{1-2\zeta^2}}{\zeta} \tag{5.33}$$

7. 二阶微分环节

二阶微分环节的传递函数为 $G(s) = T^2 s^2 + 2\zeta T s + 1$,其频率特性为

$$G(j\omega) = T^2(j\omega)^2 + 2\zeta T(j\omega) + 1 \tag{5.34}$$

式中,$T = 1/\omega_n$。二阶微分环节的奈奎斯特图如图 5-10 所示。

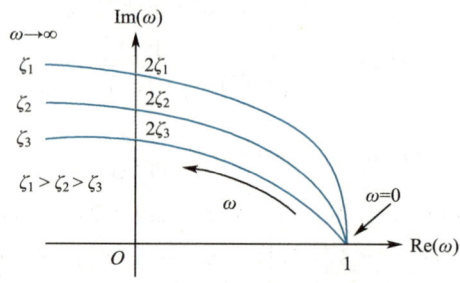

图 5-10 二阶微分环节奈奎斯特图

> **例 5.4** 某系统传递函数为 $G(s) = \dfrac{100}{0.01s^2 + 0.1s + 1}$,试绘制其奈奎斯特图。

解: 有增益的二阶系统传递函数的时间常数形式为

$$G(s) = \frac{K'}{T^2 s^2 + 2\zeta T s + 1}$$

将该系统的传递函数与上式进行比较

$$G(s) = \frac{100}{0.01s^2 + 0.1s + 1} \Leftrightarrow G(s) = \frac{K'}{T^2 s^2 + 2\zeta T s + 1}$$

可得该系统的时间常数 $T = 0.1$,阻尼比 $\zeta = 0.5$。

有增益的二阶系统传递函数的无阻尼自然频率形式为

$$G(s) = \frac{K\omega_n^2}{s^2 + 2\zeta\omega_n s + \omega_n^2}$$

将该系统的传递函数由已知的时间常数形式化为无阻尼自然频率形式并与上式进行比较

$$G(s) = \frac{10\,000}{s^2 + 10s + 100} \Leftrightarrow G(s) = \frac{K\omega_n^2}{s^2 + 2\zeta\omega_n s + \omega_n^2}$$

可得该系统的无阻尼自然频率为 $\omega_n = 10$。令 $s = j\omega$,得该系统的频率特性为

$$G(j\omega) = \frac{100}{1 + 0.1j\omega - 0.01\omega^2} = \frac{100 - \omega^2}{(1 - 0.01\omega^2)^2 + 0.01\omega^2} - j\frac{10\omega}{(1 - 0.01\omega^2)^2 + 0.01\omega^2}$$

实频特性、虚频特性、幅频特性和相频特性分别为

$$\mathrm{Re}(\omega) = \frac{100 - \omega^2}{(1 - 0.01\omega^2)^2 + 0.01\omega^2},\ \mathrm{Im}(\omega) = -\frac{10\omega}{(1 - 0.01\omega^2)^2 + 0.01\omega^2}$$

$$|G(j\omega)| = \frac{100}{\sqrt{(1 - 0.01\omega^2)^2 + 0.01\omega^2}},\ \angle G(j\omega) = -\arctan\frac{10\omega}{100 - \omega^2}$$

当 $\omega=0$ 时，$\mathrm{Re}(\omega)=100$，$\mathrm{Im}(\omega)=0$，$|G(\mathrm{j}\omega)|=100$，$\angle G(\mathrm{j}\omega)=0°$；当 $\omega=\omega_\mathrm{n}=10$ 时，$\mathrm{Re}(\omega)=0$，$\mathrm{Im}(\omega)=-100$，$|G(\mathrm{j}\omega)|=100$，$\angle G(\mathrm{j}\omega)=-90°$；当 $\omega=\infty$ 时，$\mathrm{Re}(\omega)=0$，$\mathrm{Im}(\omega)=0$，$|G(\mathrm{j}\omega)|=0$，$\angle G(\mathrm{j}\omega)=-180°$。

由于该系统的阻尼比 $\zeta=0.5<0.707$，所以该系统存在谐振峰值 M_r。将 $\zeta=0.5$ 带入式(5.31)得其谐振频率为

$$\omega_\mathrm{r}=\omega_\mathrm{n}\sqrt{1-2\zeta^2}=10\sqrt{1-2\times 0.5^2}=7.07$$

将谐振频率 ω_r 带入式(5.31)和式(5.32)，得谐振峰值及其相位分别为

$$\begin{cases} M_\mathrm{r}=|G(\mathrm{j}\omega_\mathrm{r})|=\dfrac{k}{2\zeta\sqrt{1-\zeta^2}}=\dfrac{100}{2\zeta\sqrt{1-\zeta^2}}=115 \\ \angle G(\mathrm{j}\omega_\mathrm{r})=-\arctan\dfrac{\sqrt{1-2\zeta^2}}{\zeta}=-54.7° \end{cases}$$

综上所述，该系统的奈奎斯特图如图 5-11 所示。

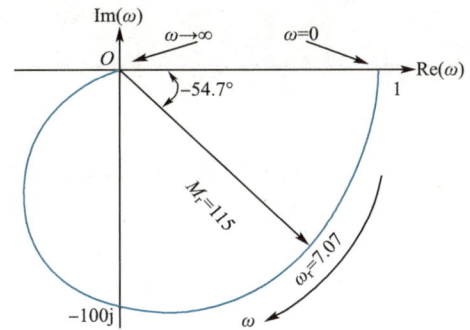

图 5-11 例 5.4 的奈奎斯特图

5.2.2 伯德图

从科学家到我们(3)

伯德图也称为对数频率特性图，由对数幅频特性图和对数相频特性图组成，分别描述了频率特性 $G(\mathrm{j}\omega)$ 的幅值和相位随频率的变化。与奈奎斯特图最大的区别是通过伯德图可知系统的各组成环节及其对系统动态性能的影响。本节主要讲解伯德图的绘制，为随后章节提供理论支撑。

1. 对数幅相频特性

对任意环节的频率特性取对数运算，可得

$$\ln G(\mathrm{j}\omega)=\ln[|G(\mathrm{j}\omega)|\times \mathrm{e}^{\mathrm{j}\varphi(\omega)}]=\ln|G(\mathrm{j}\omega)|+\mathrm{j}\varphi(\omega) \tag{5.35}$$

式(5.35)中，实部 $\ln|G(\mathrm{j}\omega)|$ 为对数幅频特性，记为 $L(\omega)$；虚部 $\varphi(\omega)$ 为对数相频特性。将 $L(\omega)$ 和 $\varphi(\omega)$ 绘制在半对数坐标中即为对数幅频特性曲线和对数相频特性曲线，两者共同构成对数频率特性曲线，即伯德图。手绘伯德图实际上绘制的是伯德图的渐近线，因此 $L(\omega)$ 和 $\varphi(\omega)$ 也被称为"对数幅频特性渐近线"和"对数相频特性渐近线"。以 e 为底的对数在计算和绘制过程中较为烦琐，因此工程实际中用以 10 为底的对数表示对数幅频特性：

$$L(\omega)=20\lg|G(\mathrm{j}\omega)| \tag{5.36}$$

$L(\omega)$ 的单位是分贝(dB)，分贝常用于表示信号功率的衰减程度，后来推广到表示 2

个数比值的大小,如信号 N_1 和 N_2 满足 $20\lg N_2 - 20\lg N_1 = 1$ dB,则称 N_2 比 N_1 大 1 dB。

2. 半对数坐标

图 5-12(a)为对数幅频特性图的半对数坐标,线性分度的纵坐标表示 $L(\omega)$,单位为分贝(dB),对数分度的横坐标标注 ω 的值,但其实际大小为 $\lg\omega$,单位为弧度/秒(rad·s^{-1})。图 5-12(b)为对数相频特性图的半对数坐标,线性分度的纵坐标表示 $\varphi(\omega)$,单位为度(°);对数分度的横坐标与对数幅频特性图的横坐标相同。以频率 0.2 和 2 为例,横坐标上标注的 0.2 和 2 为 ω 的大小,但坐标轴上的真实值为 $\lg 0.2$ 和 $\lg 2$;同理,横坐标上标注的 10 和 100 为 ω 的大小,但坐标轴上的真实值为 $\lg 10$ 和 $\lg 100$。

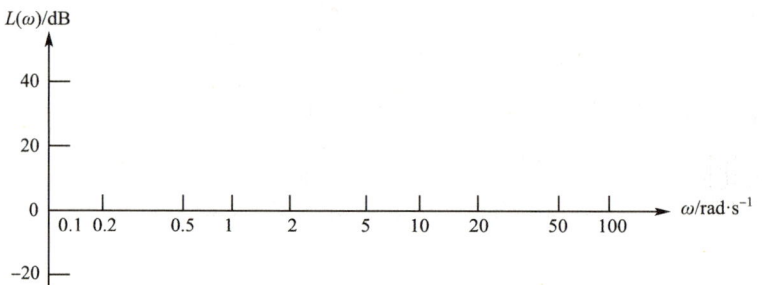

(a)对数幅频特性图的半对数坐标

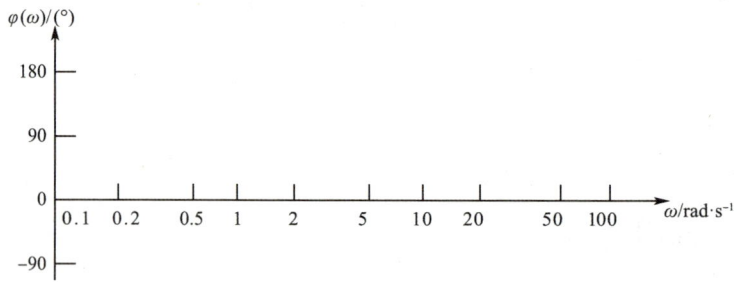

(b)对数相频特性图的半对数坐标

图 5-12 伯德图的半对数坐标

伯德图采用半对数坐标,即横轴采用对数分度,纵轴采用线性分度。这使得横轴($\lg\omega$)可表示比线性分度更大范围的频率(ω)。由于纵轴的单位是分贝,即 $20\lg\omega$,因此纵轴的范围被缩小了。这种分度方法使得图形更加紧凑,例如,如果 $|G(j\omega)|$ 从 1 增加至 1 000,而 $L(\omega) = 20\lg|G(j\omega)|$ 仅从 $20\lg 1$ 变化至 $20\lg 1 000$,即仅增加了 60 dB。

若 $\lg\omega_2$ 与 $\lg\omega_1$ 之间的距离为 1,即 $\lg\omega_2 - \lg\omega_1 = 1$,即 $\omega_2 = 10\omega_1$,该距离被定义为 1 个十倍频程(Decade)。$\lg 2 - \lg 0.2 = 1$,$\lg 100 - \lg 10 = 1$,它们之间的距离都是 1 个十倍频程。十倍频程这一概念对频率特性分析有着重要的作用(图 5-13)。

3. 渐近线斜率

对数相频特性渐近线 $\varphi(\omega)$ 通常由描点而得,而对数幅频特性渐近线 $L(\omega)$ 则是由不同的线段连接而成,每条线段对应 1 个环节。为绘制这些线段,需首先获得每条线段的斜率。渐近线的斜率是由频率增高 10 倍时(2 个频率之间的距离为 1 个十倍频程时)$L(\omega)$ 变化的分贝数来表示的。

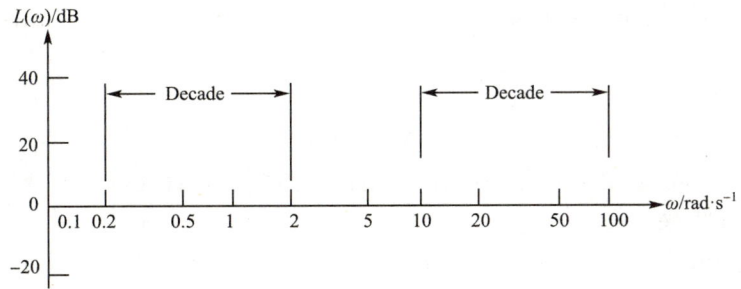

图 5-13 十倍频程示意

如图 5-14 所示,某环节的对数幅频特性为 $L(\omega)=-20\lg\omega$。当频率从 ω 变化为 10ω 时,对数幅频特性分别为 $L(\omega)=-20\lg\omega$ 和 $L(10\omega)=-20\lg\omega-20$,即当频率 ω 增加 10 倍时,其对数幅频特性 $L(\omega)$ 衰减了 $L(10\omega)-L(\omega)=-20$ dB,因此该环节对数幅频特性渐近线 $L(\omega)$ 的斜率记作 -20 dB/dec,dec 为 decade 的缩写。这也是对数幅频特性渐近线的纵轴的单位采用分贝的原因:更易于幅频特性渐近线斜率的表达。

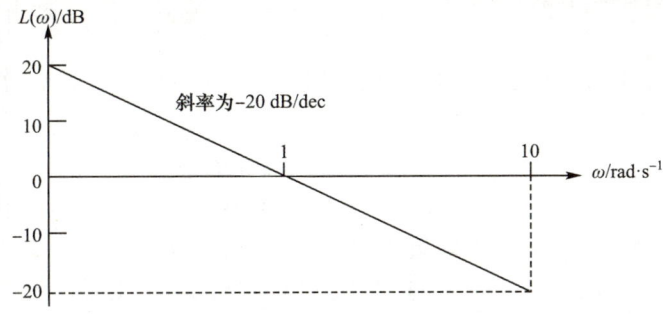

图 5-14 对数幅频特性渐近线的斜率

4. 对数幅频特性渐近线

设某环节的幅频特性为 $|G(j\omega)|=\dfrac{5}{\sqrt{1+T^2\omega^2}}$,其对数幅频特性为

$$L(\omega)=20\lg|G(j\omega)|=20(\lg5-\lg\sqrt{1+T^2\omega^2}) \tag{5.37}$$

绘制该环节的对数幅频特性渐近线 $L(\omega)$ 主要有以下步骤:

(1) 低频段:因为 $T\omega\ll1$,所以 $T^2\omega^2$ 忽略不计,低频段渐近线 $L(\omega)$ 近似为

$$L(\omega)=20(\lg5-\lg\sqrt{1+T^2\omega^2})\approx20(\lg5-\lg\sqrt{1})=20\lg5=14 \text{ dB} \tag{5.38}$$

即低频段渐近线为水平线,斜率为 0,其与 X 轴的纵向距离为 14 dB。

(2) 高频段:因为 $T\omega\gg1$,所以 1 忽略不计,高频段渐近线 $L(\omega)$ 近似为

$$L(\omega)=20(\lg5-\lg\sqrt{1+T^2\omega^2})\approx20\lg5-20\lg T\omega=20\lg\dfrac{5}{T}-20\lg\omega \tag{5.39}$$

即高频段渐近线为斜线段,斜率为 -20 dB/dec。

综上,该环节的对数幅频特性渐近线 $L(\omega)$ 由与 X 轴的距离为 14 dB、斜率为 0 dB/dec 的低频段渐近线和斜率为 -20 dB/dec 的高频段渐近线共同组成。

5. 转角频率

相邻两段渐近线交点处的频率为转角频率 ω_T,即斜率发生变化的频率。联立求解

式(5.38)和式(5.39),可得转角频率

$$\omega_{\mathrm{T}} = \frac{1}{T} \tag{5.40}$$

通常来说,转角频率是各环节时间常数的倒数,即各环节的无阻尼自然频率。渐进线的斜率在转角频率处会发生突变,因此在绘制伯德图之前要首先确定各个转角频率,并将其在横轴上标注出来。

6. 幅值穿越频率

渐近线 $L(\omega)$ 与横轴交点处的频率为幅值穿越频率 ω_{c}。联立求解高频段渐近线式(5.39)与横轴 $L(\omega)=0$,可得幅值穿越频率 $\omega_{\mathrm{c}} = \frac{5}{T}$。

7. 相位穿越频率

相频特性渐近线 $\varphi(\omega)$ 与 $-180°$ 线相交处的频率为相位穿越频率 ω_{g}

$$\varphi(\omega_{\mathrm{g}}) = -180° \tag{5.41}$$

下面给出各典型环节的伯德图。

1. 比例环节

比例环节的传递函数为 $G(s) = K$,频率特性为 $G(\mathrm{j}\omega) = K$,对数幅频特性和相频特性分别为

$$20\lg|G(\mathrm{j}\omega)| = 20\lg K$$
$$\varphi(\omega) = \angle G(\mathrm{j}\omega) = 0°$$

比例环节的对数幅频特性渐近线 $L(\omega)$ 与频率无关,是一条与横轴的距离为 $20\lg K$ dB 的水平线[图 5-15(a)]。其对数相频特性渐近线是与横轴重合的水平线[图 5-15(b)]。当 K 改变时,$L(\omega)$ 将沿着垂直方向上下移动,而 $\varphi(\omega)$ 则不会改变。

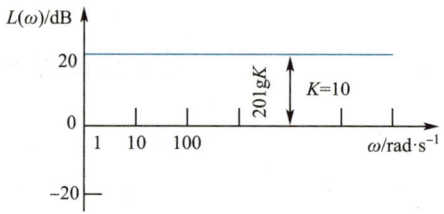

(a)对数幅频特性渐近线

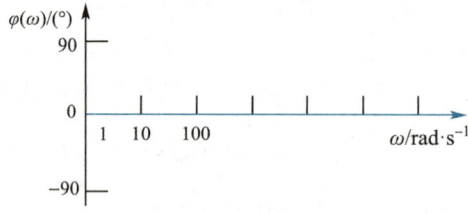

(b)对数相频特性渐近线

图 5-15 比例环节伯德图

2. 积分环节

积分环节的传递函数为 $G(s) = \frac{1}{s}$,频率特性为 $G(\mathrm{j}\omega) = \frac{1}{\mathrm{j}\omega} = -\mathrm{j}\frac{1}{\omega}$,对数幅频特性和

相频特性分别为

$$20\lg|G(\mathrm{j}\omega)|=20\lg\frac{1}{\omega}=-20\lg\omega$$

$$\varphi(\omega)=\angle G(\mathrm{j}\omega)=-90°$$

$\omega=0.1$ 时，$20\lg|G(\mathrm{j}\omega)|=-20\lg0.1=20$ dB，即点 $(0.1,20)$ 位于渐近线 $L(\omega)$ 上；$\omega=1$ 时，$20\lg|G(\mathrm{j}\omega)|=-20\lg1=0$ dB，即点 $(1,0)$ 位于渐近线 $L(\omega)$ 上，且 $\omega=1$ 是幅值穿越频率 ω_c；$\omega=10$ 时，$20\lg|G(\mathrm{j}\omega)|=-20\lg10=-20$ dB，即点 $(10,-20)$ 位于渐近线 $L(\omega)$ 上。由上述可知，当频率增加 10 倍时，渐近线 $L(\omega)$ 衰减 20 dB，即积分环节的渐近线 $L(\omega)$ 是斜率为 -20 dB/dec 的线段，且通过点 $(1,0)$[图 5-16(a)]。

积分环节的渐近线 $\varphi(\omega)$ 是过点 $(0,-90°)$ 且平行于横轴的水平线[图 5-16(b)]。

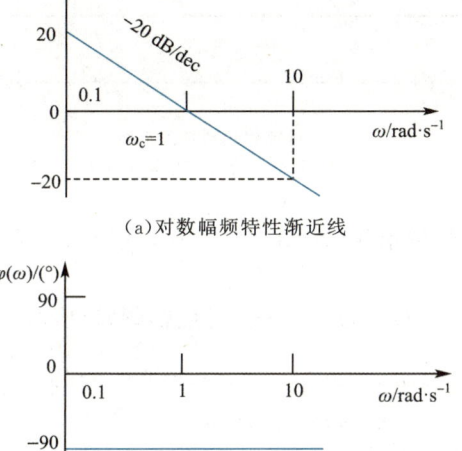

(a) 对数幅频特性渐近线

(b) 对数相频特性渐近线

图 5-16 积分环节伯德图

对于多个积分环节而言，例如 $G(s)=\dfrac{1}{s^\nu}$，频率特性为 $G(\mathrm{j}\omega)=\dfrac{1}{(\mathrm{j}\omega)^\nu}$，对数幅频特性和相频特性分别为

$$20\lg|G(\mathrm{j}\omega)|=20\lg\frac{1}{\omega^\nu}=-20\nu\lg\omega$$

$$\varphi(\omega)=\angle G(\mathrm{j}\omega)=-90°\nu$$

$\omega=0.1$ 时，$20\lg|G(\mathrm{j}\omega)|=-20\nu\lg0.1=20\nu$ dB，即点 $(0.1,20\nu)$ 在 $L(\omega)$ 上；$\omega=1$ 时，$20\lg|G(\mathrm{j}\omega)|=-20\nu\lg1=0$ dB，即点 $A(1,0)$ 在 $L(\omega)$ 上，且 $\omega=1$ 为幅值穿越频率 ω_c；$\omega=10$ 时，$20\lg|G(\mathrm{j}\omega)|=-20\nu\lg10=-20\nu$ dB，即点 $(10,-20\nu)$ 在 $L(\omega)$ 上。由上述可知，多个积分环节的对数幅频特性渐近线 $L(\omega)$ 是斜率为 -20ν dB/dec 的线段，且过点 $A(1,0)$。其对数相频特性渐近线 $\varphi(\omega)$ 是过点 $(0,-90°\nu)$ 且平行于横轴的水平线。例如，若 $\nu=2$，即 2 个积分环节的 $L(\omega)$ 是过点 $A(1,0)$ 且斜率为 -40 dB/dec 的斜线，$\varphi(\omega)$ 是过点 $(0,-180°)$ 且平行于横轴的水平线(图 5-17)。

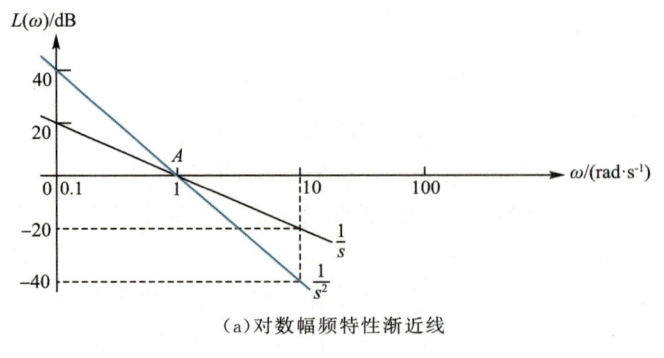

(a)对数幅频特性渐近线

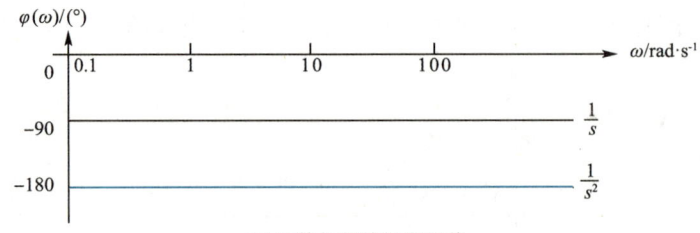

(b)对数相频特性渐近线

图 5-17 两个积分环节串联的伯德图

> **例 5.5** 某系统的传递函数为 $G(s)=\dfrac{10}{s^2}$,试绘制该系统的伯德图。

解:该系统的频率特性为 $G(j\omega)=\dfrac{10}{-\omega^2}$,对数幅频特性和相频特性分别为

$$L(\omega)=20\lg|G(j\omega)|=20-40\lg\omega$$

$$\varphi(\omega)=\angle G(j\omega)=-180°$$

渐近线 $L(\omega)$ 经过 3 个点,分别为 $A(0.1,60)$、$B(1,20)$、$C(10,-20)$,因此其斜率为 $-40\ \text{dB/dec}$[图 5-18(a)]。2 个积分环节和比例环节串联而成的渐近线 $\varphi(\omega)$ 是过点$(0,-180°)$且平行于横轴的水平线[图 5-18(b)]。

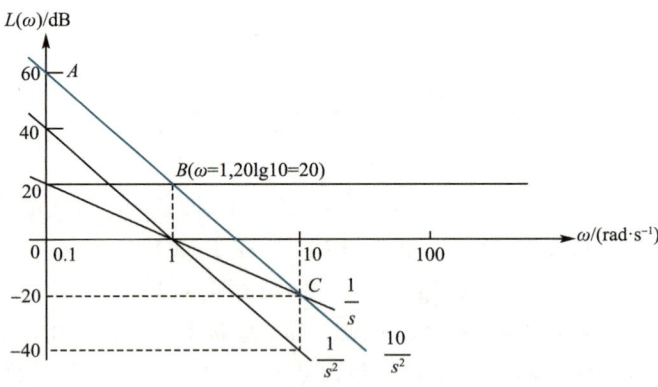

(a)对数幅频特性渐近线

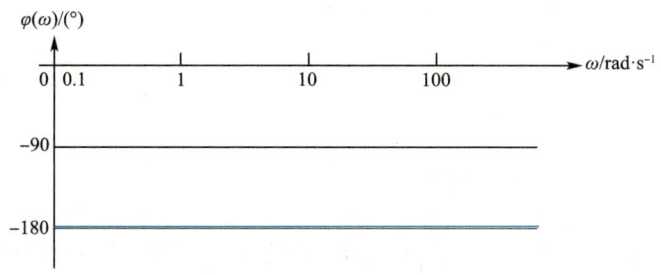

(b) 对数相频特性渐近线

图 5-18　两个积分环节和比例环节串联的伯德图

综上，由积分环节和比例环节构成的系统伯德图绘制要点如下：

(1) 对于单个积分环节 $1/s$ 而言，渐近线 $L(\omega)$ 的斜率为 -20 dB/dec，点 $(1,0)$ 位于渐近线 $L(\omega)$ 上：$\omega=1$ 时，$L(\omega)=-20\lg 1=0$。所以单个积分环节的 $L(\omega)$ 为过点 $(1,0)$ 且斜率为 -20 dB/dec 的斜线。

(2) 对于 ν 个积分环节 $1/s^\nu$ 而言，渐近线 $L(\omega)$ 的斜率为 -20ν dB/dec，点 $(1,0)$ 位于渐近线 $L(\omega)$ 上：$\omega=1$ 时，$L(\omega)=-20\nu\lg 1=0$。所以 ν 个积分环节的 $L(\omega)$ 为过点 $(1,0)$ 且斜率为 -20ν dB/dec 的斜线。

(3) 对于 ν 个积分环节和比例环节串联 K/s^ν 而言，渐近线 $L(\omega)$ 斜率为 -20ν dB/dec，点 $(1,20\lg K)$ 位于渐近线 $L(\omega)$ 上，即渐近线 $L(\omega)$ 是 $1/s^\nu$ 的渐近线沿着垂直于横轴的方向平移 $20\lg K$。

(4) K/s^ν 的渐近线 $\varphi(\omega)$ 是一条与横轴距离为 $-90°\nu$ 的水平线。

下面给出求渐近线上任意点 $L(\omega)$ 值的方法。设渐近线上两点分别为 $[\omega_1,L(\omega_1)]$ 和 $[\omega_2,L(\omega_2)]$，渐近线的斜率为 -20ν dB/dec，则根据两点式可知

$$-20\nu=\frac{L(\omega_1)-L(\omega_2)}{\lg\omega_1-\lg\omega_2} \tag{5.42}$$

若该渐近线的低频段由积分环节和比例环节组成（图 5-19），点 $A(1,20\lg K)$ 位于渐近线 $L(\omega)$ 上，直线 AB 的斜率为

$$-20\nu=\frac{20\lg K-L(\omega)}{\lg 1-\lg\omega}$$

化简为

$$20\lg\frac{K}{\omega^\nu}=L(\omega) \tag{5.43}$$

因此，若系统低频段由积分环节和比例环节组成，可根据式(5.43)求得低频段渐近线上任意点的 $L(\omega)$ 值。

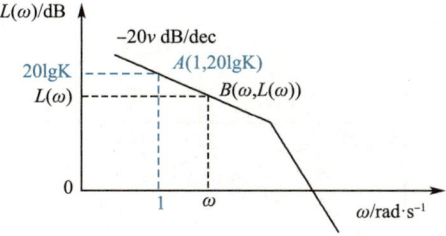

图 5-19　低频段对数幅频特性的两点式表示

3. 理想微分环节

理想微分环节的传递函数为 $G(s)=s$，频率特性为 $G(\mathrm{j}\omega)=\mathrm{j}\omega$，对数幅频特性和相频特性分别为

$$20\lg|G(\mathrm{j}\omega)|=20\lg\omega$$
$$\varphi(\omega)=\angle G(\mathrm{j}\omega)=90°$$

$\omega=0.1$ 和 1 时，对数幅频特性 $20\lg|G(\mathrm{j}\omega)|$ 分别为 -20 dB 和 0 dB；无论 ω 如何变化，其对数相频特性均为 $90°$。理想微分环节的对数幅频特性渐近线 $L(\omega)$ 为过点 $A(1,0)$ 且斜率为 20 dB/dec 的线段，对数相频特性渐近线 $\varphi(\omega)$ 为过点 $(0,90°)$ 且平行于横轴的水平线（图 5-20）。

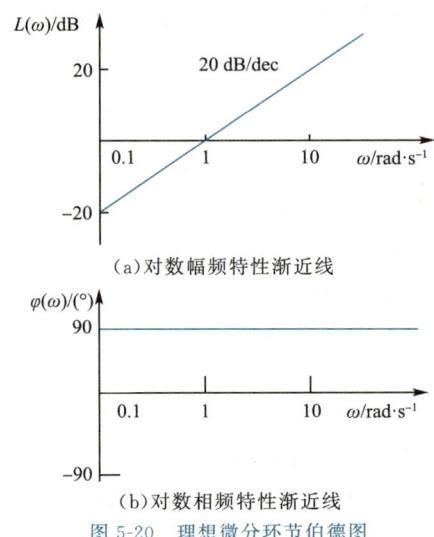

(a) 对数幅频特性渐近线

(b) 对数相频特性渐近线

图 5-20 理想微分环节伯德图

4. 惯性环节

惯性环节的传递函数为 $G(s)=\dfrac{1}{Ts+1}$，频率特性为

$$G(\mathrm{j}\omega)=\dfrac{1}{1+\omega^2T^2}-\dfrac{T\omega}{1+\omega^2T^2}\mathrm{j}$$

对数幅频特性和相频特性分别为

$$L(\omega)=20\lg|G(\mathrm{j}\omega)|=-20\lg\sqrt{1+T^2\omega^2}$$
$$\varphi(\omega)=\angle G(\mathrm{j}\omega)=-\arctan T\omega$$

惯性环节的对数相频特性渐近线 $\varphi(\omega)$ 可由描点法获得 [图 5-21(b)]。惯性环节的对数幅频特性渐近线 $L(\omega)$ 需要分段考虑。

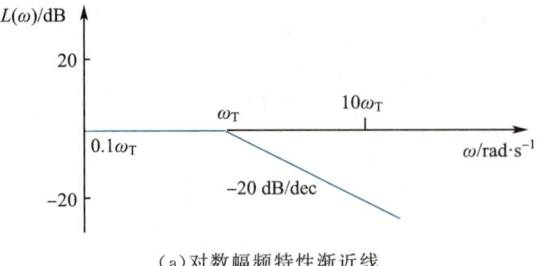

(a) 对数幅频特性渐近线

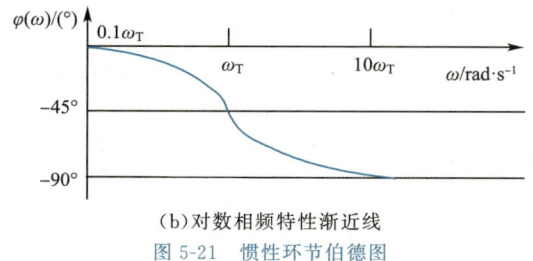

(b)对数相频特性渐近线

图 5-21 惯性环节伯德图

当 $\omega \ll 1/T$ 时,惯性环节的低频段对数幅频特性近似为

$$L(\omega)=-20\lg\sqrt{1+T^2\omega^2}\approx-20\lg 1\approx 0 \text{ dB}$$

上式表明,惯性环节的低频段对数幅频特性渐近线为一条与横轴重合的水平线,如图 5-21(a)中蓝色水平线所示。

当 $\omega \gg 1/T$ 时,惯性环节的高频段对数幅频特性近似为

$$L(\omega)=-20\lg\sqrt{1+T^2\omega^2}\approx-20\lg\omega T$$

上式表明,惯性环节的高频段对数幅频特性渐近线为一条斜率为 -20 dB/dec 的线段,如图 5-21(a)中蓝色斜线所示。

高低频段对应的两条渐近线交点即惯性环节的转角频率 ω_T,联立高低频段渐近线方程,解得转角频率为 $\omega_T=1/T$。高频段渐近线与横轴交点即幅值穿越频率 ω_c,联立高频段渐近线方程与 $L(\omega)=0$,解得幅值穿越频率 $\omega_c=1/T$。

惯性环节的对数幅频特性渐近线与准确曲线的误差主要发生在转角频率处(图 5-22)。当 $\omega=\omega_T$ 时,渐近线与准确曲线的误差为

$$\varepsilon=20\lg|G(\mathrm{j}\omega)||_{\omega=\omega_T}-0=20\lg|G(\mathrm{j}\omega_T)|-0=-20\lg\sqrt{1+T^2\frac{1}{T^2}}\approx-3$$

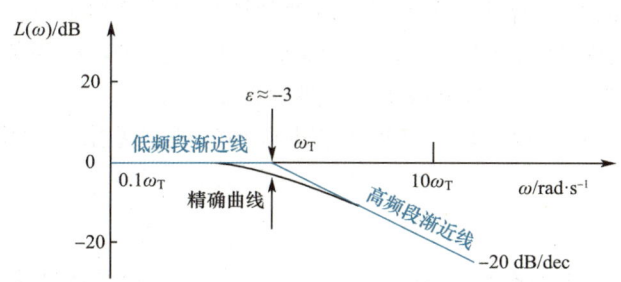

图 5-22 惯性环节对数幅频特性渐近线与精确曲线在转角频率处的误差

5. 一阶微分环节

一阶微分环节的传递函数为 $G(s)=Ts+1$,频率特性为 $G(\mathrm{j}\omega)=1+T\omega\mathrm{j}$,对数幅频特性和对数相频特性分别为

$$L(\omega)=20\lg|G(\mathrm{j}\omega)|=20\lg\sqrt{1+T^2\omega^2}$$
$$\varphi(\omega)=\angle G(\mathrm{j}\omega)=\arctan T\omega$$

与惯性环节相类似,一阶微分环节的对数相频特性渐近线 $\varphi(\omega)$ 可由描点法获得[图 5-23(b)],其对数幅频特性渐近线 $L(\omega)$ 需要分段考虑。

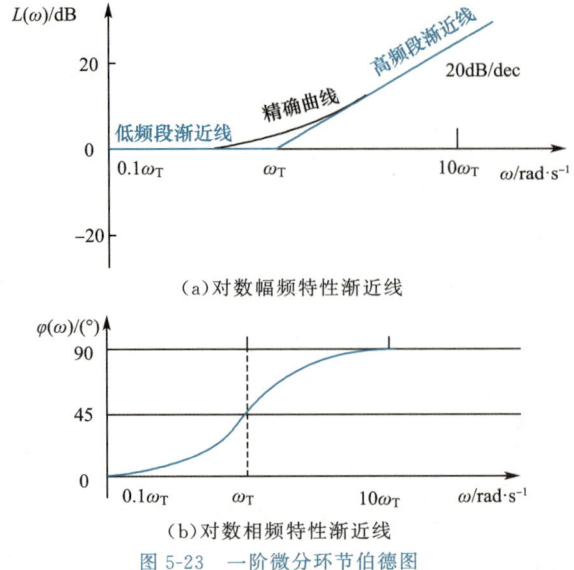

(a) 对数幅频特性渐近线

(b) 对数相频特性渐近线

图 5-23　一阶微分环节伯德图

当 $\omega \ll 1/T$ 时，一阶微分环节的低频段对数幅频特性近似为

$$L(\omega)=20\lg\sqrt{1+T^2\omega^2}\approx 20\lg 1\approx 0$$

上式表明，一阶微分环节的低频段对数幅频特性渐近线为一条与横轴重合的水平线，如图 5-23(a)中的蓝色水平线。

当 $\omega \gg 1/T$ 时，一阶微分环节的高频段对数幅频特性近似为

$$L(\omega)=20\lg\sqrt{1+T^2\omega^2}\approx 20\lg\omega T$$

上式表明，一阶微分环节的高频段对数幅频特性渐近线为一条斜率为 20 dB/dec 的线段如图 5-23(a)中的蓝色斜线。

高低频段对应的两条渐近线交点即一阶微分环节的转角频率 ω_T，联立高低频段渐近线方程，解得转角频率为 $\omega_T=1/T$。高频段渐近线与横轴交点即幅值穿越频率 ω_c，联立高频段渐近线方程与 $L(\omega)=0$，解得幅值穿越频率 $\omega_c=1/T$。

一阶微分环节的对数幅频特性渐近线与准确曲线的误差主要发生在转角频率处，其值大小为 3。

6. 二阶振荡环节

二阶振荡环节的传递函数为 $G(s)=\dfrac{1}{T^2s^2+2\zeta Ts+1}$，频率特性为

$$G(\mathrm{j}\omega)=\dfrac{1}{(\mathrm{j}T\omega)^2+\mathrm{j}2\zeta T\omega+1}=\dfrac{1}{\sqrt{[1-(T\omega)^2]^2+(2\zeta T\omega)^2}}\mathrm{e}^{\mathrm{j}\varphi(\omega)}$$

对数幅频特性为

$$L(\omega)=20\lg|G(\mathrm{j}\omega)|=-20\lg\sqrt{(1-T^2\omega^2)^2+(2\zeta T\omega)^2}$$

对数相频特性为

$$\varphi(\omega) = \begin{cases} -\arctan\dfrac{2\zeta T\omega}{1-(T\omega)^2} & \left(\omega \leqslant \dfrac{1}{T}\right) \\ -180° - \arctan\dfrac{2\zeta T\omega}{1-(T\omega)^2} & \left(\omega > \dfrac{1}{T}\right) \end{cases}$$

与前述几个典型环节不同的是，二阶振荡环节的 $L(\omega)$ 和 $\varphi(\omega)$ 为频率 ω 与阻尼比 ζ 的函数。二阶振荡系统的阻尼比 ζ 均小于 1，因此为获得幅频与相频特性渐近线，首先可忽略阻尼比 ζ，在修正渐近线以获得精确曲线时，重新考虑阻尼比 ζ。因此对数幅频特性可近似为

$$L(\omega) = -20\lg\sqrt{(1-T^2\omega^2)^2+(2\zeta T\omega)^2} \approx -20\lg\sqrt{(1-T^2\omega^2)^2}$$

当 $\omega \ll 1/T$ 时，二阶振荡环节的低频段对数幅频特性近似为：

$$L(\omega) = -20\lg\sqrt{(1-T^2\omega^2)^2} \approx -20\lg\sqrt{1} = 0$$

上式表明，二阶振荡环节的低频段对数幅频特性渐近线为一条与横轴重合的水平线，如图 5-24(a) 中的蓝色水平线。

当 $\omega \gg 1/T$ 时，二阶振荡环节的高频段对数幅频特性近似为

$$L(\omega) = -20\lg\sqrt{(1-T^2\omega^2)^2} \approx -20\lg(T\omega)^2 = -40\lg T\omega$$

上式表明，二阶振荡环节的高频段对数幅频特性渐近线为一条斜率为 -40 dB/dec 的线段，如图 5-24(a) 中的蓝色斜线。高、低频段相交处的转角频率也是幅值穿越频率，即 $\omega_T = \omega_C = 1/T$。

二阶振荡环节对数相频特性渐近线 $\varphi(\omega)$ 可由描点法获得[图 5-24(b)]。

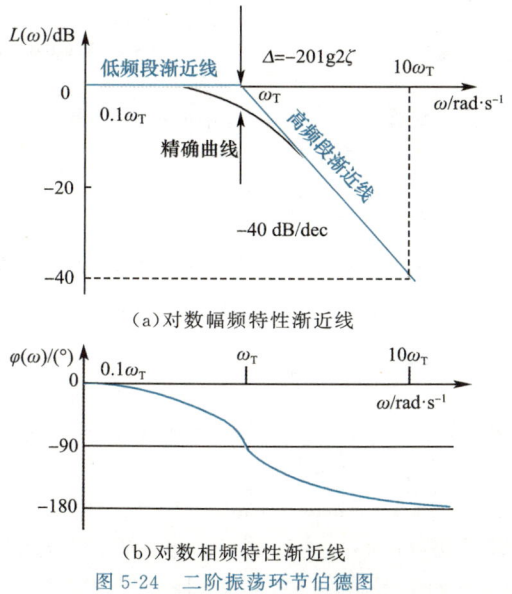

(a) 对数幅频特性渐近线

(b) 对数相频特性渐近线

图 5-24 二阶振荡环节伯德图

二阶振荡环节的对数幅频特性渐近线与准确曲线的误差主要发生在转角频率处[图 5-24(a)]。当 $\omega = \omega_T = 1/T$ 时，渐近线与准确曲线的误差为

$$\Delta = -20\lg\sqrt{(1-T^2\omega^2)^2+(2\zeta T\omega)^2} - 0 = -20\lg\sqrt{\left(1-T^2\dfrac{1}{T^2}\right)^2+\left(2\zeta T\dfrac{1}{T}\right)^2} = -20\lg 2\zeta$$

二阶振荡环节对数幅频特性精确曲线与阻尼比 ζ 的关系如图 5-25 所示，当 $\zeta<0.707$ 时，$L(\omega)$ 存在峰值，其幅频特性 $|G(j\omega)|$ 同时存在峰值，其幅频特性 $|G(j\omega)|$ 的峰值称为谐频峰值 M_r，对应的频率称为谐振频率 ω_r。幅频特性 $|G(j\omega)|$ 对频率 ω 求导并令其为 0，即

$$\frac{d|G(j\omega)|}{d\omega}=\frac{d}{d\omega}\left[\frac{1}{\sqrt{(1-T^2\omega^2)^2+(2\zeta T\omega)^2}}\right]=0$$

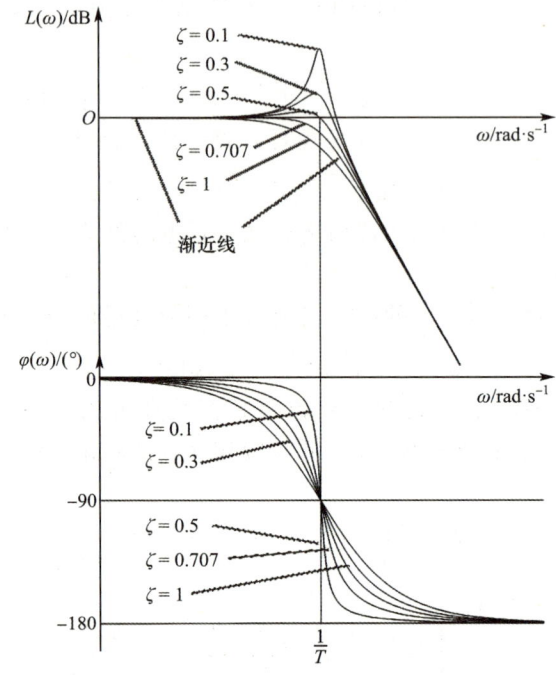

图 5-25　二阶振荡环节对数幅频特性精确曲线与阻尼比的关系

解得谐振频率为

$$\omega_r=\frac{1}{T}\sqrt{1-2\zeta^2}=\omega_n\sqrt{1-2\zeta^2}$$

上式表明，当 $(1-2\zeta^2)\geqslant 0$，即 $0<\zeta\leqslant 0.707$ 时，才会存在谐振频率 ω_r。令 $\omega=\omega_r$，可得谐振峰值为

$$M_r=|G(j\omega)|_{\max}=\frac{1}{\sqrt{[1-(T\omega)^2]^2+(2\zeta T\omega)^2}}\bigg|_{\omega=\omega_r}=\frac{1}{2\zeta\sqrt{1-\zeta^2}}$$

增益为 1 的二阶系统传递函数的无阻尼自然频率形式和时间常数形式为

$$G(s)=\frac{\omega_n^2}{s^2+2\zeta\omega_n s+\omega_n^2}=\frac{1}{T^2s^2+2\zeta Ts+1}$$

在理想的情况下，若满足 $|G(j\omega)|=1$、$\angle G(j\omega)=0°$，则系统完全跟随给定量，即

$$\begin{cases}|G(j\omega)|=\dfrac{1}{\sqrt{[1-(T\omega)^2]^2+(2\zeta T\omega)^2}}=1\\ \angle G(j\omega)=-\arctan\dfrac{2\zeta T\omega}{1-(T\omega)^2}=0°\end{cases}$$

化简为

$$\begin{cases} 1-2(T\omega)^2+(T\omega)^4+(2\zeta T\omega)^2=1 \\ \omega\to 0 \end{cases}$$

在 $\omega\ll 1/T$ 的低频段,$(T\omega)^4\to 0$,因此由上式解得 $\zeta\approx 0.707$。阻尼比 $\zeta\approx 0.707$ 为系统不出现谐振时响应最快的阻尼比,因此,把 $\zeta\approx 0.707$ 定义为二阶系统的最佳阻尼比。

7. 二阶微分环节

二阶微分环节的传递函数为 $G(s)=T^2s^2+2\zeta Ts+1$,频率特性为 $G(j\omega)=T^2(j\omega)^2+2\zeta(j\omega)+1$,对数幅频特性和对数相频特性分别为

$$L(\omega)=20\lg\sqrt{(1-T^2\omega^2)^2+(2\zeta T\omega)^2}$$

$$\varphi(\omega)=\arctan\frac{2\zeta T\omega}{1-T^2\omega^2}$$

二阶微分环节与二阶振荡环节的对数幅频特性渐近线 $L(\omega)$ 和对数相频特性渐近线均呈映射关系(图 5-26)。

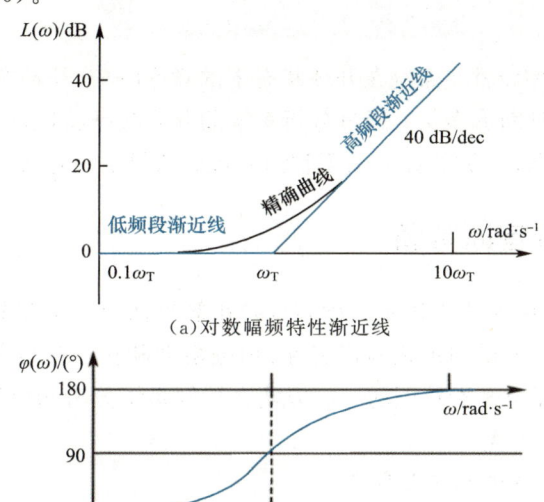

图 5-26 二阶微分环节伯德图

图 5-27 给出了 7 种典型环节的伯德图,从中可知这些环节之间的映射关系,例如,渐近线①和渐近线②是理想微分环节和积分环节,渐近线③和渐近线⑥是二阶微分环节和二阶振荡环节,渐近线④和渐近线⑤是一阶微分环节和惯性环节,上述 3 组环节均为两两映射。⑦是比例环节,图中比例系数为 10。

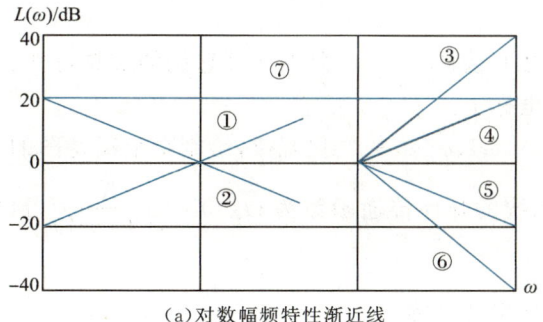

(a)对数幅频特性渐近线

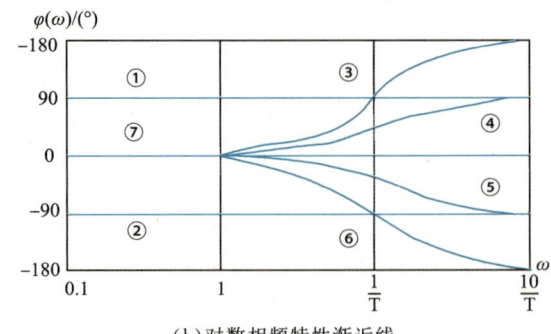

(b) 对数相频特性渐近线

图 5-27 7 种典型环节的伯德图及其映射关系

5.3 开环频率特性的图形表达

控制系统的开环频率特性是系统在开环状态下的频率响应,开环奈奎斯特图与开环伯德图为开环频率特性的两种图形表达。通过分析系统的开环频率特性,或者说通过绘制系统的开环奈奎斯特图和伯德图,可获得系统的闭环特性,进而获得系统的动态性能和稳态性能。

5.3.1 开环奈奎斯特图

开环奈奎斯特图是系统开环频率特性 $G(j\omega)$ 在复平面上的矢量轨迹,通过对绘制的开环奈奎斯特图进行分析,可得到系统的稳定性、相位裕度和幅度裕度等重要特性,并进行系统校正。因此,掌握开环奈奎斯特图的绘制方法在控制系统分析和设计中具有重要的作用。

1. 绘制开环奈奎斯特图的一般方法

绘制开环奈奎斯特图的基本步骤为

(1) 将系统开环传递函数写成若干典型环节的串联形式,即

$$G(s)=G_1(s)G_2(s)\cdots G_n(s) \tag{5.44}$$

(2) 由传递函数获得系统的频率特性,并表示为幅频和相频特性的形式,即

$$\begin{aligned}G(j\omega)&=A(\omega)e^{j\varphi(\omega)}=A_1(\omega)e^{j\varphi_1(\omega)} \cdot A_2(\omega)e^{j\varphi_2(\omega)} \cdot \cdots \cdot A_n(\omega)e^{j\varphi_n(\omega)}\\&=A_1(\omega) \cdot A_2(\omega) \cdot \cdots \cdot A_n(\omega)e^{j[\varphi_1(\omega)+\varphi_2(\omega)+\cdots+\varphi_n(\omega)]}\end{aligned} \tag{5.45}$$

(3) 分别求出起点($\omega=0$)和终点($\omega\to\infty$)的实频特性、虚频特性、幅频特性和相频特性,并表示于极坐标上。

(4) 在起点和终点之间选择若干点,分别计算它们的实频特性、虚频特性、幅频特性和相频特性,并表示于极坐标上。

(5) 根据已知点和 $A(\omega)$、$\varphi(\omega)$ 的变化规律,绘制奈奎斯特图的大致形状。

▶ **例 5.6** 某系统的开环传递函数为 $G(s)=\dfrac{K}{s(Ts+1)}$,试绘制该系统的开环奈奎斯特图。

解: 该系统的开环频率特性为

$$G(j\omega) = \frac{K}{j\omega(j\omega T+1)} = K \cdot \frac{1}{j\omega} \cdot \frac{1}{j\omega T+1}$$

幅频特性、相频特性、实频特性和虚频特性分别为

$$\begin{cases} |G(j\omega)| = \dfrac{K}{\omega\sqrt{1+(\omega T)^2}} \\ \angle G(j\omega) = -90° - \arctan T\omega \end{cases} \qquad \begin{cases} \mathrm{Re}(\omega) = \dfrac{-KT}{1+(\omega T)^2} \\ \mathrm{Im}(\omega) = \dfrac{-K}{\omega[1+(\omega T)^2]} \end{cases}$$

因此开环奈奎斯特图的起点和终点分别为

$$\begin{cases} \lim\limits_{\omega \to 0}\mathrm{Re}(\omega) = \lim\limits_{\omega \to 0}\dfrac{-KT}{1+(T\omega)^2} = -KT \\ \lim\limits_{\omega \to 0}\mathrm{Im}(\omega) = \lim\limits_{\omega \to 0}\dfrac{-K}{\omega[1+(T\omega)^2]} = -\infty \end{cases}$$

$$\begin{cases} \lim\limits_{\omega \to 0}|G(j\omega)| = \infty \\ \lim\limits_{\omega \to 0}\angle G(j\omega) = -90° \end{cases}$$

$$\begin{cases} \lim\limits_{\omega \to \infty}\mathrm{Re}(\omega) = \lim\limits_{\omega \to \infty}\dfrac{-KT}{1+(T\omega)^2} = 0 \\ \lim\limits_{\omega \to \infty}\mathrm{Im}(\omega) = \lim\limits_{\omega \to \infty}\dfrac{-K}{\omega[1+(T\omega)^2]} = 0 \end{cases}$$

$$\begin{cases} \lim\limits_{\omega \to \infty}|G(j\omega)| = 0 \\ \lim\limits_{\omega \to \infty}\angle G(j\omega) = -180° \end{cases}$$

由于该系统的开环为含有 1 个积分环节的二阶形式,因此其频率特性的奈奎斯特图在低频段将沿渐近线趋于无穷远处,该渐近线为过点$(-KT, 0j)$且平行于虚轴的直线(图 5-28)。

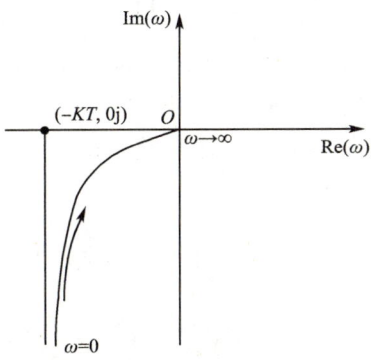

图 5-28　例 5.6 的奈奎斯特图

2. 开环奈奎斯特图的一般形状

线性定常系统的开环频率特性为

$$G(j\omega) = \frac{K(1+j\tau_1\omega)(1+j\tau_2\omega)\cdots(1+j\tau_m\omega)}{(j\omega)^v(1+j\tau_1\omega)(1+j\tau_2\omega)\cdots(1+j\tau_{n-v}\omega)} \quad (n>m) \tag{5.46}$$

其幅频特性和相频特性曲线的一般形式与系统类型,即开环传递函数积分环节个数有关:

(1) 0 型系统($v=0$)

$\omega=0$ 时,$|G(j\omega)|=K$,$\angle G(j\omega)=0°$,奈奎斯特图始于正实轴且起点处奈奎斯特图的切线和正实轴垂直。

$\omega\to\infty$ 时,$|G(j\omega)|=0$,$\angle G(j\omega)=-(n-m)\times 90°$,奈奎斯特图终于原点。

(2) Ⅰ 型系统($v=1$)

$\omega=0$ 时,$|G(j\omega)|=\infty$,$\angle G(j\omega)=-90°$,低频段奈奎斯特图为与负虚轴平行的直线。

$\omega\to\infty$ 时,$|G(j\omega)|=0$,$\angle G(j\omega)=-(n-m)\times 90°$,奈奎斯特图终于原点。

(3) Ⅱ 型系统($v=2$)

$\omega=0$ 时,$|G(j\omega)|=\infty$,$\angle G(j\omega)=-180°$,低频段奈奎斯特图始于负实轴。

$\omega\to\infty$ 时,$|G(j\omega)|=0$,$\angle G(j\omega)=-(n-m)\times 90°$,奈奎斯特图终于原点。

(4) 当 $G(s)$ 有振荡环节时,上述结论不变。

(5) 当 $G(s)$ 有一阶微分环节时,相位非单调下降,奈奎斯特图发生弯曲。

5.3.2 开环伯德图

开环伯德图是控制系统分析和设计的常用工具之一,通过开环伯德图可知系统的组成环节以及各环节对系统动态性能的影响。

1. 绘制开环伯德图的一般方法

系统的开环形式通常是由各种典型环节串联而成的,因此借助典型环节伯德图,可得系统的开环伯德图。某线性定常系统的开环传递函数为

$$G(s)H(s)=\frac{K\prod_{i=1}^{m}(\tau_i s+1)\prod_{l=1}^{n}(\tau_l^2 s^2+2\zeta_l\tau_l s+1)}{s^v\prod_{j=1}^{p}(T_j s+1)\prod_{k=1}^{q}(T_k^2 s^2+2\zeta_k T_k s+1)} \tag{5.47}$$

式(5.47)中,v 为积分环节的个数,p 为惯性环节的个数,q 为二阶振荡环节的个数,m 为一阶微分环节的个数,n 为二阶微分环节的个数。

因此,由式(5.47)可知,系统的开环传递函数是由一系列的典型环节串联而成的,其对数幅频特性为

$$L(\omega)=20\lg K-v20\lg\omega-\sum_{j=1}^{p}20\lg\sqrt{1+T_j^2\omega^2}-\sum_{k=1}^{q}20\lg\sqrt{(1-T_k^2\omega^2)^2+(2\zeta_k T_k\omega)^2}$$
$$+\sum_{i=1}^{m}20\lg\sqrt{1+\tau_i^2\omega^2}+\sum_{l=1}^{n}20\lg\sqrt{(1-\tau_l^2\omega^2)^2+(2\zeta_l\tau_l\omega)^2} \tag{5.48}$$

对数相频特性为

$$\varphi(\omega)=-v\frac{\pi}{2}-\sum_{j=1}^{p}\arctan T_j\omega-\sum_{k=1}^{q}\arctan\frac{2\zeta_k T_k\omega}{1-T_k^2\omega^2}+$$
$$\sum_{i=1}^{m}\arctan\tau_i\omega+\sum_{l=1}^{n}\arctan\frac{2\zeta_l\tau_l\omega}{1-\tau_l^2\omega^2} \tag{5.49}$$

绘制系统开环伯德图的主要步骤如下：

(1) 将系统的开环传递函数转换为时间常数形式，如式(5.47)所示。
(2) 绘制半对数坐标系，尤其要注意选择合适的 X 轴刻度。
(3) 将各典型环节的转角频率 ω_T，按照由小到大的顺序标注在 X 轴上。
(4) 由开环增益 K 求 $20\lg K$，开环增益 K 即低频段的比例环节。
(5) 低频段渐近线：由比例环节和积分环节组成。

①若低频段只有比例环节 K，则绘制与 X 轴垂直距离为 $20\lg K$ 的水平线。
②若低频段只有积分环节，则绘制斜率为 $-20v$ dB/dec 且过点 $(1,0)$ 的斜线，其中，v 为积分环节个数。
③若低频段既有比例环节、又有积分环节，则绘制斜率为 $-20v$ dB/dec 且过点 $(1, 20\lg K)$ 的斜线，其中，K 为开环增益，v 为积分环节个数。

高频段渐近线：渐近线在每个典型环节的转角频率 ω_T 处发生转折，即渐近线的斜率在每个转角频率处发生变化。

①惯性环节：渐近线的斜率在其转角频率处改变 $-20p$ dB/dec。
②二阶振荡环节：渐近线的斜率在其转角频率处改变 $-40q$ dB/dec。
③一阶微分环节：渐近线的斜率在其转角频率处改变 $20m$ dB/dec。
④二阶微分环节：渐近线的斜率在其转角频率处改变为 $40n$ dB/dec。

(6) 为得到精确的 $L(\omega)$ 曲线，可对渐近线进行补偿与修正。
(7) 对于渐近线 $\varphi(\omega)$ 而言，可分别绘制每个环节的对数相频特性渐近线，并在相同频率处(尤其是转角频率处)进行叠加，以得到最终的渐近线 $\varphi(\omega)$。

例 5.7 某系统的开环传递函数为 $G(s) = \dfrac{10(s+3)}{s(s+2)(s^2+s+2)}$，试绘制其开环伯德图。

解：该系统开环传递函数的时间常数形式为

$$G(s) = \frac{7.5\left(\dfrac{s}{3}+1\right)}{s\left(\dfrac{1}{2}s+1\right)\left[\left(\dfrac{s}{\sqrt{2}}\right)^2+\dfrac{s}{2}+1\right]}$$

令 $s = j\omega$，得频率特性为

$$G(j\omega) = \frac{7.5\left(\dfrac{j\omega}{3}+1\right)}{(j\omega)\left(\dfrac{j\omega}{2}+1\right)\left[\left(\dfrac{j\omega}{\sqrt{2}}\right)^2+\dfrac{j\omega}{2}+1\right]}$$

由上式可知，该系统的开环增益即比例环节 K 为 7.5，即 $20\lg K = 17.5$ dB。低频段由比例环节和 1 个积分环节组成，因此低频段为过点 $(1, 20\lg K)$、斜率为 -20 dB/dec 的斜线。各中、高频段典型环节的转角频率由小到大分别为 1.414(二阶振荡环节)、2(惯性环节)和 3(一阶微分环节)。因此考虑各典型环节的斜率叠加(包括低频段的积分环节)，其余 3 段的斜率分别为 -60 dB/dec(积分环节为 -20 dB/dec，二阶振荡环节为 -40 dB/dec)、-80 dB/dec(前述环节为 -60 dB/dec，惯性环节为 -20 dB/dec)、-60 dB/dec(前述环节为 -80 dB/dec，一阶微分环节为 20 dB/dec)。

除要确定 $20\lg K$、各转角频率及各段斜率外,还应计算各典型环节的渐近线与转角频率所在垂线(包括 Y 轴)的交点坐标,这主要是因为各典型环节在转角频率处发生转折,进入下一典型环节。以图 5-29(a)所示的点 B 为例,根据式(5.43),低频段与紧随其后的二阶振荡环节的转角频率 1.414 所在垂线的交点 B 的纵坐标为

$$L(\omega)=20\lg\frac{K}{\omega^v}=20\lg\frac{7.5}{1.414}=14.5(\mathrm{dB})$$

同理可得其他点的纵坐标,如点 D、E、F 的坐标。需要注意的是,对于低频段渐近线(比例环节和积分环节)而言,可使用式(5.43)求交点坐标,如点 A、B、C。而对于高频段渐近线上的转折点,如点 D、E、F,需使用式(5.42)。

坐标轴尺度的选择也是绘制伯德图的关键。由于 3 个转角频率相差不大,因此在确定 X 轴刻度时,可将 10 倍频程的尺度适当放大,以免各环节过于紧凑。综上,该系统的开环对数幅频特性渐近线 $L(\omega)$ 如图 5-29(a)所示,其中①为积分和比例环节,②为二阶振荡环节,③为惯性环节,④为一阶微分环节。

图 5-29(b)的虚线为由 MATLAB 生成的精确对数幅频特性曲线,实线为由 MATLAB 生成的渐近线[等同于图 5-29(a)中的渐近线],由图可见,精确曲线和渐近线之间的差异不大,且关键要素,如斜率、转角频率等均一致。

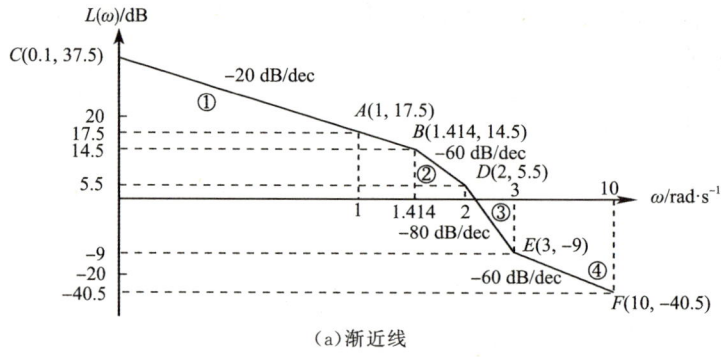

(a)渐近线

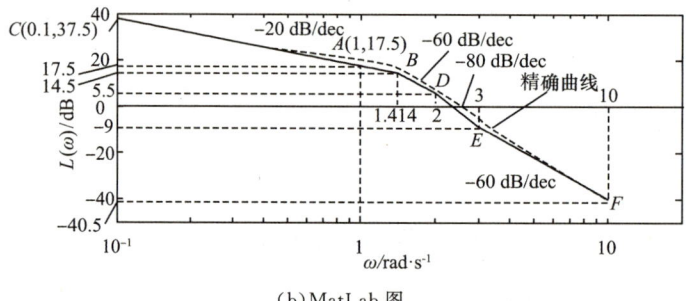

(b)MatLab 图

图 5-29 例 5.7 的对数幅频特性图

由该系统的开环频率特性可得其相频特性为

$$\varphi(\omega)=-90°-\arctan\frac{\omega}{2}-\arctan\frac{\omega}{2-\omega^2}+\arctan\frac{\omega}{3}$$

为绘制对数相频特性渐近线,可分别绘制各典型环节的对数相频特性渐近线,然后将它们在相同频率处叠加,得到系统的对数相频特性渐近线。$\varphi_1(\omega)$、$\varphi_2(\omega)$、$\varphi_3(\omega)$、$\varphi_4(\omega)$、

$\varphi_5(\omega)$ 分别为比例环节、积分环节、二阶振荡环节、惯性环节和一阶微分环节的对数相频特性渐近线，$\varphi(\omega)$ 则是它们叠加后整个系统的开环相频特性渐近线(图 5-30)。

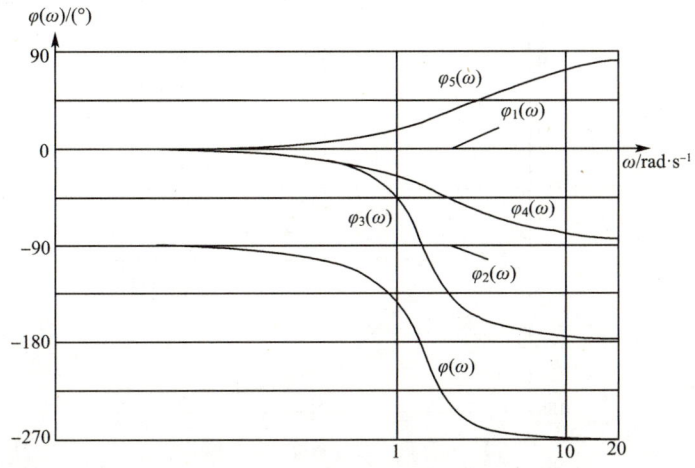

图 5-30　例 5.6 的对数相频特性渐近线

2. 最小相位系统

开环传递函数的零点、极点均位于 s 平面左侧(包括虚轴)的系统称为最小相位系统。设某两个系统的开环传递函数如下

$$G_1(s) = \frac{10(0.2s+1)}{0.1s+1} \qquad G_2(s) = \frac{10(0.2s-1)}{0.1s+1}$$

将 $s = j\omega$ 分别代入上述 2 个开环传递函数中，并求其幅频特性和相频特性

$$\begin{cases} |G_1(j\omega)| = \dfrac{10\sqrt{1+(0.2\omega)^2}}{\sqrt{1+(0.2\omega)^2}} \\ \varphi_1(\omega) = \arctan(0.2\omega) - \arctan(0.1\omega) \end{cases} \quad \begin{cases} |G_2(j\omega)| = \dfrac{10\sqrt{1+(0.2\omega)^2}}{\sqrt{1+(0.2\omega)^2}} \\ \varphi_2(\omega) = -\arctan(0.2\omega) - \arctan(0.1\omega) \end{cases}$$

由上式可知，$|G_1(j\omega)| = |G_2(j\omega)|$，$|\varphi_1(\omega)| < |\varphi_2(\omega)|$，即这两个系统的幅频特性相同，而相频特性不同，第 2 个系统(有右零点)的相频变化区间大于第 1 个系统(无右零点、极点)的相频变化区间(图 5-31)。类似第 2 个系统这种有位于 s 平面右侧的开环零点或极点的系统被称为非最小相位系统。

某最小相位系统传递函数如下

$$G(s) = \frac{K \prod\limits_{k=1}^{p}(T_k s+1)\prod\limits_{l=1}^{q}(T_l^2 s^2+2\zeta_l T_l s+1)}{s^v \prod\limits_{i=1}^{g}(T_i s+1)\prod\limits_{j=1}^{h}(T_j^2 s^2+2\zeta_j T_j s+1)} \tag{5.50}$$

式(5.50)中，$p+2q=m$，$v+g+2h=n$，$n \geq m$。对于该最小相位系统而言，当频率 ω 趋于无穷大(高频段)时，该系统的对数幅频特性渐近线 $L(\omega)$ 的斜率为 $-20(n-m)$ dB/dec，其对数相频特性渐近线为 $\varphi(\infty) = -90°(n-m)$。由此可见，最小相位系统的 $L(\omega)$ 与 $\varphi(\omega)$ 有着相同的变化趋势。换句话说，当对数幅频特性渐近线的斜率发生增减，其对数相频特性渐近线也具有相同的增减趋势。因此，若某系统为最小相位系统，则仅基于 $L(\omega)$ 即可确定该系统的开环传递函数。

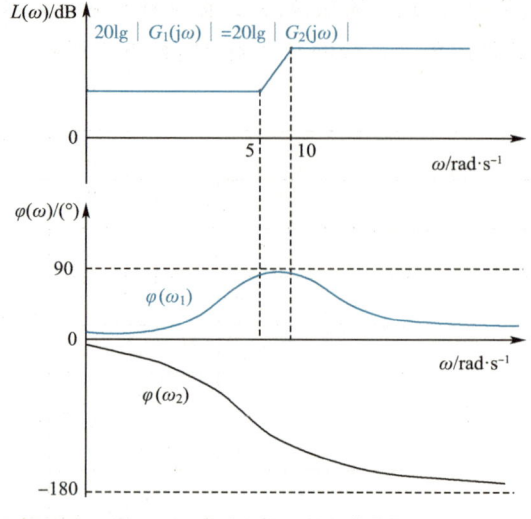

图 5-31 最小相位系统的伯德图

例 5.8 已知某最小相位系统的对数幅频特性渐近线如图 5-32 所示,试求其传递函数。

解:该最小相位系统由 1 个比例环节①、2 个惯性环节②和③、1 个一阶微分环节④组成,设其开环传递函数为

$$G(s)=\frac{K(T_3s+1)}{(T_1s+1)(T_2s+1)}$$

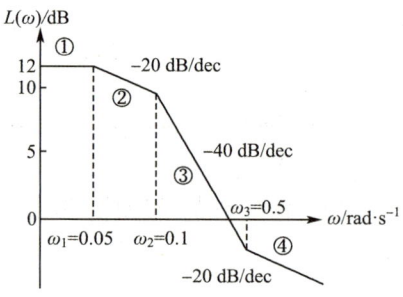

图 5-32 例 5.8 所示最小相位系统

对于比例环节①而言,由于 $20\lg K=12$,所以 $K=4$。根据各典型环节的时间常数均为转角频率的倒数可知其时间常数分别为惯性环节② $T_1=1/0.05=20$、惯性环节③ $T_2=1/0.1=10$、一阶微分环节④ $T_3=1/0.5=2$。因此该最小相位系统的开环传递函数为

$$G(s)=\frac{4(2s+1)}{(20s+1)(10s+1)}$$

5.4 几何稳定判据

判断闭环系统稳定性的方法主要有代数稳定判据和几何稳定判据。代数稳定判据主

要指特征根法,但对于较难通过微分方程建模的系统而言,无法通过特征方程和特征根判断闭环系统稳定性。相对于依赖公式的代数稳定判据,几何稳定判据属于图解判据,主要是基于开环奈奎斯特图或开环伯德图判断系统的闭环稳定性。

5.4.1 奈奎斯特稳定判据

奈奎斯特稳定判据主要是通过开环频率特性 $G(j\omega)H(j\omega)$ 判断系统的闭环稳定性,阐述如下:

在开环奈奎斯特图中,或对于开环频率特性 $G(j\omega)H(j\omega)$ 而言,当 ω 从 $-\infty$ 变化至 $+\infty$ 时,闭合的奈奎斯特图(连同坐标轴)逆时针方向绕点 $(-1,0j)$ 的圈数为 N,该系统位于 s 平面右侧(包括虚轴)的开环极点数为 P。若 $N=P$,则闭环系统是稳定的。由于奈奎斯特图是对称的,若当 ω 从 $-\infty$ 变化至 0 或从 0 变化至 ∞ 时,$2N=P$,则闭环系统也是稳定的。N 有正负之分,若闭环奈奎斯特曲线逆时针包围点 $(-1,0j)$,N 为正,顺时针包围的话,N 为负。

> **例 5.9** 某系统的开环奈奎斯特图如图 5-33 所示,其开环传递函数为

$$G(s)H(s)=\frac{15s^2+9s+1}{(s-1)(2s-1)(3s+1)}$$

试根据奈奎斯特稳定判据判断该系统的闭环稳定性。

解:由该系统的开环传递函数可知,该系统在 s 平面的右侧有 2 个开环极点,即 $P=2$。当 ω 从 $-\infty$ 变化至 ∞ 时,闭环奈奎斯特曲线以逆时针方向围绕点 $(-1,0j)$ 的圈数为 2,即 $N=2$。综上,$N=P$,所以该闭环系统是稳定的。

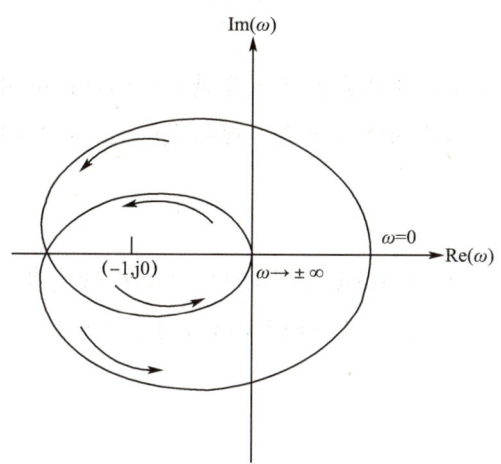

图 5-33 例 5.9 的奈奎斯特图

> **例 5.10** 试判断如图 5-34 所示各系统的闭环稳定性,P 为各系统的开环不稳定特征根的数量。

解:(a)$N=0$,$P=0$,$P=2N$,因此闭环系统稳定。(b)$P=0$,且当从 0 变化至 ∞ 时,$N=-1$。考虑奈奎斯特曲线的对称性,所以当 ω 从 $-\infty$ 变化至 ∞ 时,$P \neq 2N$,因此闭环系统不稳定。(c)$N=0$,$P=0$,$P=2N$,因此闭环系统稳定。(d)$P=2$,且当 ω 从 0 变化

至∞时，$N=1$。考虑奈奎斯特曲线的对称性，所以当 ω 从 $-\infty$ 变化至 ∞ 时，$P=2N$，因此闭环系统稳定。

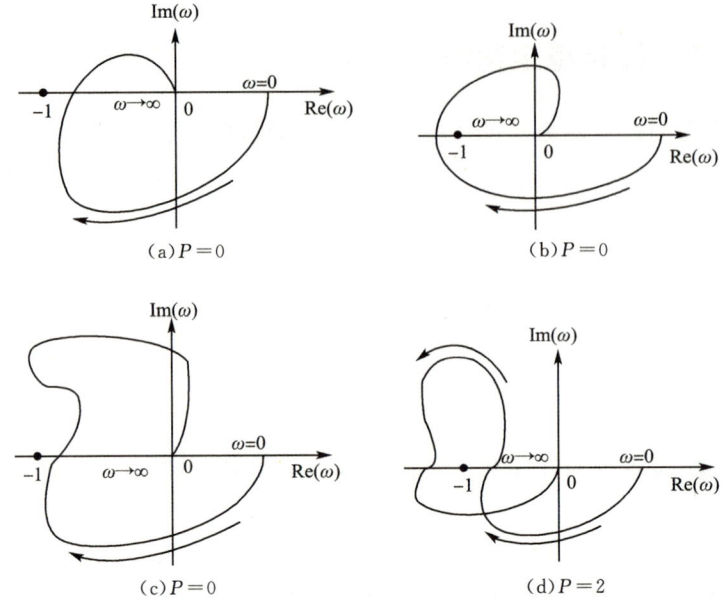

图 5-34 例 5.10 的奈奎斯特图

上述例子均为奈奎斯特曲线包围点 $(-1,0j)$ 的情况，在实际应用中，由于奈奎斯特曲线的复杂性，也可使用"穿越"这一概念进行判断。

(1) 1 次穿越

1 次正穿越 N_+：奈奎斯特曲线自上而下穿越点 $(-1,0j)$ 左侧实轴 1 次 [图 5-35(a)]。

1 次负穿越 N_-：奈奎斯特曲线自下而上穿越点 $(-1,0j)$ 左侧实轴 1 次 [图 5-35(b)]。

$N = N_+ - N_-$。

(2) 半次穿越

半次正穿越 $N_{1/2}=1/2$：奈奎斯特曲线起于点 $(-1,0j)$ 左侧实轴，且自上而下 [图 5-35(c)]。

半次负穿越 $N_{-1/2}=-1/2$：奈奎斯特曲线止于点 $(-1,0j)$ 左侧实轴，且自下而上 [图 5-35(d)]。

$N = 2N_{1/2} - 2N_{-1/2}$。

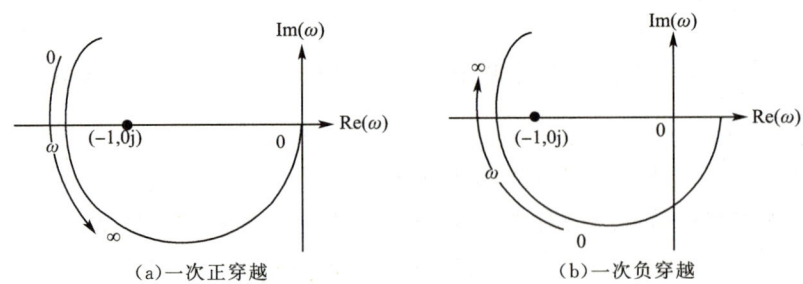

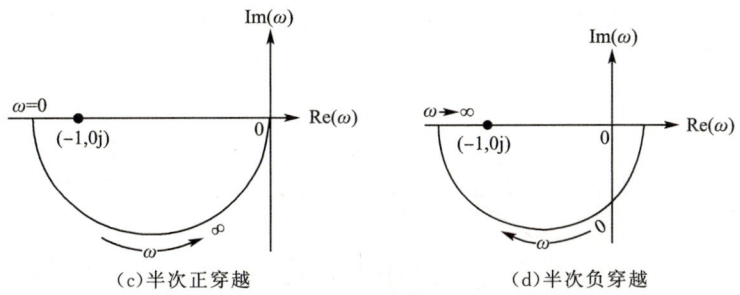

(c) 半次正穿越　　　　　　(d) 半次负穿越

图 5-35　奈奎斯特曲线的穿越

例 5.11　某单位负反馈系统的开环传递函数为 $G(s)=\dfrac{K}{Ts-1}$，当 $K>1$ 或 $0<K<1$ 时，试基于奈奎斯特稳定判据判断该闭环系统的稳定性。

解：由题可知，该系统存在 1 个右侧开环极点，因此 $P=1$。该系统的频率特性为

$$G(j\omega)=\dfrac{K}{\omega T j-1}=-\dfrac{K}{\omega^2 T^2+1}-\dfrac{K T\omega}{\omega^2 T^2+1}j$$

实频特性、虚频特性、幅频特性和相频特性分别为

$$\begin{cases}\mathrm{Re}(\omega)=-\dfrac{K}{\omega^2 T^2+1}\\ \mathrm{Im}(\omega)=-\dfrac{KT\omega}{\omega^2 T^2+1}\end{cases}\quad\begin{cases}|G(j\omega)|=\dfrac{K}{\sqrt{T^2\omega^2+1}}\\ \angle G(j\omega)=\arctan T\omega\end{cases}$$

当 $\omega=0$ 时，$|G(j\omega)|=K$，$\angle G(j\omega)=-180°$，$\mathrm{Re}(\omega)=-K$，$\mathrm{Im}(\omega)=0$；当 $\omega\to\infty$ 时，$|G(j\omega)|=0$，$\angle G(j\omega)=-90°$，$\mathrm{Re}(\omega)=0$，$\mathrm{Im}(\omega)=0$。

设实频特性和虚频特性分别为变量 U 和 V，即 $U=-\dfrac{K}{\omega^2 T^2+1}$、$V=-\dfrac{KT\omega}{\omega^2 T^2+1}$，可得

$$\left(U+\dfrac{K}{2}\right)^2+V^2=\left(\dfrac{K}{2}\right)^2$$

，此为圆方程（图 5-36）。

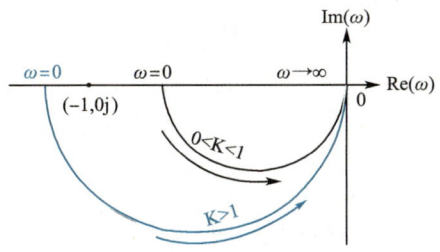

图 5-36　例 5.11 的奈奎斯特曲线

当 $K>1$ 时，开环奈奎斯特曲线对点 $(-1,0j)$ 存在半个正穿越，即 $N_{+1/2}=1/2$，所以 $2N=1$，即 $2N=P$，即闭环系统稳定。当 $0<K<1$ 时，开环奈奎斯特曲线对点 $(-1,0j)$ 不存在穿越，所以 $N=0$，即闭环系统不稳定。

由于最小相位系统没有位于 s 平面右侧的开环极点，即 P 总是等于 0（也可理解为开环稳定），因此对于最小相位系统来说，其闭环稳定的充要条件为 $N=0$（图 5-37 中蓝色实曲线），即最小相位系统闭环稳定的充要条件是其开环奈奎斯特曲线不包围点 $(-1,0j)$。若最小相位系统的开环奈奎斯特图穿过点 $(-1,0j)$（图 5-37 中黑色实曲线），则表明该最

小相位系统的闭环处于临界状态。若最小相位系统的开环奈奎斯特图包围点$(-1,0j)$（图 5-37 中蓝色虚线），则表明该最小相位系统闭环不稳定。

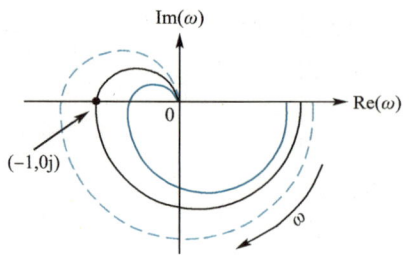

图 5-37 最小相位系统的开环奈奎斯特图

5.4.2 伯德稳定判据

伯德稳定判据又称对数稳定判据，通过开环伯德图判断闭环系统的稳定性，可由伯德图与奈奎斯特曲线的对应关系获得伯德稳定判据。

伯德图与奈奎斯特曲线的对应关系如图 5-38 所示。由图 5-38 的极坐标可知，单位圆满足：$20\lg|G(j\omega)H(j\omega)|=20\lg1=0$，即极坐标的单位圆即半对数坐标 $L(\omega)$ 的横轴（图 5-38），其中奈奎斯特曲线与极坐标的单位圆或伯德图的对数幅频特性渐进线与半对数坐标 $L(\omega)$ 的横轴的交点为幅值穿越频率 ω_c。极坐标的负实轴即半对数坐标 $\varphi(\omega)$ 的 $-180°$ 水平线（图 5-38），其中奈奎斯特曲线与极坐标的负实轴或伯德图的对数幅频特性渐进线与半对数坐标 $\varphi(\omega)$ 的交点为相位穿越频率 ω_g。

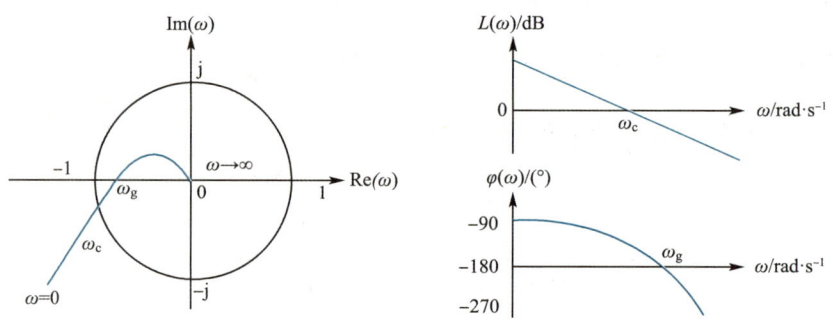

图 5-38 伯德图与奈奎斯特曲线的对应关系

图 5-39 中极坐标单位圆外 $[|G(j\omega)H(j\omega)|>1]$ 的奈奎斯特曲线对应于伯德图对数幅频特性曲线 $L(\omega)>0$ 的部分，单位圆上和单位圆内部 $[|G(j\omega)H(j\omega)|\leqslant 1]$ 的奈奎斯特曲线对应于伯德图对数幅频特性曲线 $L(\omega)\leqslant 0$ 的部分。因此，奈奎斯特曲线的一次"正穿越"对应于伯德图中 $L(\omega)>0$ dB 的频率段内 $\varphi(\omega)$ 自下而上地穿越 $-180°$ 线一次（$N_+=1$）；一次"负穿越"对应于伯德图中 $L(\omega)>0$ 的频率段内 $\varphi(\omega)$ 自上而下地穿越 $-180°$ 线一次（$N_-=1$）。伯德图中 $\varphi(\omega)$ 的总穿越次数 $N=N_+-N_-$。

奈奎斯特曲线"正穿越"的意思是当 ω 由小变大时，奈奎斯特曲线由上至下地穿越 $-180°$ 线，相角增大；伯德图中 $\varphi(\omega)$ "正穿越"的意思是当 ω 由小变大时，$\varphi(\omega)$ 由下而上地穿越 $-180°$ 线，相角增大（图 5-39）。

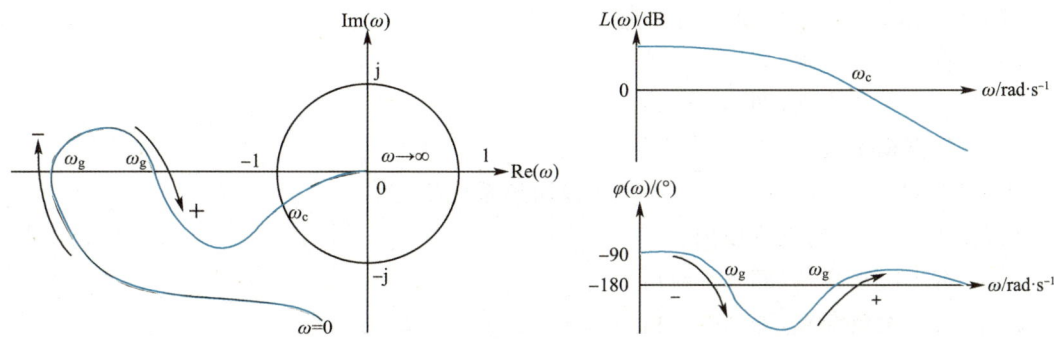

图 5-39 奈奎斯特曲线与伯德图穿越情况的对应关系

根据上述极坐标与半对数坐标及奈奎斯特图与伯德图的对应关系,可将奈奎斯特稳定判据的思想移植到伯德稳定判据,即伯德稳定判据陈述为:

在 $0<\omega<\infty$ 区间内,若开环传递函数在 s 平面的右半平面极点数为 P(开环不稳定极点数),开环伯德图的穿越次数为 N,闭环系统在 s 平面右半平面的极点数为 Z(闭环不稳定极点数),令 $Z=P-2N$,则:若 $Z>0$,则闭环系统不稳定;若 $Z=0$ 且 $\omega_c=\omega_g$,表示对应的奈奎斯特曲线通过点 $(-1,0j)$,则闭环系统为临界状态;若 $Z=0$ 且 $\omega_c\neq\omega_g$,表示对应的奈奎斯特曲线不通过点 $(-1,0j)$,则闭环系统稳定。

例 5.12 图 5-40 为 3 个系统的开环伯德图,P 为开环不稳定极点数。试使用伯德稳定判据判断这 3 个系统的闭环稳定性。

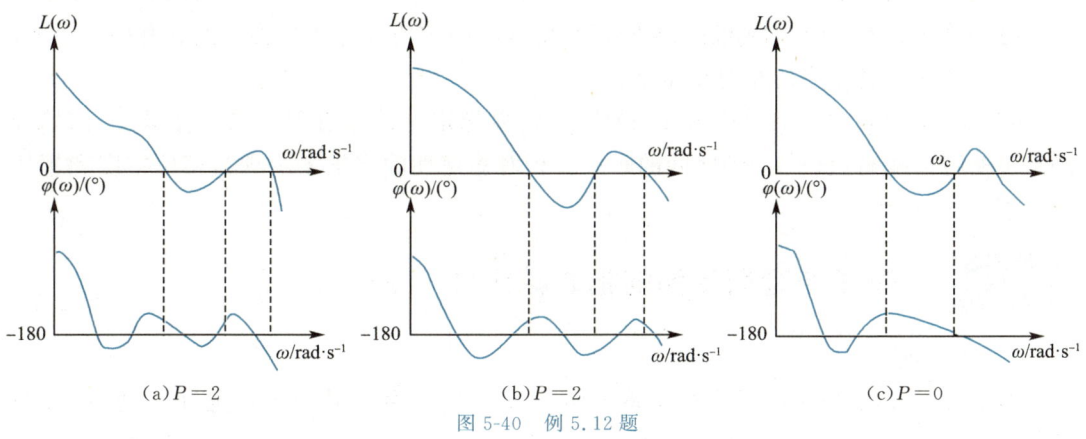

图 5-40 例 5.12 题

解:

(a) 在 $L(\omega)>0$ 的频率段内:

$\varphi(\omega)$ 有 1 次正穿越,即 $N_+=1$;

$\varphi(\omega)$ 有 2 次负穿越,即 $N_-=2$;

$\varphi(\omega)$ 的穿越次数为 $N=N_+-N_-=-1$;

因此 $Z=P-2N=4$,即 $Z>0$,所以闭环系统不稳定,且不稳定根的个数为 4。

(b)在 $L(\omega)>0$ 的频率段内：

$\varphi(\omega)$ 有 2 次正穿越，即 $N_+=2$；

$\varphi(\omega)$ 有 1 次负穿越，即 $N_-=1$；

$\varphi(\omega)$ 的穿越次数为 $N=N_+-N_-=1$；

因此 $Z=P-2N=0$ 且 $\omega_c \neq \omega_g$，所以闭环系统稳定。

(c)在 $L(\omega)>0$ 的频率段内：

$\varphi(\omega)$ 有 1 次正穿越，即 $N_+=1$；

$\varphi(\omega)$ 有 1 次负穿越，即 $N_-=1$；

$\varphi(\omega)$ 的穿越次数为 $N=N_+-N_-=0$；

因此 $Z=P-2N=0$，且 $\omega_c=\omega_g$，所以闭环系统处于临界状态，即闭环系统不稳定。尽管闭环不稳定根的个数为 0，但存在位于虚轴上的共轭纯虚根。

5.5 控制系统的相对稳定性

5.4 节的几何稳定判据和 3.5 节的代数稳定判据可用于判别系统是否稳定、临界稳定或不稳定。临界状态为介于稳定和不稳定之间的理论值。由于建模简化、系统参数的不精确性、测量仪器的设备误差、工作环境的变化等因素的客观存在，导致系统临界状态值很难为某个具体值。一般来说，临界状态值以某个区间的形式存在。因此，为保证系统工作时的稳定状态，在设计控制系统时通常要求将稳定值设计成与临界值具有一定距离，即控制系统应具备适当的相对稳定性。

相对稳定性通过奈奎斯特图或伯德图对临界稳定点的靠近程度来定性描述，例如开环奈奎斯特曲线与点(-1,0j)之间的距离。相对稳定性的定量表示则为相位裕度和幅值裕度。

5.5.1 基于奈奎斯特图的相对稳定性

1. 稳定裕度概述

对于如图 5-41 所示的最小相位系统而言，$P=0$，为判断其闭环稳定性，需要判断 N 的情况。如图 5-41(a)所示，当开环奈奎斯特曲线从点(-1,0j)的左侧实轴穿越时，$N \neq 0$，因此闭环系统不稳定，其单位阶跃响应为发散的，而且开环奈奎斯特曲线距离点(-1,0j)越远，其闭环系统越不稳定。如图 5-41(b)所示，开环奈奎斯特曲线穿越点(-1,0j)，因此闭环系统为临界状态，其单位阶跃响应为等幅振荡。如图 5-41(c)与(d)所示，开环奈奎斯特曲线穿越点(-1,0j)的右侧实轴时，$N=0$，闭环系统稳定，其单位阶跃响应是收敛的。

进一步分析图 5-41(c)与(d)所示 2 个系统，它们的开环奈奎斯特曲线与点(-1,0j)的距离不同，图 5-41(d)的距离大，同时从单位阶跃响应上看，图 5-41(d)的振幅小于图 5-41(c)的振幅，即图 5-41(d)更稳定。因此，开环奈奎斯特曲线与点(-1,0j)的距离代表了闭环系统稳定的程度,即开环奈奎斯特曲线距离点$(-1,0j)$越远,其闭环系统就越稳定,这就是相对稳定性,又称为"稳定裕度":

开环奈奎斯特曲线穿越点$(-1,0j)$左侧,且距离该点越远,闭环系统越不稳定;开环奈奎斯特曲线穿越点$(-1,0j)$右侧且距离该点越远,闭环系统越稳定,如图 5-42 所示。

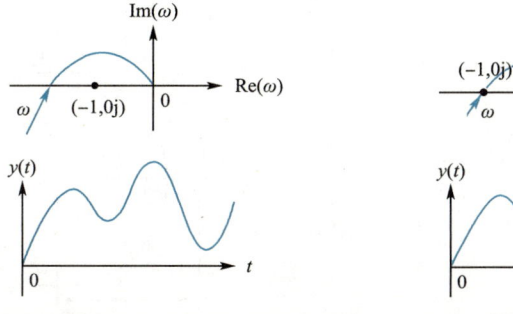

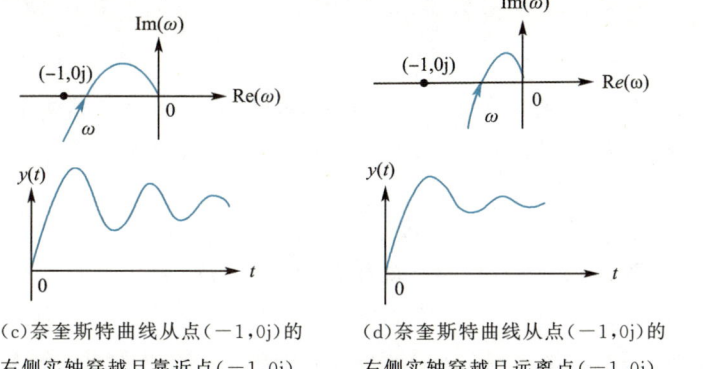

图 5-41　最小相位系统开环奈奎斯特曲线与点$(-1,0j)$的穿越关系及对应的时间响应

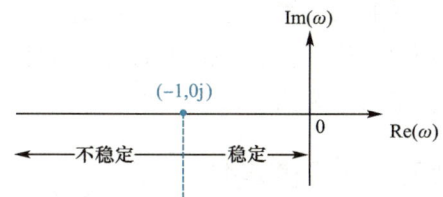

图 5-42　点$(-1,0j)$与系统的相对稳定性

2. 稳定裕度的奈奎斯特图表示

定量判断系统相对稳定性即稳定裕度的两个重要指标是相位裕度 γ 和幅值裕度 K_g(dB)。

(1)相位裕度 γ

奈奎斯特曲线与单位圆相交于点 A，该点处的频率即幅值穿越频率 ω_c。连接原点 O 与 A，得直线 OA（图 5-43）。直线 OA 与负实轴的夹角即相位裕度 γ：

$$\gamma = \varphi(\omega_c) - (-180°) = \varphi(\omega_c) + 180° \tag{5.51}$$

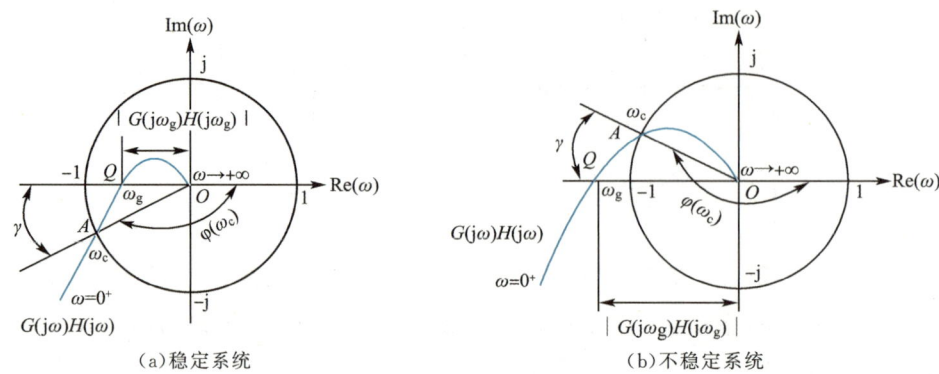

图 5-43 稳定裕度的奈奎斯特图

(2)幅值裕度 K_g(dB)

奈奎斯特曲线与负实轴相交于点 Q，该点处的频率为相位穿越频率 ω_g（图 5-43）。由图可知，点 Q 的幅值为 $|G(j\omega_g)H(j\omega_g)|$，幅值裕度 K_g(dB) 为

$$K_g(\text{dB}) = 20\lg\left|\frac{1}{G(j\omega_g)H(j\omega_g)}\right| = -20\lg|G(j\omega_g)H(j\omega_g)| \tag{5.52}$$

联合式(5.51)和式(5.52)，判断系统相对稳定性的定量方法为：对于开环稳定的闭环系统（最小相位系统）而言，若 $\gamma > 0$，K_g(dB) > 0，则闭环系统稳定[图 5-43(a)]，且这两个值越大，闭环系统越稳定；若 $\gamma < 0$，K_g(dB) < 0，则闭环系统不稳定[图 5-43(b)]。

尽管稳定裕度越大，系统的稳定性越好，但过高的稳定裕度会影响系统的其他性能，比如 γ 过大，系统的响应速度等瞬态性能就会降低。系统的稳定性与瞬态性能是相互矛盾的，需要根据具体情况进行权衡协调，例如，战斗机的稳定性与操纵性就是互相制约的。在工程实际中，通常选定的稳定裕度为 K_g(dB) = (6~20)dB，γ = 30° ~ 60°。

5.5.2 基于伯德图的相对稳定性

图 5-44 所示为奈奎斯特稳定判据和伯德稳定判据的对应关系，基于两图的对应关系及奈奎斯特稳定判据，可得伯德稳定判据陈述如下：

(1)稳定系统

对于稳定系统而言，由图 5-44(a)左侧的奈奎斯特图可知，相位裕度和幅值裕度皆为正数，所以在图 5-44(a)右侧的伯德图中，稳定系统的相位 γ 位于 $\varphi(\omega)$ 图中直线 $-180°$ 之上且 K_g(dB) 位于 $L(\omega)$ 图的 ω 轴之下。

(2)不稳定系统

对于不稳定系统而言，由图 5-44(b)左侧的奈奎斯特图可知，相位裕度和幅值裕度皆为负数，所以在图 5-44(b) 右侧的伯德图中，不稳定系统的相位 γ 位于 $\varphi(\omega)$ 图中直线 $-180°$ 之下且 $K_g(dB)$ 位于 $L(\omega)$ 图的 ω 轴之上。

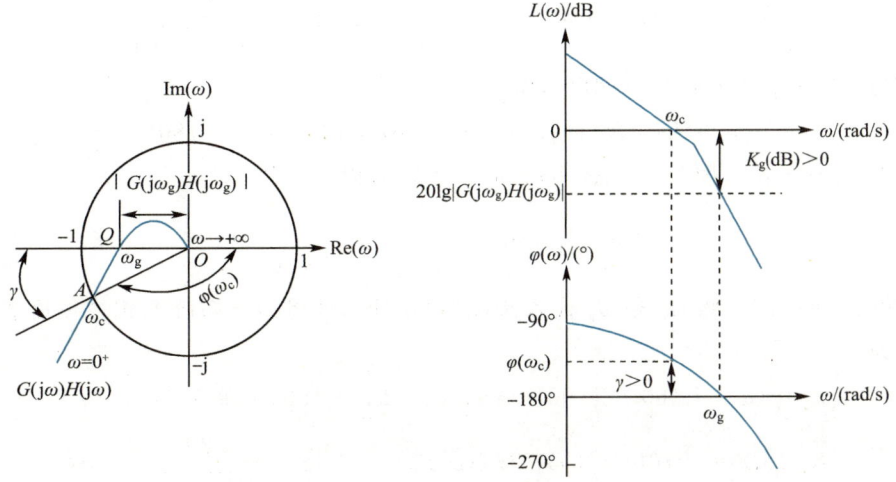

(a) 稳定系统的奈奎斯特图与伯德图

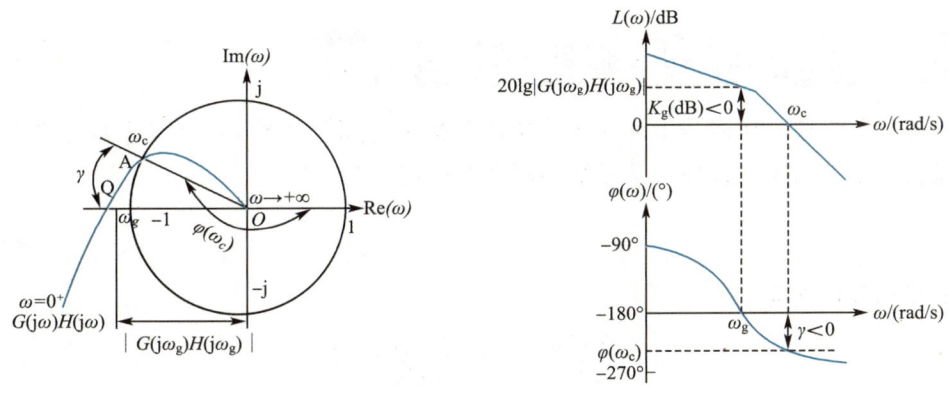

(b) 不稳定系统的奈奎斯特图与伯德图

图 5-44 奈奎斯特稳定判据和伯德稳定判据的对应关系

例 5.13 某系统的开环传递函数为 $G(s)H(s) = \dfrac{20}{s(0.2s+1)}$，试求该系统的幅值裕度 $K_g(dB)$ 和相位裕度 γ。

解：该系统的开环频率特性为 $G(j\omega)H(j\omega) = \dfrac{20}{j\omega(1+0.2j\omega)}$，其幅频特性和相频特性分别为

$$|G(j\omega)H(j\omega)| = \frac{20}{\omega\sqrt{1+0.04\omega^2}}$$

$$\angle G(j\omega)H(j\omega) = -90° - \arctan 0.2\omega$$

工程师必备
工程素养(3)

联合式(5.51)和式(5.52)可得该系统的相位裕度和幅值裕度分别为

$$\gamma = \varphi(\omega_c) + 180° = -90° - \arctan 0.2\omega_c + 180° \tag{a}$$

$$K_g = -20\lg|G(j\omega_g)H(j\omega_g)| = -20\lg \frac{K}{\omega_g\sqrt{1+0.04\omega_g^2}} \tag{b}$$

因为 $\angle G(j\omega_g)H(j\omega_g) = -180°$,所以

$$\angle G(j\omega_g)H(j\omega_g) = -90° - \arctan 0.2\omega_g = -180°$$

解得 $\omega_g \to \infty$。又因为 $|G(j\omega_c)H(j\omega_c)| = 1$,所以

$$|G(j\omega_c)H(j\omega_c)| = \frac{K}{\omega_c\sqrt{1+0.04\omega_c^2}} = 1$$

解得 $\omega_c = 9.35$。将 ω_c 和 ω_g 代入式(a)和式(b),即可得该系统的相位裕度和幅值裕度分别为

$$\begin{cases} \gamma = \varphi(\omega_c) + 180° = -90° - \arctan 0.2\omega_c + 180° = 28.14° \\ K_g(\text{dB}) = -20\lg|G(j\omega_g)H(j\omega_g)| = -20\lg \dfrac{20}{\omega_g\sqrt{1+0.04\omega_g^2}} \to \infty \end{cases}$$

5.6　控制系统的闭环频率特性

前面几节讲述了如何基于开环频率特性分析系统闭环特性,本节讲解如何通过解析法直接获得系统的闭环特性。某系统的闭环频率特性为

$$\frac{Y(j\omega)}{X(j\omega)} = \frac{G(j\omega)}{1+G(j\omega)H(j\omega)} \tag{5.53}$$

闭环幅频特性为

$$\left|\frac{Y(j\omega)}{X(j\omega)}\right| = \frac{|G(j\omega)|}{|1+G(j\omega)|} \tag{5.54}$$

在开环对数幅频特性曲线 $L(\omega)$ 的低频段,由于比例或积分或比例积分环节的存在,因此 $|G(j\omega)| \gg 1$,因此式(5.54)近似为

$$\left|\frac{Y(j\omega)}{X(j\omega)}\right| = \frac{|G(j\omega)|}{|1+G(j\omega)|} \approx 1 \tag{5.55}$$

式(5.55)表明,低频段时闭环幅频特性的输出幅值 $|Y(j\omega)|$ 与输入幅值 $|X(j\omega)|$ 基本相等(图 5-45)。高频时, $|G(j\omega)| \ll 1$,因此式(5.54)近似为

$$\left|\frac{Y(j\omega)}{X(j\omega)}\right| = \frac{|G(j\omega)|}{|1+G(j\omega)|} \approx |G(j\omega)| \tag{5.56}$$

式(5.56)表明,高频段时闭环幅频特性 $L_M(\omega) = 20\lg\left|\dfrac{Y(j\omega)}{X(j\omega)}\right|$ 与开环幅频特性 $L(\omega) = 20\lg|G(j\omega)|$ 基本重合(图 5-45)。

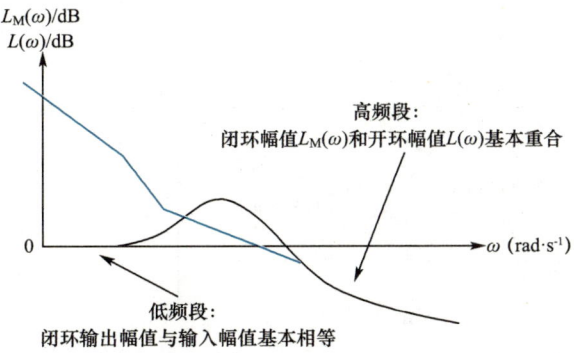

图 5-45 闭环幅频特性示意

5.6.1 单位负反馈系统的闭环频率特性

某单位负反馈系统的闭环传递函数 $\Phi(s)$ 与开环传递函数 $G(s)$ 满足

$$\Phi(s)=\frac{Y(s)}{X(s)}=\frac{G(s)}{1+G(s)}$$

该系统的开环奈奎斯特曲线如图 5-46 中蓝色曲线所示,设开环奈奎斯特曲线上任意点 A 的频率为 ω_1,则向量 $\boldsymbol{OA}$ 即代表 $G(j\omega_1)$,$|G(j\omega_1)|$ 和 $\angle|G(j\omega_1)|$[图中为 $\varphi(\omega_1)$]分别为向量 $\boldsymbol{OA}$ 的模和相角。根据向量法则可知,由点 $P(-1,0j)$ 到点 A 的向量 $\boldsymbol{PA}$ 为 $[1+G(j\omega_1)]$。因此,$\boldsymbol{OA}$ 与 $\boldsymbol{PA}$ 之比为

$$\frac{\boldsymbol{OA}}{\boldsymbol{PA}}=\frac{G(j\omega_1)}{1+G(j\omega_1)} \tag{5.57}$$

式(5.57)表明,在 $\omega=\omega_1$ 处,闭环频率特性的幅值即为 $\boldsymbol{OA}$ 与 $\boldsymbol{PA}$ 长度之比值,相角即为 $\boldsymbol{OA}$ 与 $\boldsymbol{PA}$ 的夹角,大小为 $\varphi\omega_1-\theta\omega_1$。测量不同频率处向量的长度和相角后,即可求出闭环频率特性曲线。

若用 $M(\omega)$ 和 $\alpha(\omega)$ 分别表示闭环幅频特性和闭环相频特性,则单位负反馈系统的闭环频率特性可表示为

$$\Phi(j\omega)=\frac{Y(j\omega)}{X(j\omega)}=M(\omega)e^{j\alpha(\omega)} \tag{5.58}$$

式(5.58)中,$M(\omega)=\frac{|Y(j\omega)|}{|X(j\omega)|}$,$\alpha(\omega)=\lg(\omega)-\theta(\omega)$。

将 $G(j\omega)=A(\omega)e^{j\varphi(\omega)}$ 带入式(5.58)得

$$\Phi(j\omega)=\frac{Y(j\omega)}{X(j\omega)}=\frac{G(j\omega)}{1+G(j\omega)}=\frac{A(\omega)e^{j\varphi(\omega)}}{1+A(\omega)e^{j\varphi(\omega)}} \tag{5.59}$$

式(5.59)中,$A(\omega)$ 和 $\varphi(\omega)$ 分别为开环幅频特性和开环相频特性。

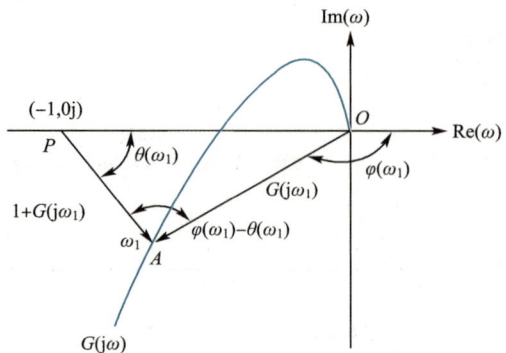

图 5-46　单位负反馈系统的闭环频率特性示意图

对于如图 5-47(a)所示的非单位负反馈系统而言,其闭环频率特性为

$$\Phi(j\omega)=\frac{G(j\omega)}{1+G(j\omega)H(j\omega)} \tag{5.60}$$

将其改写为

$$\Phi(j\omega)=\frac{G(j\omega)H(j\omega)}{1+G(j\omega)H(j\omega)}\times\frac{1}{H(j\omega)} \tag{5.61}$$

若将式(5.61)等号后侧部分分别作为某开环系统的 2 个环节,则式(5.61)代表的系统可被表示为图 5-47(b)。令

$$\frac{G(j\omega)H(j\omega)}{1+G(j\omega)H(j\omega)}=M_1(\omega)e^{j\alpha_1(\omega)} \tag{5.62}$$

$$H(j\omega)=M_2(\omega)e^{j\alpha_2(\omega)} \tag{5.63}$$

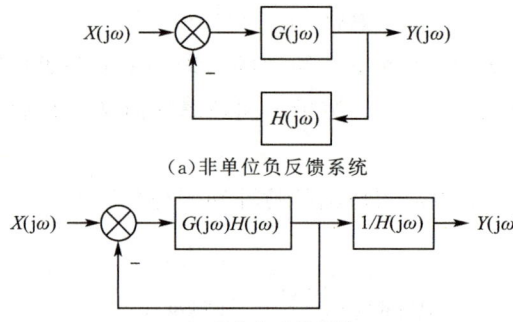

(a)非单位负反馈系统

(b)单位负反馈系统

图 5-47　非单位反馈系统变换成单位负反馈系统

将式(5.62)和(5.63)带入式(5.61),得非单位负反馈系统的闭环频率特性为

$$\Phi(j\omega)=\frac{M_1(\omega)e^{j\alpha_1(\omega)}}{M_2(\omega)e^{j\alpha_2(\omega)}}=M(\omega)e^{j\alpha(\omega)} \tag{5.64}$$

式(5.64)中,$M(\omega)=\dfrac{M_1(\omega)}{M_2(\omega)}$,为非单位负反馈系统的闭环幅频特性;$\alpha(\omega)=\alpha_1(\omega)-\alpha_2(\omega)$,为非单位负反馈系统的闭环相频特性。

5.6.2 等幅值轨迹与等相角轨迹

设某单位负反馈系统的开环频率特性为 $G(j\omega) = X + jY$,式中 X 和 Y 均为实数(注意与 $X(s)$、$Y(s)$ 的区别),则其闭环频率特性为

$$\Phi(j\omega) = \frac{G(j\omega)}{1 + G(j\omega)} = \frac{X + jY}{1 + X + jY} \tag{5.65}$$

因此,闭环幅频特性为

$$M(\omega) = \frac{|X + jY|}{|1 + X + jY|} = \sqrt{\frac{X^2 + Y^2}{(1+X)^2 + Y^2}} \tag{5.66}$$

对式(5.66)两边同时进行平方得

$$M^2 = \frac{X^2 + Y^2}{(1+X)^2 + Y^2} \tag{5.67}$$

若 $M = 1$,式(5.67)可化为 $X^2 + Y^2 = (1+X)^2 + Y^2$,因此不论 Y 为何值,X 均等于 -0.5,这是 1 条通过点 $(-0.5, 0j)$ 且平行于虚轴的直线[图 5-48(a)]。

若 $M \neq 1$,式(5.67)可化为

$$\left(X + \frac{M^2}{M^2 - 1}\right)^2 + Y^2 = \frac{M^2}{(M^2 - 1)^2} \tag{5.68}$$

式(5.68)为圆的方程[图 5-48(b)]。

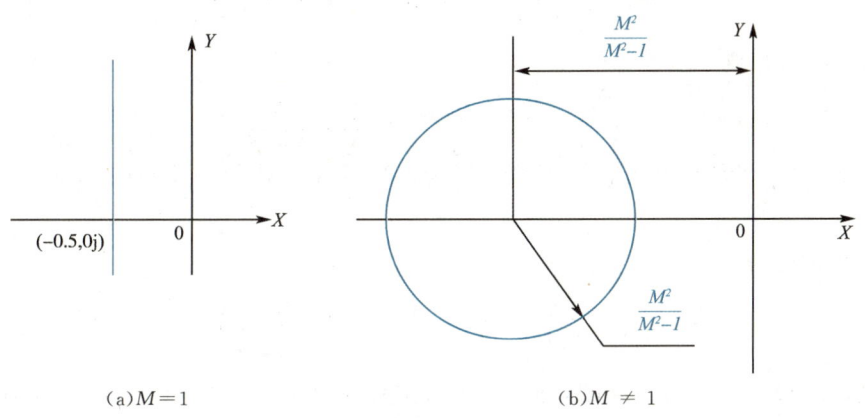

图 5-48 幅值轨迹

当 M 变化时,式(5.68)为复平面上的一族圆,即等 M 圆,又称为等幅值轨迹(图 5-49),例如,$M = 1.2$ 这个圆由不同开环奈奎斯特曲线上闭环幅值均为 1.2 的点组成。当 $M > 1$ 时,随着 M 的增大,M 圆的半径减小,直至收敛于点 $(-1, 0j)$;当 $M < 1$ 时,随着 M 的减小,M 圆的半径也减小,直至收敛于点 $(0, 0j)$;当 $M = 1$ 时,其轨迹是过点 $(-0.5, 0j)$ 且平行于虚轴的直线。

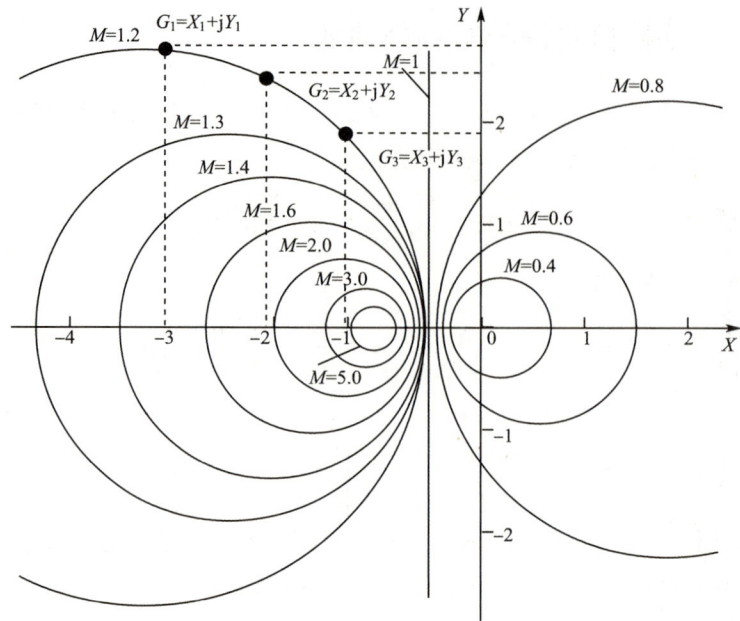

图 5-49 闭环幅频特性 M 与开环(开环实部 X、开环虚部 Y)的关系

除等幅值轨迹外,等相角轨迹也可被用于分析闭环频率特性。由式(5.65)可知,该系统的闭环相频特性为

$$\alpha(\omega) = \angle \frac{G}{1+G} = \arctan \frac{Y}{X} - \arctan \frac{Y}{1+X} \tag{5.69}$$

设 $\tan \alpha = N$,则

$$N = \tan\left(\arctan \frac{Y}{X} - \arctan \frac{Y}{1+X}\right) = \frac{\dfrac{Y}{X} - \dfrac{Y}{1+X}}{1 + \dfrac{Y}{X}\dfrac{Y}{1+X}} = \frac{Y}{X^2 + X + Y^2} \tag{5.70}$$

进一步整理为

$$\left(X + \frac{1}{2}\right)^2 + \left(Y - \frac{1}{2N}\right)^2 = \frac{1}{4} + \left(\frac{1}{2N}\right)^2 \tag{5.71}$$

由式(5.71)可知其为一族圆,即等 N 圆,又称为等相角轨迹(图 5-50)。例如,$\alpha = 20°$ 这个圆由不同开环奈奎斯特曲线上闭环相角都是 $20°$ 的点组成。对于给定 α 值的等 N 圆,实际上并不是完整的圆,而只是一段圆弧。同时由于 α 与 $\alpha \pm 180°$ 的正切值是相同的,因此等 N 圆对应的 α 具有多值性,例如,$\alpha = -35°$ 与 $\alpha = 145°$ 对应的圆弧是相同的。

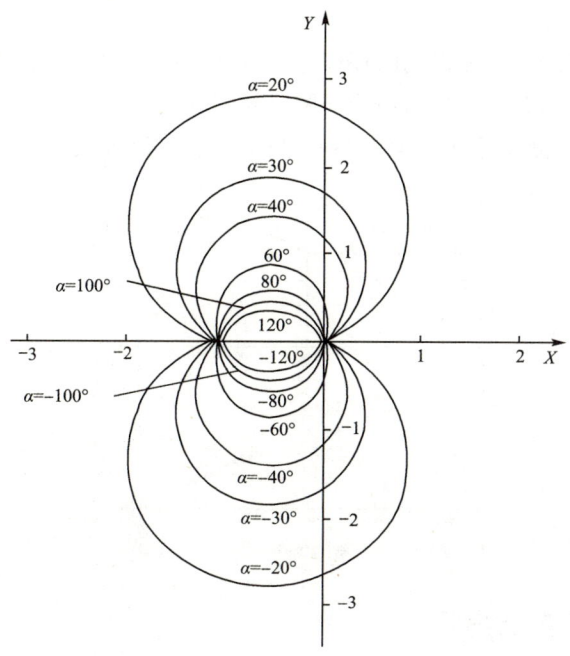

图 5-50 闭环相频特性 α 与开环(开环实部 X、开环虚部 Y)的关系

5.6.3 闭环频率特性曲线

利用等幅值轨迹和等相角轨迹,即等 M 圆和等 N 圆,可通过开环奈奎斯特图获得或分析系统的闭环频率特性。

将开环频率特性 $G(j\omega)$ 的轨迹叠加在等幅值轨迹和等相角轨迹上,即相应频率下的闭环幅值和相角(图 5-51)。将相应频率下的闭环幅值 M 和相角 α 绘制在 $M-\omega$ 和 $\alpha-\omega$ 图上,即闭环幅频特性曲线 $M(\omega)$ 和相频特性曲线 $\alpha(\omega)$(图 5-52)。

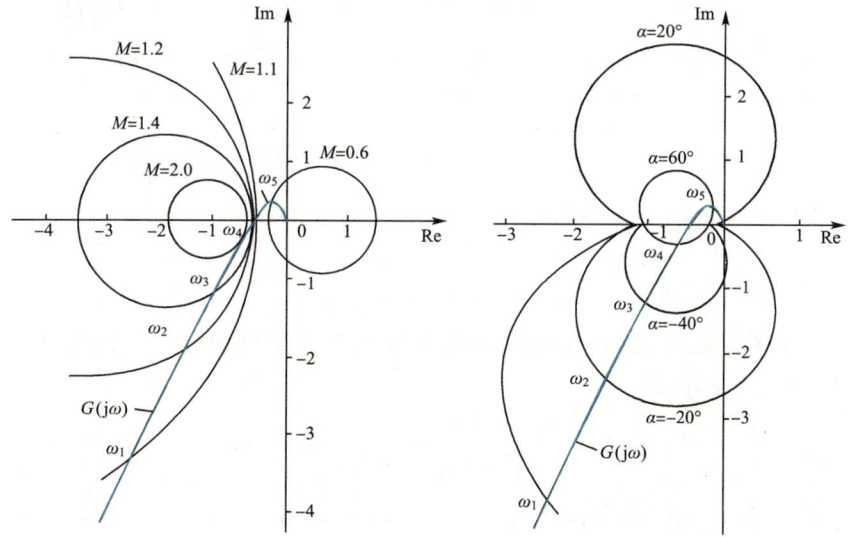

图 5-51 开环频率特性与等幅值轨迹和等相角轨迹的叠加

图 5-51 所示系统的开环奈奎斯特曲线与圆 $M=1.2$ 的交点具有 2 个信息：频率 ω_2 和闭环幅值 1.2，以它们做横纵坐标，即得到闭环频率特性曲线的幅频特性曲线 $M(\omega)$（图 5-52）。同理，图 5-51 所示系统的开环奈奎斯特曲线与圆 $\alpha=20°$ 的交点具有 2 个信息：频率 ω_2 和闭环相角 20°，以它们做横纵坐标，即得到闭环频率特性曲线的幅频特性曲线 $\alpha(\omega)$（图 5-52）。

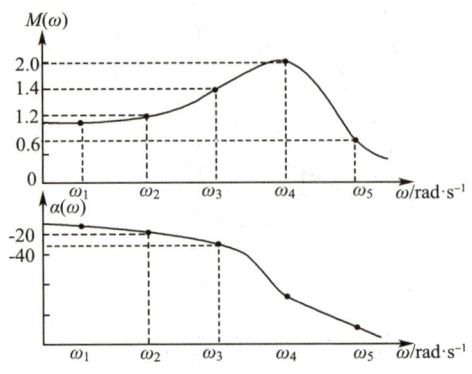

图 5-52 闭环频率特性曲线 $M(\omega)$ 和 $\alpha(\omega)$

5.6.4 频域性能指标

以二阶系统为例，频率开环性能指标主要包括幅值穿越频率 ω_c、相位穿越频率 ω_g、幅值裕度 $K_g(dB)$、相位裕度 γ 等。这些指标已在本章前面各节中阐述过，本节重点讲解闭环频域性能指标。

闭环频域性能指标与闭环幅频特性曲线 $M(\omega)$ 上的一些特征量密切相关。这些特征量构成了分析和设计系统的闭环性能指标，表征了系统的快速性、稳定性等动态品质。

1. 零频幅值

由式(5.58)可知某单位负反馈系统的闭环幅频特性为

$$M(\omega)=\frac{|Y(j\omega)|}{|X(j\omega)|} \tag{5.72}$$

如图 5-53 所示，当 $\omega=0$ 时，系统输出的幅值 $|Y(j\omega)|$ 与输入的幅值 $|X(j\omega)|$ 之比为零频幅值 $M(0)$

$$M(0)=\frac{|Y(j\omega)|_{\omega=0}}{|X(j\omega)|_{\omega=0}} \tag{5.73}$$

某单位负反馈系统的闭环频率特性为

$$\Phi(j\omega)=\frac{Y(j\omega)}{X(j\omega)}=\frac{G(j\omega)}{1+G(j\omega)}=\frac{A(\omega)e^{j\varphi(\omega)}}{1+A(\omega)e^{j\varphi(\omega)}}=M(\omega)e^{j\alpha(\omega)} \tag{5.74}$$

在开环伯德图的低频段（$\omega\to 0$），由于比例或积分或比例积分环节的存在，使得开环幅频特性 $A(0)$ 大于 1，因此

$$M(0)=\frac{A(0)}{\sqrt{1+A^2(0)}}\approx\frac{A(0)}{\sqrt{A^2(0)}}=1 \tag{5.75}$$

式(5.75)表明，一般系统的闭环幅频特性的低频段为 1，即低频段可实现输出与输入的幅值复现（低通滤波）。式(5.75)又可被写为

$$20\lg M(0) \approx 0 \tag{5.76}$$

式(5.76)表明，一般系统的闭环对数幅频特性的低频段与横轴(频率 ω 轴)重合。

下面从稳态误差的角度分析零频幅值 $M(0)$。设某单位负反馈系统开环频率特性为

$$G(\mathrm{j}\omega) = \frac{K(\tau_1 \mathrm{j}\omega + 1)(\tau_2 \mathrm{j}\omega + 1)\cdots(\tau_m \mathrm{j}\omega + 1)}{(\mathrm{j}\omega)^v (T_1 \mathrm{j}\omega + 1)(T_2 \mathrm{j}\omega + 1)\cdots(T_n \mathrm{j}\omega + 1)} \tag{5.77}$$

式(5.77)中，K 为开环增益，v 为系统型号。该系统的闭环幅频特性为

$$|\Phi(\mathrm{j}\omega)| = \frac{|Y(\mathrm{j}\omega)|}{|X(\mathrm{j}\omega)|} = \frac{|G(\mathrm{j}\omega)|}{|1 + G(\mathrm{j}\omega)|} = M(\omega) \tag{5.78}$$

若该系统稳态误差为0，则该系统应为Ⅰ型以上系统，此处假设为Ⅰ型系统，即 $v=1$，式(5.77)为

$$G(\mathrm{j}\omega) = \frac{K(\tau_1 \mathrm{j}\omega + 1)(\tau_2 \mathrm{j}\omega + 1)\cdots(\tau_m \mathrm{j}\omega + 1)}{(\mathrm{j}\omega)(T_1 \mathrm{j}\omega + 1)(T_2 \mathrm{j}\omega + 1)\cdots(T_n \mathrm{j}\omega + 1)} \tag{5.79}$$

由式(5.79)可得

$$|G(\mathrm{j}\omega)| = \frac{K \prod_{p=1}^{m} \sqrt{\tau_p^2 \omega^2 + 1}}{\omega \prod_{q=1}^{n} \sqrt{T_q^2 \omega^2 + 1}} \tag{5.80}$$

$$|1 + G(\mathrm{j}\omega)| = \frac{\omega \prod_{q=1}^{n} \sqrt{T_q^2 \omega^2 + 1} + K \prod_{p=1}^{m} \sqrt{\tau_p^2 \omega^2 + 1}}{\omega \prod_{q=1}^{n} \sqrt{T_q^2 \omega^2 + 1}} \tag{5.81}$$

将式(5.80)和式(5.81)代入式(5.78)，并令 $\omega \to 0$，得

$$M(\omega)\big|_{\omega \to 0} = \frac{|G(\mathrm{j}\omega)|_{\omega \to 0}}{|1 + G(\mathrm{j}\omega)|_{\omega \to 0}} = \left|\frac{K/\omega}{(\omega + K)/\omega}\right|_{\omega \to 0} = 1 \tag{5.82}$$

式(5.82)说明，若单位负反馈系统的稳态误差为0，则 $M(0)=1$。

若该系统稳态误差不为0，则该系统应为0型系统，即 $v=0$，式(5.77)为

$$G(\mathrm{j}\omega) = \frac{K(\tau_1 \mathrm{j}\omega + 1)(\tau_2 \mathrm{j}\omega + 1)\cdots(\tau_m \mathrm{j}\omega + 1)}{(T_1 \mathrm{j}\omega + 1)(T_2 \mathrm{j}\omega + 1)\cdots(T_n \mathrm{j}\omega + 1)} \tag{5.83}$$

由式(5.83)可得

$$|G(\mathrm{j}\omega)| = \frac{K \prod_{p=1}^{m} \sqrt{\tau_p^2 \omega^2 + 1}}{\prod_{q=1}^{n} \sqrt{T_q^2 \omega^2 + 1}} \tag{5.84}$$

$$|1 + G(\mathrm{j}\omega)| = \frac{\prod_{q=1}^{n} \sqrt{T_q^2 \omega^2 + 1} + K \prod_{p=1}^{m} \sqrt{\tau_p^2 \omega^2 + 1}}{\prod_{q=1}^{n} \sqrt{T_q^2 \omega^2 + 1}} \tag{5.85}$$

将式(5.84)和式(5.85)代入式(5.78)，并令 $\omega \to 0$，得

$$M(\omega)\big|_{\omega \to 0} = \frac{|G(\mathrm{j}\omega)|_{\omega \to 0}}{|1 + G(\mathrm{j}\omega)|_{\omega \to 0}} = \frac{K}{1 + K} < 1 \tag{5.86}$$

式(5.86)说明，若单位负反馈系统的稳态误差不为0，则 $M(0) < 1$。

因此，通过闭环控制系统的零频幅值 $M(0)$ 是否为 1，可判断该系统的稳态误差是否为 0，而且 $M(0)$ 越接近 1，系统的稳态误差越小。

2. 复现频率

由于闭环系统的低频段可实现输出和输入的幅值复现，设低频段幅值复现的允许误差为 Δ，则定义闭环幅频特性 $M(\omega)$ 与零频幅值 $M(0)$ 之差第一次达到 Δ 时的频率 ω_M 为复现频率（图 5-53）。

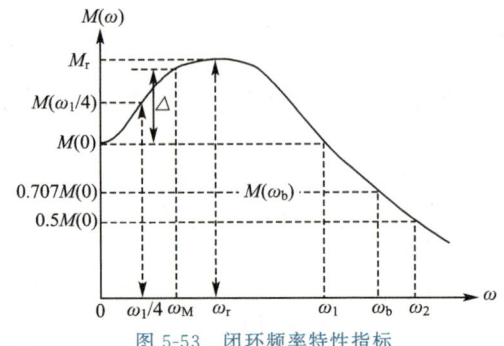

图 5-53 闭环频率特性指标

当 $\omega>\omega_M$ 时，输出幅值不能"复现"输入幅值，称 $0\sim\omega_M$ 为复现带宽。若 Δ 一定，ω_M 越大的系统复现输入信号的频带越宽；反之，若 ω_M 一定，Δ 越小的系统对低频输入信号的响应精度越高。

上述特征量 $M(0)$、ω_M 及 Δ 为频域性能指标的一部分，均与系统的稳态性能有关。换句话说，系统的稳态性能主要取决于闭环幅频特性 $M(\omega)$ 在低频段 $0\leqslant\omega\leqslant\omega_M$ 的形式。

3. 谐振频率与谐振峰值

谐振峰值 M_r 为谐振频率 ω_r 所对应的闭环幅值（图 5-53），反映了系统瞬态响应速度和相对稳定性。二阶系统的谐振频率和谐振峰值分别为 $\omega_r=\omega_n\sqrt{1-2\zeta^2}$ 和 $M_r=\dfrac{1}{2\zeta\sqrt{1-\zeta^2}}$，详见 5.2.1 和 5.2.2 中的二阶振荡环节。

4. 截止频率与带宽

如图 5-53 所示，闭环幅频特性 $M(\omega)$ 衰减到 $0.707M(0)$ 时的频率为闭环截止频率：

$$M(\omega_b)=\frac{\sqrt{2}}{2}M(0) \tag{5.87}$$

由于一般系统的闭环幅频特性在低频段均满足 $M(0)\approx 1$，因此

$$20\lg M(\omega_b)=20\lg\frac{\sqrt{2}}{2}M(0)=20\lg M(0)-20\lg\sqrt{2}\approx -3 \tag{5.88}$$

式 (5.88) 表明，对数闭环幅频特性 $20\lg M(\omega)$ 下降到 -3 dB 时的频率即为闭环截止频率 ω_b。

带宽指的是闭环幅频特性 $M(\omega)$ 不低于 $M(\omega_b)$ 所对应的频率范围：$0\leqslant\omega_{BW}\leqslant\omega_b$。带宽为频率范围，并非具体的某个频率值，因此不要将 ω_{BW} 认为就是带宽，它仅是带宽中的某个频率值，其下角标意为 Band width。

带宽是系统响应能跟踪输入的频率范围，反映了系统对输入的追踪特性，表征了系统响应的快速性，即响应越快，要求带宽越宽。另一方面，带宽还表征了系统对高频噪声所

具有的滤波特性。通常来说,闭环控制系统具有低通滤波的作用,即将高于截止频率的信号分量过滤,而允许低于截止频率的信号分量通过。所以频带越宽,对高频噪声信号的抑制能力越差,换句话说,带宽太宽,高频噪声就进来了。

因此,为了使系统快速跟踪输入信号,需要较大的带宽,而从抑制高频噪声的角度来看,带宽又不宜过大。

下面分别以一阶系统和二阶系统为例,给出带宽的范围。

(1) 一阶系统闭环截止频率和带宽

一阶系统的闭环幅值特性为

$$M(\omega) = \frac{1}{\sqrt{1+(T\omega)^2}} \tag{5.89}$$

因为 $M(\omega_b) = \frac{\sqrt{2}}{2} M(0) \approx \frac{\sqrt{2}}{2}$,则

$$M(\omega_b) = \frac{1}{\sqrt{1+(T\omega_b)^2}} = \frac{\sqrt{2}}{2} \tag{5.90}$$

因此截止频率 ω_b 为

$$\omega_b = \frac{1}{T} \tag{5.91}$$

即一阶系统的带宽为

$$0 \leqslant \omega_{BW} \leqslant \frac{1}{T} \tag{5.92}$$

(2) 二阶系统闭环截止频率和带宽

二阶闭环系统的频率特性为

$$\frac{Y(j\omega)}{X(j\omega)} = \frac{\omega_n^2}{(j\omega)^2 + 2\zeta\omega_n(j\omega) + \omega_n^2} \tag{5.93}$$

则其闭环幅值特性为

$$M(\omega) = \frac{\omega_n^2}{\sqrt{(\omega_n^2-\omega^2)^2+(2\zeta\omega\omega_n)^2}} \tag{5.94}$$

由于 $M(\omega_b) = \frac{\sqrt{2}}{2} M(0) \approx \frac{\sqrt{2}}{2}$,即

$$M(\omega_b) = \frac{\omega_n^2}{\sqrt{(\omega_n^2-\omega_b^2)^2+(2\zeta\omega_b\omega_n)^2}} = \frac{\sqrt{2}}{2} \tag{5.95}$$

求解上式可得二阶系统的截止频率为

$$\omega_b = \omega_n \sqrt{1-2\zeta^2+\sqrt{2-4\zeta^2+4\zeta^4}} \tag{5.96}$$

则二阶系统的带宽为

$$0 \leqslant \omega_{BW} \leqslant \omega_n \sqrt{1-2\zeta^2+\sqrt{2-4\zeta^2+4\zeta^4}} \tag{5.97}$$

取二阶系统瞬态响应的调整时间 $t_s = 3/(\zeta\omega_n)$,则 $\omega_n = 3/(\zeta t_s)$,将其代入式(5.95)得

$$\omega_b t_s = \frac{3}{\zeta} \sqrt{1-2\zeta^2+\sqrt{2-4\zeta^2+4\zeta^4}} \tag{5.98}$$

式(5.98)表明,当阻尼比 ζ 一定时,二阶系统的闭环截止频率 ω_b 与调整时间 t_s 成反比,即 ω_b 越大,带宽 $0\sim\omega_b$ 越大, t_s 越小,即系统的响应快速性越好。这也说明了带宽表征了系统响应的快速性。

对于复现频率 ω_M 而言,$0\sim\omega_M$ 频段为系统输出复现输入的频段。对于带宽 ω_b 而言,$0\sim\omega_b$ 频段为系统输出跟踪输入的频段。系统对复现的要求比跟踪高。

习 题

5-1 某控制系统如图 5-54 所示。当输入信号为 $r(t)=3\sin t$ 时,系统的输出为 $c(t)=6\sin(t-45°)$。试确定该系统的参数 ω_n 和 ζ。

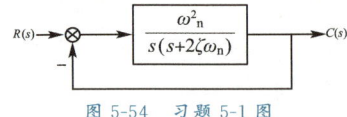

图 5-54 习题 5-1 图

5-2 试绘制 $G(s)$ 的奈奎斯特图: $G(s)=\dfrac{K}{s^2(T_1s+1)(T_2s+1)}$

5-3 试绘制 $G(s)$ 的伯德图: $G(s)=\dfrac{2.5(s+10)}{s^2(0.2s+1)}$

5-4 某单位负反馈系统的开环传递函数为

$$G(s)=\frac{100}{s(Ts+1)}$$

当相位裕度 $\gamma=36°$ 时求时间常数 T 及谐振峰值 M_r。

5-5 某最小相位系统的对数幅频特性渐近线如图 5-55 所示,渐近线①、②、③的斜率分别为 $-20\ \text{dB/dec}$、$-40\ \text{dB/dec}$ 和 $-20\ \text{dB/dec}$。

(1) 求该最小相位系统的开环传递函数以及 $L(2)$ 和 $L(5)$ 的值。

(2) 求相位裕度 γ。

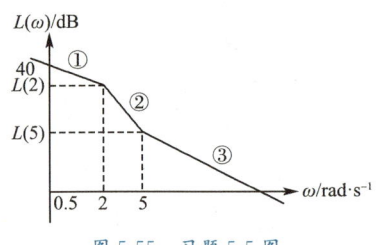

图 5-55 习题 5-5 图

5-6 某单位负反馈系统为最小相位系统的开环对数幅频特性曲线如图 5-56 所示。求该系统的带宽。

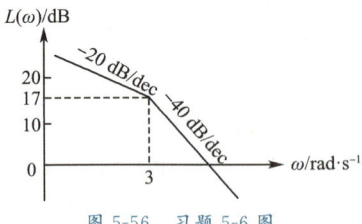

图 5-56 习题 5-6 图

第6章　控制系统的校正

本章重点内容与学习思路

6.1 PID控制规律

基于偏差反馈消除偏差 $G_c(s)$

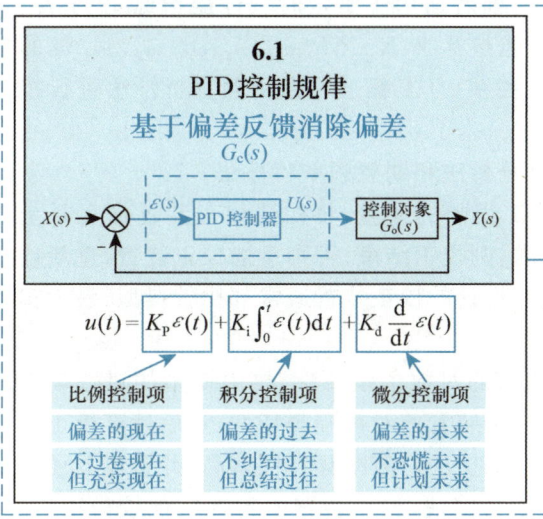

$$u(t) = K_p \varepsilon(t) + K_i \int_0^t \varepsilon(t)dt + K_d \frac{d}{dt}\varepsilon(t)$$

比例控制项	积分控制项	微分控制项
偏差的现在	偏差的过去	偏差的未来
不过卷现在 但充实现在	不纠结过往 但总结过往	不恐慌未来 但计划未来

6.1.1 P控制
增益可调放大器　$G_c(s) = \dfrac{U(s)}{\varepsilon(s)} = K_p$

6.1.2 PI控制
稳态性能改善器　$G_c(s) = \dfrac{U(s)}{\varepsilon(s)} = \dfrac{K_p}{T_i} \cdot \dfrac{(T_i s + 1)}{s}$

6.1.3 PD控制
动态性能改善器　$G_c(s) = \dfrac{U(s)}{\varepsilon(s)} = K_p(1 + T_d s)$

6.1.4 PID控制
低频段PI控制器
中高频段PD控制器　$G_c(s) = \dfrac{U(s)}{\varepsilon(s)} = K_p\left(1 + \dfrac{1}{T_i s} + T_d s\right)$

6.2 PID控制规律的串联实现

6.2.1 伯德定理
最小相位系统：$L(\omega)$的斜率$\pm 20(n-m)$dB/dec 与 $\varphi(\omega)$的$\pm 90°(n-m)$一致

6.2.2 三频段理论

低频段	
对应特性	准：稳态误差
校正准则	积分环节（ν大陡），开环增益（K大线高），又高又陡误差小
希望形状	高（增益大），陡（斜率绝对值大）

中频段	
对应特性	稳：稳定性；快：快速性、响应速度、动态性能
校正准则	系统在ω_c处的幅频渐近线斜率为-20dB/dec，$\gamma(\omega_c) \approx 90°$，且保持较宽频段
希望形状	宽（ω_c距离左右两侧转角频率远），缓（裕度大）

高频段	
对应特性	抗噪/抗干扰能力
校正准则	斜率大（陡峭），噪声的幅值衰减快（$|\Phi(s)| \ll 1$）
希望形状	低（增益小），陡（斜率绝对值大）

	6.2.3 PI串联校正	6.2.4 PD串联校正	6.2.5 PID串联校正
典型特点	$L(\omega)$负斜率	$\Phi(\omega)$正相位	负斜率+正相位
校正作用	高频衰减	裕度增大	高频衰减+裕度增大
幅值穿越频率	相对低	相对高	—
高频段增益	降低	增加	—
低频段增益	提高	—	提高
稳定裕度	—	提高	增大
稳态精度	提高	—	提高
带宽	相对小	相对大	增大
降噪	抑制高频噪声	低频噪声增加	—
调整时间	增大	减小	—
快速响应性能	较低	较高	较高
增益放大器	—	需要	—

6.3 并联校正/反馈校正
改变局部结构，减小时间常数，改善局部稳定性，取代局部结构，速度反馈，加速度反馈

6.4 复合校正
按给定量顺馈补偿控制
按扰动量前馈补偿控制

若控制系统的结构、元部件和参数已给定，可利用时间响应分析法、频率特性分析法及根轨迹分析法对系统的性能指标进行评价，称为控制系统的分析，相关内容已在前述章节中进行了阐述。若分析结果表明该系统无法达到设计之初所要求的性能，则要考虑对原有系统增加、替换某些元部件或环节，使系统尽可能满足设计之初的各项性能指标，这就是控制系统的校正。

常用的校正方法有根轨迹法和频率特性法，前者适用于给定时域性能指标 $\sigma_p\%$、t_p、t_s、t_r、e_{ss}、K 等的情况，后者适用于给定频域性能指标 γ、K_g、M_r、ω_c、ω_r、ω_b、ω_g、ω_M 等的情况。由于时域和频域性能指标之间存在转换关系，且工程上习惯用频率特性法进行校正，因此本章主要介绍频率特性校正方法。

基于频率特性设计校正装置的方法主要有分析法和期望频率特性法。

分析法是根据设计要求、原有系统特性及工程师的经验，将初选校正装置加入系统中，然后计算校正后系统性能指标。若满足要求，则校正结束；否则重选校正装置，重新计算性能指标，直到其满足要求为止。基于分析法设计的校正装置通常都比较典型、易于实现，但其设计进程与工程师的经验密切相关。

频率特性法首先基于理想性能指标确定期望的对数幅频特性，再由期望的对数幅频特性减去原型系统的对数幅频特性，从而得出校正装置的对数幅频特性，然后计算校正后系统性能指标，若满足要求，则校正结束；否则将期望的对数幅频特性调高，并重复上述过程，直到满足要求为止。上述过程的理论设计较易实现，校正装置的物理实现较为困难。频率特性法只适用于最小相位系统，这是因为最小相位系统的幅频特性和相频特性的变化趋势是一致的，故按幅频特性即能确定系统性能。

校正是给系统附加一些具有某种典型环节特性的有源或无源电路、速度或加速度传感器等校正装置，有效地改善原型系统的"稳、准、快"性能。校正装置在系统开环中的位置即校正方式，一般分为串联校正、并联校正（又称反馈校正）、复合校正。

串联校正的校正装置 $G_c(s)$ 被串联在前向通路中[图 6-1(a)]，该方式简单，易于实现。为避免功率损失，串联校正装置通常被放在前向通道中能量较低的部位，如靠近输入端且多采用有源校正网络。

并联校正又称反馈校正，从系统的某一位置引出反馈信号，通过校正装置 $G_c(s)$ 构成局部反馈回路[图 6-1(b)]。由于校正装置位于反馈回路，即信号是从高功率点流向低功率点，所以一般采用无源网络作为反馈校正装置。

复合校正包括顺馈复合校正[图 6-1(c)]和前馈复合校正[图 6-1(d)]，复合校正对系统的稳态性能和动态性能均起改善作用。

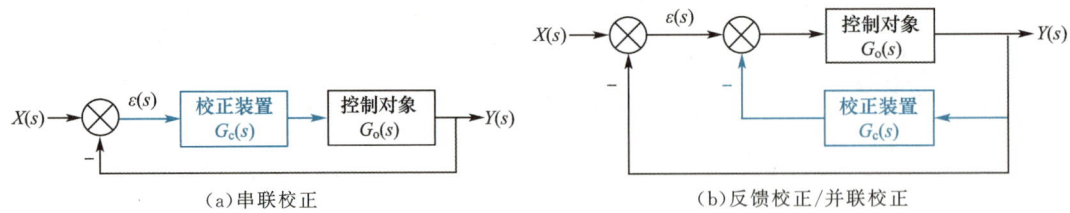

(a) 串联校正　　　　　　　　　　　(b) 反馈校正/并联校正

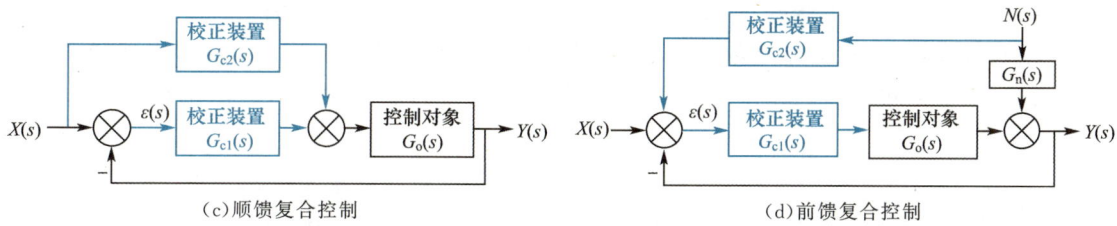

(c)顺馈复合控制　　　　　　　　　　　(d)前馈复合控制

图 6-1　常用校正方式

校正方式的选择均取决于系统结构、系统元件、输入信号、经济条件、设计者经验及限制条件等,而且满足性能指标的校正方式也不是唯一的。

6.1　PID 控制规律概述

在确定校正装置的结构及校正方式之前,应掌握校正装置的基本控制规律,例如工程实际中应用最为广泛的比例控制(简称 P 控制)、积分控制(简称 I 控制)、微分控制(简称 D 控制)等单一控制规律以及比例-积分控制(简称 PI 控制)、比例-微分控制(简称 PD 控制)、比例-积分-微分控制(简称 PID 控制)等组合控制规律,以实现对控制对象的有效控制。

偏差信号 $\varepsilon(t)$ 是反馈控制系统中最基本、最原始的被控信号。为提高系统的控制性能,可对如图 6-2(a)所示反馈控制系统中的偏差信号 $\varepsilon(t)$ 加以改造,改造后如图 6-2(b)所示,使其按某种函数关系进行变换,形成新的控制规律,即

$$u(t)=f[\varepsilon(t)] \tag{6.1}$$

该函数关系是 PID 控制规律,即对偏差信号 $\varepsilon(t)$ 进行比例、积分和微分运算变换后形成的一种控制规律:

$$u(t)=K_P\left[\varepsilon(t)+\frac{1}{T_i}\int_0^t\varepsilon(t)\mathrm{d}t+T_d\frac{\mathrm{d}}{\mathrm{d}t}\varepsilon(t)\right]=K_P\varepsilon(t)+K_i\int_0^t\varepsilon(t)\mathrm{d}t+K_d\frac{\mathrm{d}}{\mathrm{d}t}\varepsilon(t) \tag{6.2}$$

式(6.2)中,$K_P\varepsilon(t)$ 为比例控制项,K_p 为比例增益(Proportional gain);$K_i\int_0^t\varepsilon(t)\mathrm{d}t$ 为积分控制项,K_i 为积分增益(Integral gain);$K_d\frac{\mathrm{d}}{\mathrm{d}t}\varepsilon(t)$ 为微分控制项,K_d 为微分增益(Derivative gain)。

由式(6.2)可知,PID 控制规律可被理解为偏差的过去 $\int_0^t\varepsilon(t)\mathrm{d}t$、偏差的现在 $\varepsilon(t)$ 和偏差的将来 $\frac{\mathrm{d}\varepsilon(t)}{\mathrm{d}t}$ 的线性组合,其精髓是"基于偏差反馈来消除偏差"。

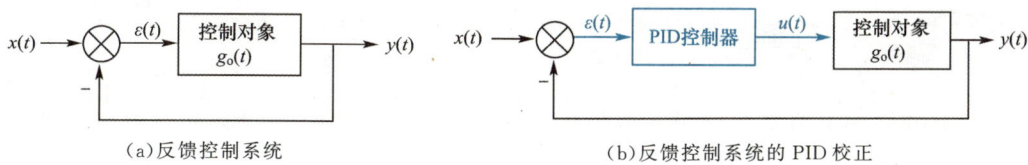

(a)反馈控制系统　　　　　　　　　　(b)反馈控制系统的 PID 校正

图 6-2　反馈控制系统及其 PID 控制

经过长期的工程实践,PID 控制已形成了一套完整的方案和典型的结构,因此通常称其为控制规律,它不仅适用于数学模型已知的控制系统,也适用于数学模型难以确定的工业过程。下面以单位负反馈系统为例(偏差和误差相等),基于频率特性法阐述 PID 控制规律。

6.1.1 P 控制

P 控制器传递函数为

$$G_c(s) = \frac{U(s)}{\varepsilon(s)} = K_P \tag{6.3}$$

式(6.3)中,K_P 为比例增益,简称 P 增益。

P 控制器在系统中的位置如图 6-3 的虚线框内所示,P 控制相当于改变了系统的开环增益,即选择适当的比例增益 K_P,能减小由干扰信号 $D(s)$ 引起的稳态误差。因此 P 控制器实质上是一种增益可调的放大器。

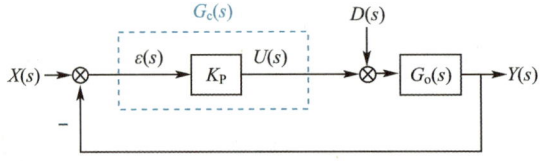

图 6-3 P 控制传递函数

P 控制器的频率特性、对数幅频特性和对数相频特性分别为

$$\begin{cases} G_c(j\omega) = K_p \\ L_c(\omega) = 20\lg K_p \\ \varphi_c(\omega) = 0 \end{cases} \tag{6.4}$$

由图 6-3 可知,当比例增益 $K_p > 1$ 时,相当于增加了系统的开环增益。这会引起如下变化:

(1) 系统的稳态误差减少,即 P 控制改善了系统的稳态性能。

(2) 幅值穿越频率 ω_c 增大,因此由 $t_s = (3 \sim 4)/\zeta\omega_c$ 可知,系统的调整时间 t_s 缩短,即 P 控制改善了系统的快速性。

(3) 由于幅值穿越频率 ω_c 增大,因此由 $\gamma(\omega_c) = 180° + \varphi(\omega_c)$ 可知,相位裕度 $\gamma(\omega_c)$ 变小,即 P 控制使系统的稳定程度变差。

综上所述,当 $K_p > 1$ 时,P 控制改善了系统的稳态特性与快速性,但会使系统稳定程度变差,因此只有原系统相位裕度足够大时才采用 P 控制。若 $K_p < 1$,则对系统性能的影响与上述刚好相反。

6.1.2 PI 控制

对 P 控制加上偏差 $\varepsilon(t)$ 的积分值 $\int_0^t \varepsilon(t)dt$ 的控制方式称为 PI 控制。PI 控制器在系统中的位置如图 6-4 的虚线框内所示,其传递函数为

$$G_c(s)=\frac{U(s)}{\varepsilon(s)}=K_p+\frac{K_i}{s}=\frac{K_p}{T_i}\cdot\frac{(T_i s+1)}{s} \quad (6.5)$$

式(6.5)中，K_i 为积分增益(Integral gain)，简称 I 增益；T_i 为积分时间常数，其值为 K_p/K_i。由式(6.5)可知，PI 控制器相当于向系统引入了 1 个比例环节 K_p/T_i、1 个积分环节 $1/s$ 和 1 个一阶微分环节$(T_i s+1)$。

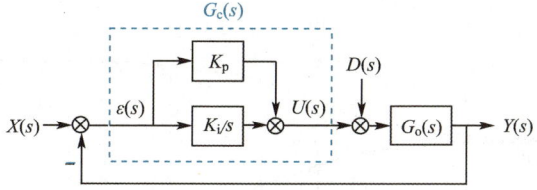

图 6-4 PI 控制传递函数

若偏差信号为单位阶跃信号，即 $\varepsilon(s)=1/s$，则由式(6.5)可知，PI 控制器的输出为

$$U(s)=\frac{K_p}{s}+\frac{K_p}{T_i s^2} \quad (6.6)$$

拉氏逆变换后可得 PI 控制器的时域响应为

$$u(t)=K_p+\frac{K_p}{T_i}t \quad (6.7)$$

该 PI 控制时域响应曲线如图 6-5 所示。PI 控制因积分环节的存在而具有记忆功能，即当输入信号突然中止时，输出信号还会存在一段时间。因此在系统设计中，常用 PI 控制器来改善系统的稳态性能。

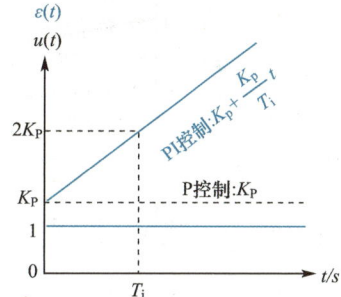

图 6-5 PI 控制时域响应曲线

PI 控制器的幅频特性、对数幅频特性及对数相频特性分别为

$$\begin{cases} G_c(j\omega)=\frac{K_p}{T_i}\times\frac{1+jT_i\omega}{j\omega} \\ L_c(\omega)=20\lg\frac{K_p}{T_i}-20\lg\omega+20\lg\sqrt{1+T_i^2\omega^2} \\ \varphi_c(\omega)=\arctan T_i\omega-90° \end{cases} \quad (6.8)$$

下面从比例环节 $K_p/T_i>1$ 和 $K_p/T_i<1$ 两种情况并以 2 个系统为例进行分析。向如图 6-6 所示系统引入 PI 控制器相当于向该系统引入比例、积分、一阶微分环节各 1 个，未引入 PI 控制器时的频域响应曲线、引入的 PI 控制器的频域响应曲线、引入 PI 控制器后该系统的频域响应曲线如图 6-6 所示。

(1) $K_p/T_i>1$

由图 6-6(a)可知，系统从 0 型提高到 I 型，因而系统的稳态误差变小甚至为 0，改善了系统的稳态性能；系统的相位裕度有所减小，即系统的稳定性变差。

(2) $K_p/T_i<1$

由图 6-6(b)可知，系统从 I 型提高到 II 型，因而系统的稳态误差变小甚至为 0，改善了系统的稳态性能；由于系统的幅值穿越频率变小了(由 ω_c 变为 ω_c')，因此系统的快速性变差，即系统的动态性能有所下降；系统的相位裕度由负变正，因此系统的稳定性变好。

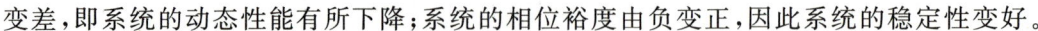

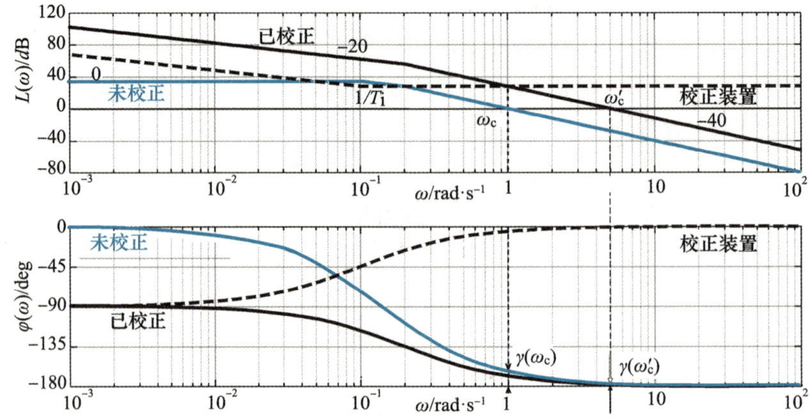

(a) $K_p/T_i > 1$

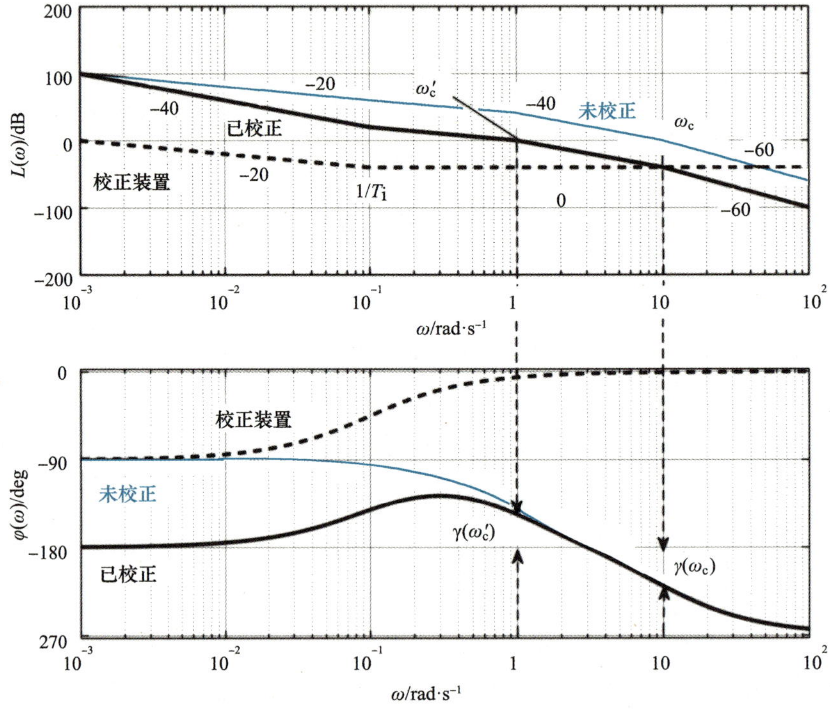

(b) $K_p/T_i < 1$

图 6-6　PI 控制的作用

6.1.3　PD 控制

对 P 控制加上偏差 $\varepsilon(t)$ 微分值 $\dfrac{d\varepsilon(t)}{dt}$ 的控制方式称为 PD 控制。PD 控制器在系统中的位置如图 6-7 的虚线框内所示，其传递函数为

$$G_c(s) = \frac{U(s)}{\varepsilon(s)} = K_p + K_d s = K_p\left(1 + \frac{K_d s}{K_p}\right) = K_p(1 + T_d s) \quad (6.9)$$

式(6.9)中，K_d 为微分增益(Derivative gain)，简称 D 增益；T_d 为微分时间常数，其值为 K_d/K_p。

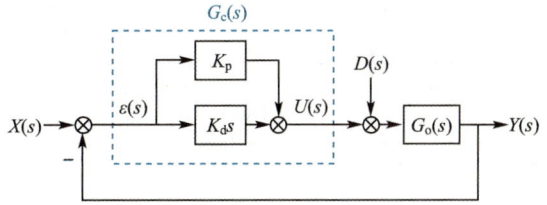

图 6-7 PD 控制传递函数

若偏差信号为如图 6-8 所示的单位速度信号(蓝色斜线)，即 $\varepsilon(s)=1/s^2$，则由式(6.9)可知，PD 控制器的输出 $U(s)$ 为

$$U(s) = \frac{K_p}{s^2} + \frac{K_p T_d}{s} \quad (6.10)$$

拉氏逆变换后可得 PD 控制器的时域响应为

$$u(t) = K_p t + K_p T_d \quad (6.11)$$

该 PD 控制时域响应曲线如图 6-8 浅蓝色斜线所示。PD 控制因微分环节的存在而具有预测功能，即能预见偏差变化的趋势，能在偏差形成之前将其消除。因此在系统设计中，常用 PD 控制器改善系统的动态性能。

下面从 $K_p=1$ 的角度分析 PD 控制的作用，此时 PD 控制器的传递函数为

$$G_c(s) = 1 + T_d s \quad (6.12)$$

则 PD 控制器的幅频特性、对数幅频特性和对数相频特性分别为

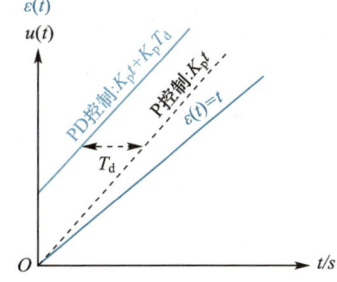

图 6-8 PD 控制的输入和输出(时域)

$$\begin{cases} G_c(j\omega) = 1 + jT_d \omega \\ L_c(\omega) = 20\lg\sqrt{1 + T_d^2 \omega^2} \\ \varphi_c(\omega) = \arctan T_d \omega \end{cases} \quad (6.13)$$

某系统未引入 PD 控制器时的频域响应曲线、引入的 PD 控制器的频域响应曲线、引入 PD 控制器后该系统的频域响应曲线分别如图 6-9 中蓝线、虚线和黑线所示。由图可知，原系统虽然稳定，但相位裕度 $\gamma(\omega_c)$ 较小，即相对稳定性差。当引入 PD 控制器后，相位裕度 $\gamma(\omega_c')$ 增加。由于微分增益 $K_p=1$，即校正装置不仅没有引入积分环节，也没有向低频段引入比例环节，因此系统的稳态特性(稳态误差)没有变化，但系统的幅值穿越频率由 ω_c 增加到 ω_c'，因此 PD 控制器能提高系统的响应快速性，即改善系统的动态特性。但进入高频段，PD 控制器的一阶微分环节发挥作用，使得高频段的增益上升，校正后系统的抗干扰能力减弱。

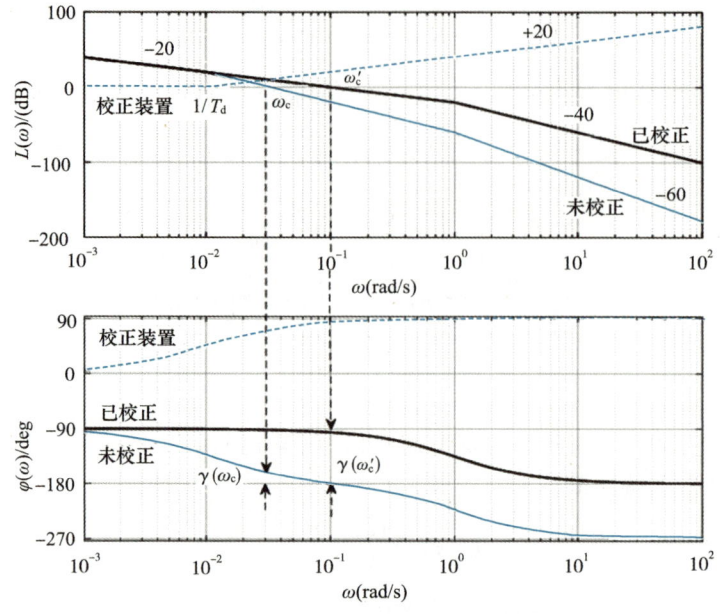

图 6-9 PD 控制的作用

6.1.4 PID 控制

在 PI 控制的基础上,增加了偏差 $\varepsilon(t)$ 微分值 $\dfrac{\mathrm{d}\varepsilon(t)}{\mathrm{d}t}$ 的控制方式称为 PID 控制。PID 控制器在系统中的位置如图 6-10 的虚线框内所示,其传递函数为

$$G_c(s) = \frac{U(s)}{\varepsilon(s)} = K_p + \frac{K_i}{s} + K_d s = K_p\left(1 + \frac{K_i}{K_p s} + \frac{K_d s}{K_p}\right) = K_p\left(1 + \frac{1}{T_i s} + T_d s\right) \quad (6.14)$$

式(6.14)中,T_i 为积分时间常数,$T_i = K_p/K_i$;T_d 为微分时间常数,$T_d = K_d/K_p$。

若偏差信号为如图 6-11 所示的速度信号(蓝色斜线),即 $\varepsilon(s) = 1/s^2$,则由式(6.14)可知,PID 控制器的输出 $U(s)$ 为

$$U(s) = K_p\left(\frac{1}{s^2} + \frac{1}{T_i s^3} + \frac{T_d}{s}\right) \quad (6.15)$$

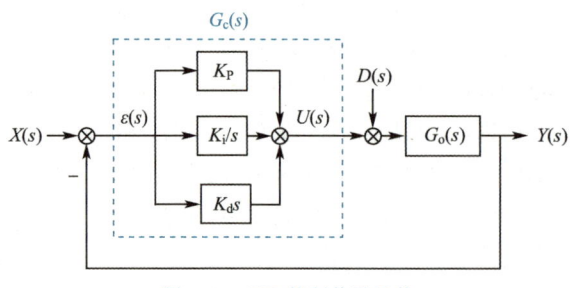

图 6-10 PID 控制传递函数

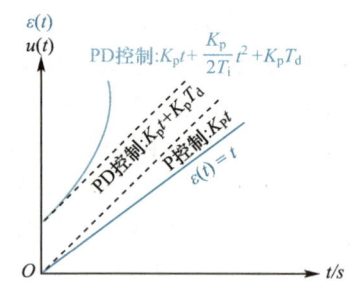

图 6-11 PID 控制的输入和输出(时域)

拉氏逆变换后可得 PID 控制器的时域响应为

$$u(t) = K_p t + \frac{K_p}{2T_i}t^2 + K_p T_d \tag{6.16}$$

该 PID 控制时域响应曲线如图 6-11 所示（浅蓝色曲线）。

当 $K_p = 1$ 时，PID 控制器的传递函数为

$$G_c(s) = 1 + \frac{1}{T_i s} + T_d s \tag{6.17}$$

则 PID 控制器的幅频特性为

$$G_c(j\omega) = 1 + \frac{1}{jT_i \omega} + jT_d \omega \tag{6.18}$$

令：$\omega_i = 1/T_i$、$\omega_d = 1/T_d$，为后续分析问题，此处假设 $\omega_i < \omega_d$，以保证相位滞后环节位于低频段，才能先引入积分环节，提高系统型号。式(6.18)改写为

$$G_c(j\omega) = \frac{1 + j\dfrac{\omega}{\omega_i} - \dfrac{\omega^2}{\omega_i \omega_d}}{j\dfrac{\omega}{\omega_i}} \tag{6.19}$$

因此，PID 控制的对数幅频特性和对数相频特性为

$$\begin{cases} L_c(\omega) = 20\lg\sqrt{\left(1 - \dfrac{\omega^2}{\omega_i \omega_d}\right)^2 + \left(\dfrac{\omega}{\omega_i}\right)^2} - 20\lg\dfrac{\omega}{\omega_i} \\ \varphi_c(\omega) = \arctan\dfrac{\dfrac{\omega}{\omega_i}}{1 - \dfrac{\omega^2}{\omega_i \omega_d}} - 90° \end{cases} \tag{6.20}$$

近似地有：

$$L_c(\omega) = \begin{cases} -20\lg\dfrac{\omega}{\omega_i} & (\omega \ll \omega_i) \\ 0 & (\omega_i < \omega < \omega_d) \\ 20\lg\dfrac{\omega}{\omega_d} & (\omega \gg \omega_d) \end{cases}$$

$$\varphi_c(\omega) = \begin{cases} -90° & (\omega \to 0) \\ 0 & (\omega = \sqrt{\omega_i \omega_d}) \\ 90° & (\omega \to \infty) \end{cases} \tag{6.21}$$

PID 控制器的频域响应如图 6-12 所示。由图可知，PID 控制器在低频段起作用的主要部分是 PI 控制器，用以提高系统类型，消除或减小稳态误差，改善系统的稳态性能；PID 控制器在中高频段起作用的主要是 PD 控制器，用以增大幅值穿越频率，提高系统的响应速度，即有效提高系统的动态性能。

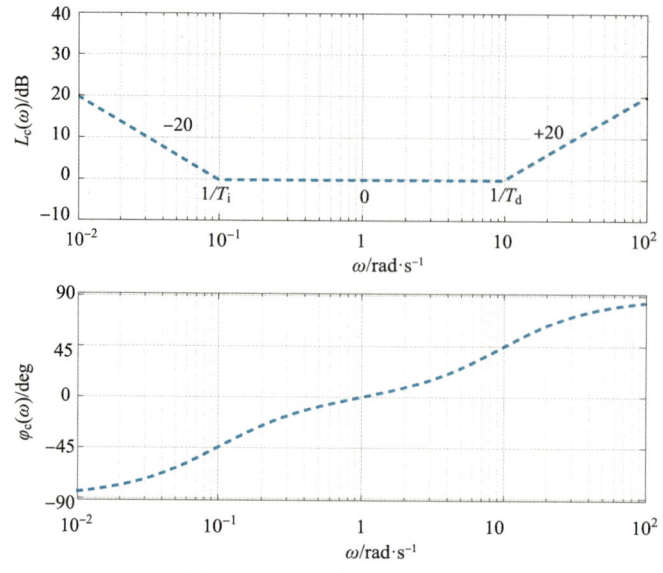

图 6-12 PID 控制器的频域响应

> **例 6.1** 某弹簧-阻尼-质量振动系统如图 6-13(a)所示,作用在质量块小车上的拉力为输入 $u(t)$,质量块小车的位移为输出 $y(t)$,质量块小车的目标位置为 $r(t)$。试分析 P 控制、PI 控制、PD 控制、PID 控制对该系统稳态误差的影响。

解:在没有加入任何 PID 控制器之前,质量块小车实际位移 $y(t)$ 为输出,作用在质量块小车上的拉力 $u(t)$ 为输入[图 6-13(a)],其传递函数为

$$\frac{Y(s)}{U(s)} = \frac{1}{Ms^2 + Bs + K} \quad (6.22)$$

弹簧-阻尼-质量振动系统传递函数如图 6-14 所示,小车是否能到达目标位置 $r(t)$ 是不可控的。

引入控制器后,系统的输出未变,仍是原系统的输出[质量块小车实际位移 $y(t)$],但系统的输入由作用在质量块小车上的拉力 $u(t)$ 变成了质量块小车的目标位置 $r(t)$,而原系统的输入拉力 $u(t)$ 成了中间变量[图 6-13(b)]。因此,需要设计 1 个控制器,控制系统输出[实际位置 $y(t)$]和系统输入[目标位置 $r(t)$]之间的偏差,直观表现是调节中间变量拉力 $u(t)$ 的大小,要让它根据偏差的大小去发力。

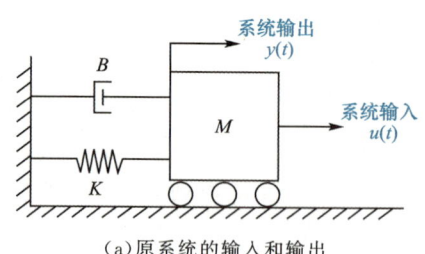

(a)原系统的输入和输出

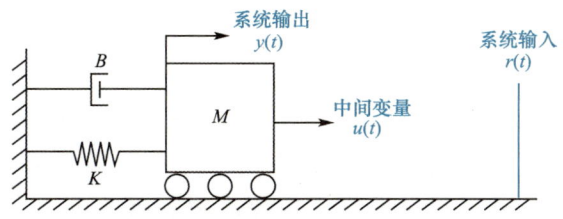

(b)加入控制器后系统的输入和输出

图 6-13　控制器对系统输入、输出的影响

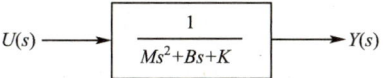

图 6-14　弹簧-阻尼-质量振动系统传递函数

(1) 引入 P 控制器

引入 P 控制器的传递函数如图 6-15 所示,其中,质量块小车的目标位置 $r(t)$ 为输入,该系统的传递函数为

$$\frac{Y(s)}{R(s)} = \frac{K_p}{Ms^2 + Bs + K + K_p} \tag{6.23}$$

对比式(6.22)和式(6.23)可知,在加入了 P 控制器后,该系统尽管仍为二阶振荡系统,但是其振荡频率和阻尼比均发生了变化,振荡频率由 $\omega_n = \sqrt{\dfrac{K}{M}}$ 增大为 $\omega_n' = \sqrt{\dfrac{K + K_p}{M}}$,阻尼比由 $\zeta = \dfrac{1}{2}\dfrac{B}{\sqrt{MK}}$ 减小为 $\zeta' = \dfrac{1}{2}\dfrac{B}{\sqrt{M(K + K_p)}}$。

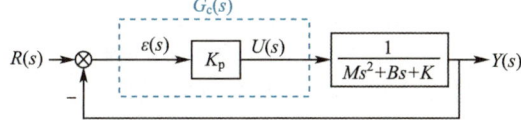

图 6-15　引入 P 控制器的传递函数

若此刻输入信号即小车目标位移 $r(t)$ 为单位阶跃信号,即 $R(s) = 1/s$,则质量块小车位移的稳态值为

$$y_\infty(t) = \lim_{s \to 0} s \cdot Y(s) = \frac{K_p}{K + K_p} \tag{6.24}$$

由式(6.24)可知,引入 P 控制器后质量块小车目标位移的稳态值不等于 1(小车目标位移的理想值),即 P 控制器无法使该系统达到目标位移的理想值。此时系统的稳态误差为

$$\varepsilon_{ss}(t) = \lim_{s \to 0} s \cdot \varepsilon(s) = \lim_{s \to 0} s [R(s) - Y(s)] = \frac{K}{K + K_p} \tag{6.25}$$

上式表明,引入 P 控制器后质量块小车目标位移的稳态误差小于 1,但不为 0。

(2) 引入 PI 控制器

引入 PI 控制器的传递函数如图 6-16 所示,该系统的传递函数为

$$\frac{Y(s)}{R(s)} = \frac{K_p s + K_i}{Ms^3 + Bs^2 + (K + K_p)s + K_i} \tag{6.26}$$

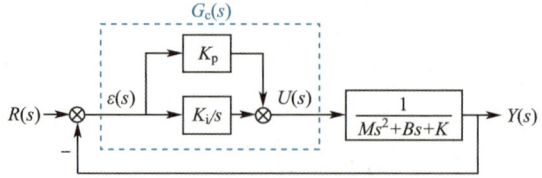

图 6-16　引入 PI 控制器的传递函数

若此刻输入信号[小车目标位移 $r(t)$]为单位阶跃信号,即 $R(s)=1/s$,则质量块小车位移的稳态值为

$$y_\infty(t)=\lim_{s\to 0}s\cdot Y(s)=K_i/K_i=1 \tag{6.27}$$

即引入 PI 控制器后质量块小车目标位移的稳态值等于 1(小车目标位移的理想值),即 PI 控制器可使系统输出无限接近目标位移的理想值。此时系统的稳态误差为

$$\varepsilon_{ss}(t)=\lim_{s\to 0}s\cdot \varepsilon(s)=\lim_{s\to 0}s[R(s)-Y(s)]=0 \tag{6.28}$$

上式表明,引入 PI 控制器后,质量块小车目标位移的稳态误差为 0。

(3) 引入 PD 控制器

引入 PD 控制器的传递函数如图 6-17 所示,该系统的传递函数为

$$\frac{Y(s)}{R(s)}=\frac{K_p+K_d s}{Ms^2+(B+K_d)s+K+K_p} \tag{6.29}$$

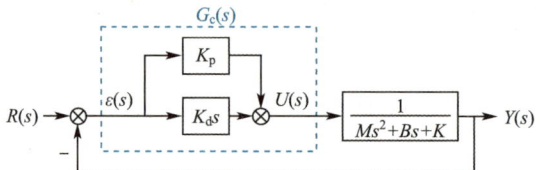

图 6-17　引入 PD 控制器的传递函数

若此刻输入信号[小车目标位移 $r(t)$]为单位阶跃信号,即 $R(s)=1/s$,则质量块小车位移的稳态值为

$$y_\infty(t)=\lim_{s\to 0}s\cdot Y(s)=\frac{K_p}{K+K_p} \tag{6.30}$$

上式表明,引入 PD 控制器后,质量块小车目标位移的稳态值不等于 1(小车目标位移的理想值),即 PD 控制器无法使该系统达到目标位移的理想值。此时系统的稳态误差为

$$\varepsilon_{ss}(t)=\lim_{s\to 0}s\cdot \varepsilon(s)=\lim_{s\to 0}s[R(s)-Y(s)]=\frac{K}{K+K_p} \tag{6.31}$$

即引入 PD 控制器后质量块小车目标位移的稳态误差小于 1,但不为 0。

(4) 引入 PID 控制器

引入 PID 控制器的传递函数方框图如图 6-18 所示,该系统的传递函数为

$$\frac{Y(s)}{R(s)}=\frac{K_d s^2+K_p s+K_i}{Ms^3+(B+K_d)s^2+(K+K_p)s+K_i} \tag{6.32}$$

若此刻输入信号[小车目标位移 $r(t)$]为单位阶跃信号,即 $R(s)=1/s$,则质量块小车位移的稳态值为

$$y_\infty(t) = \lim_{s \to 0} s \cdot Y(s) = 1 \tag{6.33}$$

上式表明,引入 PID 控制器后质量块小车目标位移的稳态值等于 1(小车目标位移的理想值),即 PID 控制器可使该系统达到目标位移理想值。此时系统的稳态误差为

$$\varepsilon_{ss}(t) = \lim_{s \to 0} s \cdot \varepsilon(s) = \lim_{s \to 0} s [R(s) - Y(s)] = 0 \tag{6.34}$$

即引入 PID 控制器后质量块小车目标位移的稳态误差为 0。

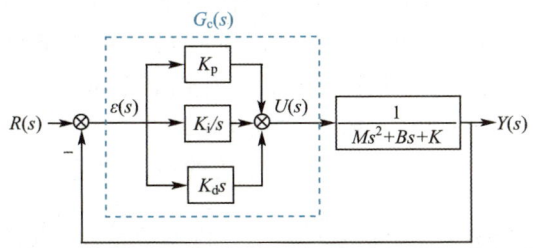

图 6-18 引入 PID 控制器的传递函数

6.2 PID 控制规律的串联实现

PID 控制规律通常由具有电气、机械、液压、气动等物理属性的校正装置来实现或近似实现,具体校正装置的选择往往取决于控制对象,因电气属性和机械属性的校正装置结构简单、便于实现,因此多被工程实际所选用。串联校正指的是 PID 校正装置以串联的方式置于系统的主前向通路,改变系统的开环传递函数和闭环传递函数,并由此改变系统的时域性能与频域性能。本节将从近似的 PI、PD、PID 校正装置入手,深入分析其频率特性,给出串联校正内涵。

6.2.1 伯德定理

设原系统的开环传递函数为 $G_o(s)$,控制器的开环传递函数为 $G_c(s)$,被校正后系统的开环传递函数为 $G(s)$,则

$$G(s) = G_c(s) G_o(s) \tag{6.35}$$

串联校正的目的在于通过控制器的引入满足系统对精度、快速性和稳定性的要求,其实这也是所有校正方式的目的。精度即稳态精度,通常体现为稳态误差、静态误差系数或开环增益;快速性以系统的开环幅值穿越频率(剪切频率表征);稳定性以幅值裕度和相位裕度表征。由于系统的时域、频域性能指标之间存在对应关系,因此本节主要讨论频域校正法。校正后系统的开环频率特性为

$$G(j\omega) = G_c(j\omega) G_o(j\omega) \tag{6.36}$$

校正后系统的开环对数幅频特性和对数相频特性分别为

$$\begin{cases} L(\omega) = 20\lg|G(j\omega)| = 20\lg|G_c(j\omega)| + 20\lg|G_o(j\omega)| \\ \varphi(\omega) = \varphi_c(\omega) + \varphi_o(\omega) \end{cases} \tag{6.37}$$

式(6.37)表明,对数幅频特性和相频特性的数学表达给系统校正带来了很大的便利,即对数频率特性的伯德图形式能将复杂的频率特性数学表达转化为线性叠加,所以在系统校

正中常采用伯德图作为工具。

工程实际中的控制系统基本都是最小相位系统，伯德定理正是关于最小相位系统的伯德图与系统频率特性的关系，其主要内容为最小相位系统的对数幅频特性渐进线与对数相频特性渐进线走向一致，即对数幅频特性渐近线的斜率$\pm 20(n-m)$dB/dec 与对数相频特性渐近线上的$\pm 90°(n-m)$相一致。

根据伯德定理可初步判断不同系统的稳定性差异。例如，若 A 系统开环幅频特性渐近线在幅值穿越频率 ω_c 处的斜率为 -20 dB/dec，则其对数相频特性渐近线上的相位 $\varphi(\omega_c)$ 约为 $-90°$；若 B 系统开环幅频特性渐近线在幅值穿越频率 ω_c 处的斜率为 -40 dB/dec，则其对数相频特性渐近线上的相位 $\varphi(\omega_c)$ 约为 $-180°$。由于相位稳定裕度 $\gamma(\omega_c)=180+\varphi(\omega_c)$，对比 A、B 两个系统，A 系统的稳定性远远强于 B 系统。

6.2.2　三频段理论

系统的低频段、中频段和高频段具有不同特性，由此引出三频段理论。对于满足伯德定理的最小相位系统来说，既可以利用三频段理论对系统进行设计，也可以对系统进行校正。

(1) 低频段

对数幅频特性的低频段主要由积分环节和比例环节组成，这 2 个环节与稳态误差密切相关，比如，积分环节越多(ν 大线陡)，开环增益越大(K 大线高)，系统的稳态误差就越小，因此低频段关联"准"这个系统特性。

(2) 中频段

对数幅频特性的中频段主要在幅值穿越频率或剪切频率 ω_c 附近。ω_c 对应着系统的幅值裕度与相位裕度，同时 ω_c 与调整时间 t_s 相关，比如，可通过调整 ω_c 来增大裕度及减小调整时间，因此中频段反映了系统的稳定性和动态性能，即中频段关联"稳"和"快"这两个系统特性。

由于幅频特性渐近线能穿越零分贝线且绝对值最小的斜率为 -20 dB/dec，其对应的相频特性渐近线处的相位 $\varphi(\omega_c)=-90°$，这也是绝对值最小的相位，此处的相位裕度 $\gamma(\omega_c)=180+\varphi(\omega_c)$ 为最大的相位裕度，故而对数幅频特性渐近线最好以 -20 dB/dec 的斜率穿越零分贝线。同时，还要使得中频段的范围较大，一方面，大的带宽表征了系统响应的快速性；另一方面 -20 dB/dec 的斜率使得中频段的幅值和相角缓慢变化，让系统有充足的幅值裕度和相角裕度，系统的稳定性更好。所以校正后幅值穿越频率尽量离它左右转角频率远一些，如 2 倍以上的距离。

(3) 高频段

对数幅频特性的高频段主要指大于 $10\omega_c$ 的频段。噪声或干扰一般出现在高频段，因此优秀的高频段要具有抗噪声或抗干扰能力。例如，高频段的斜率越大(陡峭、增益迅速变小)，噪声的幅值衰减越快，高频抗噪性能越好。若高频段符合设计要求，可不考虑对高频段进行校正。

一般来说，开环频率特性渐近线的低频段表征系统的稳态精度，由于开环增益与稳态精度成反比，所以低频段开环增益要足够大；中频段表征系统的动态性能，例如 -20 dB/dec 的渐近线段穿越零分贝线且其对应的频段要足够宽；高频段表征系统的复杂性和噪声抑制性能，所以高频增益尽量小，以便减小系统噪声的影响，甚至若高频段符合设计要求，校正时可不考虑对高频段进行再设计。在使用三频段理论的过程中，以下几点值得注意：

(1) 三频段理论的使用前提为最小相位系统。

(2) 各频段分界线并没有明确的划分标准，往往根据具体情形或工程经验而定。

(3) 不能以中频段是否以 -20 dB/dec 的斜率通过 0 分贝线为判定系统是否稳定的标准，对系统稳定性判断的金标准还是定量的稳定判据。

(4) 不要与无线电中的低中高频混淆，这两者是截然不同的概念。

(5) 三频段理论并不是进行系统设计或校正的具体步骤，但它提供了设计系统、调整结构、改善性能的原则、方向与思想。

6.2.3　PI 串联校正

PI 串联校正为将 PI 控制器以串联的方式引入系统的开环传递函数中，利用滞后网络的高频幅值衰减特性，使已校正系统截止频率降低而获得足够的相位裕度；同时利用滞后网络的低通滤波特性，提高低频段增益以减小稳态误差，并保持瞬态响应性能不变。

1. 近似的 PI 校正装置

如图 6-19 所示无源电气系统与机械系统可被用来近似地实现 PI 控制规律，这两个系统的传递函数均为

$$G_c(s) = \frac{Ts+1}{\alpha_i Ts+1} \tag{6.38}$$

对于无源电气系统而言，电压 $u_i(t)$ 和 $u_o(t)$ 分别为输入和输出，且式(6.38)中，$T=R_2 C$，$\alpha_i = \dfrac{R_1+R_2}{R_2} > 1$；对于机械系统而言，位移 $x_i(t)$ 和 $x_o(t)$ 分别为输入和输出，且式(6.38)中，$T=\dfrac{B_2}{K}$，$\alpha_i = \dfrac{B_1+B_2}{B_2} > 1$。式(6.38)可被近似为

$$G_c(s) = \frac{Ts}{\alpha_i Ts+1} + \frac{1}{\alpha_i Ts+1} \approx \frac{1}{\alpha_i}\left(\frac{Ts+1}{Ts}\right) \tag{6.39}$$

式(6.39)满足 PI 控制规律。

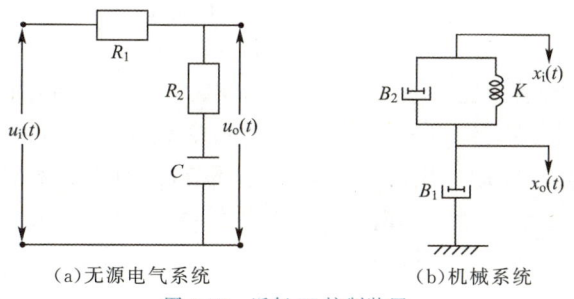

(a) 无源电气系统　　(b) 机械系统

图 6-19　近似 PI 控制装置

2. PI 校正装置的频率特性

PI 控制规律的传递函数主要用于理论研究,工程上的校正过程通常由电气、机械校正装置,或与其具有相同物理属性的其他校正装置实现。所以研究频率特性时,通常使用近似装置的开环传递函数,而不是前面得到的理论上 PI 控制规律的传递函数。

由近似 PI 校正装置的传递函数式(6.38)可得其频率特性如下:

$$G_c(j\omega) = \frac{jT\omega + 1}{j\alpha_i T\omega + 1} \quad (6.40)$$

因此,其对数幅频特性和相频特性分别为

$$L_c(\omega) = 20\lg\sqrt{1 + T^2\omega^2} - 20\lg\sqrt{1 + \alpha_i^2 T^2\omega^2} \quad (6.41a)$$

$$\varphi_c(\omega) = \arctan T\omega - \arctan \alpha_i T\omega \quad \alpha_i > 1 \quad (6.41b)$$

其中,转角频率分别为 $\omega_1 = 1/\alpha_i T$ 和 $\omega_2 = 1/T$,绘制近似 PI 校正装置伯德图(图 6-20)。

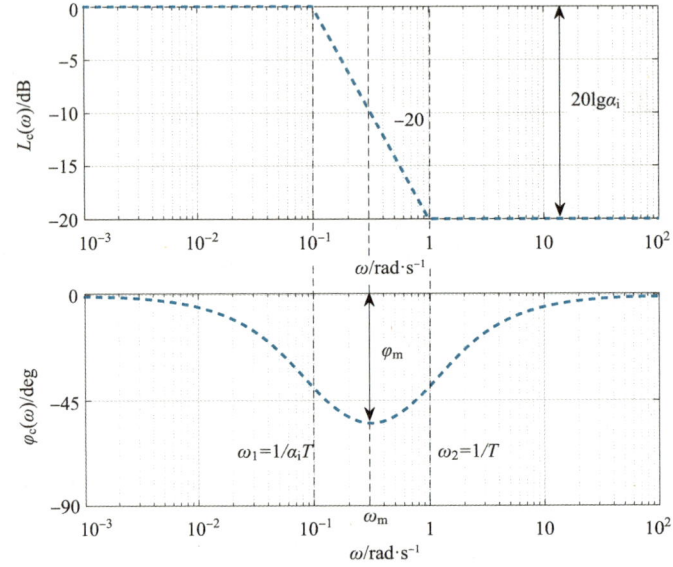

图 6-20 近似 PI 校正装置的伯德图

由式(6.40)和式(6.41a)可知,惯性环节的转角频率 $\omega_1 = 1/\alpha_i T$ 小于一阶微分环节的转角频率 $\omega_2 = 1/T$,因此 $L(\omega)$ 图起于惯性环节。同时,由式(6.41b)可知,当 $\alpha_i > 1$ 时,$\varphi_c(\omega) < 0$。综上,此幅频特性 $L(\omega)$ 具有负斜率频段且相频特性 $\varphi_c(\omega)$ 均为负相位。负相位表明,近似 PI 校正装置在正弦信号作用下的稳态输出电压[图 6-19(a)]或者稳态输出位移[图 6-19(b)]在相位上滞后于输入,因此近似的 PI 校正装置又被称为相位滞后校正装置。同时,相位滞后装置在高频段产生较大的幅值衰减,有助于削弱高频噪声,即起到降噪的作用。相位滞后校正装置 $L(\omega)$ 的 -20 dB/dec 斜率的存在,有助于校正后系统的开环伯德图幅频特性渐近线以 -20 dB/dec 的斜率穿越零分贝线。但高频段的相位滞后效果不明显(因为高频段起作用的是一阶微分环节,它具有正相位,补偿了前面惯性环节的负相位),校正后系统的 $\varphi(\omega)$ 在高频段变化不大,即对系统的高频段影响不大(图 6-20)。因此可以利用这一特性使得校正后的系统在幅值穿越频率处的相位裕度得到有效提高。

这里解释一下高频段的概念。因为 $\alpha_i > 1$，这说明两个转角频率相差很大，例如，图 6-20 中两个转角频率相差 10 倍。同时这是一个相对的概念，对于该校正环节来说，低频段为水平线那段，剩下的进入中高频段。

3. PI 串联校正内涵

令 $\dfrac{\mathrm{d}}{\mathrm{d}\omega}\varphi_c(\omega)=0$，求得产生最大滞后相角时的频率为

$$\omega_m = \frac{1}{T\sqrt{\alpha_i}} \tag{6.42}$$

又因为 $\omega_1 = 1/\alpha_i T$，$\omega_2 = 1/T$，因此有 $\omega_m^2 = \omega_1 \omega_2$，即 $\omega_2/\omega_m = \omega_m/\omega_1$，对其两边同时取对数运算有 $\lg\omega_2 - \lg\omega_m = \lg\omega_m - \lg\omega_1$。因此，$\omega_m$ 为近似 PI 校正装置频率特性两个转角频率 $\omega_1 = 1/\alpha_i T$ 和 $\omega_2 = 1/T$ 的几何中心（对于对数坐标来说，ω_m 为两个转角频率的中点）。

将最大滞后相角频率 ω_m 代入式(6.41b)中可得最大滞后相角为

$$\varphi_m = -\arcsin\frac{\alpha_i - 1}{\alpha_i + 1} \tag{6.43}$$

对式(6.43)进行三角函数变换可得

$$\alpha_i = \frac{1 + \sin(-\varphi_m)}{1 - \sin(-\varphi_m)} \tag{6.44}$$

避免最大滞后相角发生在校正后的 ω_{c2} 处而导致系统动态性能变差，一般取 PI 校正装置第 2 个转角频率 $\omega_2 = \omega_{c2}/4 \sim \omega_{c2}/10$。

设某单位负反馈系统未经过校正前的开环对数幅频特性曲线和相频特性曲线如图 6-21 中的蓝线所示，由图可知，原系统开环对数幅频特性曲线在中频段幅值穿越频率 ω_{c1} 附近的斜率为 -60 dB/dec。这说明原闭环系统的稳定性很差。由其对数相频特性曲线可知，$\gamma(\omega_{c1}) < 0$，该系统接近于不稳定状态。

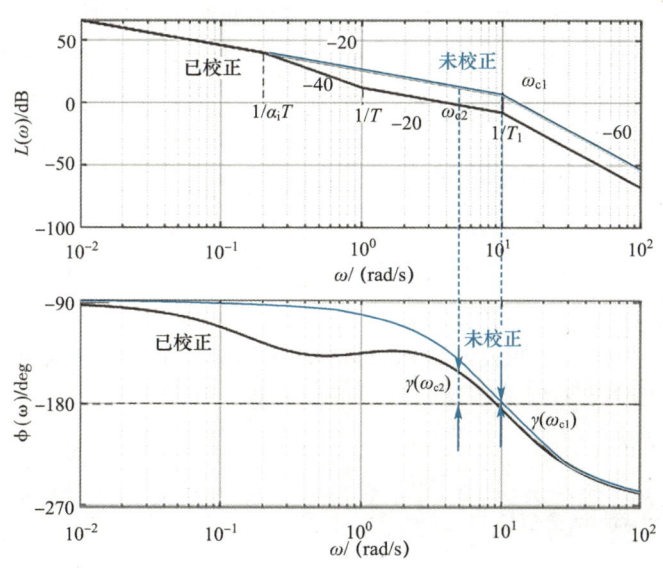

图 6-21 系统的滞后串联校正

将近似 PI 校正装置以串联的方式置于系统中,并使得校正环节的两个转角频率 $\omega_1=1/\alpha_i T$ 和 $\omega_2=1/T$ 分别位于原系统的幅值穿越频率 ω_{c1} 之前且距离较远处,"之前"的原因在于校正环节第 2 个转角频率后对应斜率为 20 dB/dec,"之前"才能保证校正后幅值穿越频率处的斜率由 -40 dB/dec 变为 -20 dB/dec(最小相位系统在幅值穿越频率处的斜率为 -20 dB/dec,系统才是稳定的);"较远"的原因在于保证串进来的第 2 个转角频率对应的校正后斜率 -20 dB/dec 所在的频段足够宽,即系统稳定工作的频段足够宽(三段式理论的中频段理论)。

校正后系统的开环对数幅频和相频特性曲线如图 6-21 中黑线所示。对于开环对数幅频特性曲线 $L(\omega)$ 而言,由于校正环节负斜率的作用,因此将校正环节转角频率 $\omega_2=1/T$ 之前的斜率由蓝色校正前的 -20 dB/dec 变为黑色校正后的 -40 dB/dec,$\omega_2=1/T$ 之后的 $L(\omega)$ 尽管斜率未变,仍是 -20 dB/dec(-40 dB/dec$+20$ dB/dec),但被往下拽了一段距离,因此幅值穿越频率 ω_{c1} 减小到 ω_{c2},这一方面导致调整时间变大,降低了系统的响应快速性,另一方面又使得相位裕度变大,从而改善了系统的稳定性。相位滞后校正以牺牲系统的快速性来换取系统的稳定性。

对于开环对数相频特性曲线而言,校正环节负相位处于低频段,使得幅值穿越频率附近的相位没有明显变化,因此校正后的相频特性曲线(黑线)的相位裕度也没有明显变化,即校正环节滞后的相位并不能改善系统的稳定性,负斜率带来的幅值衰减作用是改善系统稳定性的原因。

下面以近似 PI 校正装置为例,对相位滞后串联校正进行如下总结:

(1)近似 PI 校正装置因通常被以串联的方式置于系统的开环中而被称为相位滞后串联校正,该校正方式并没有改变原系统低频段的特性,也就是对系统的稳态精度无功无过;同时,该校正方式改善了原系统的稳定性,但降低了系统响应的快速性。简而言之,对于控制系统的"稳、准、快"三大基本要求而言,采用相位滞后串联校正方式能改善原系统的稳定性、维持原系统的准确性[并没有改变原系统低频段的特性:相位滞后串联校正装置的第一个频段(低频段)是水平的,增益和斜率都没有]、牺牲原系统的快速性。因此,对于快速性要求不高的控制系统而言,例如,恒温系统通常采用相位滞后串联校正改善其稳定性,同时能兼顾提高准确性。

(2)相位滞后串联校正的重要参数 α_i 对系统性能的影响:

由式(6.44)可知,最大超前相角频率 ω_m 仅与 α_i 有关,α_i 越大,ω_m 的绝对值越大,即相位滞后越大,应尽量使最大滞后相角频率 ω_m 远离校正后系统的幅值穿越频率 ω_{c2},否则会对系统的动态性能产生不利影响。

相位滞后校正具有低通滤波的特性,即它对低频信号基本上无衰减作用,但能削弱高频噪声,因此 α_i 值越大,抑制系统高频噪声能力越强。

综上,一般选择 $\alpha_i=10$。

6.2.4 PD 串联校正

PD 串联校正为将 PD 控制器以串联的方式引入系统的开环传递函数中,通过校正装置产生的超前相角,补偿原有系统过大的相角滞后,即补偿系统开环频率特性在剪切频率 ω_c 处的相角滞后,以增加系统的相角裕度,从而提高系统的稳定性,改善系统的动态品质。

1. 近似的 PD 校正装置

无源电气系统与机械系统可被用来近似地实现 PD 控制规律(图 6-22)。这两个系统的传递函数均为

$$G_c(s) = \alpha_d \frac{Ts+1}{\alpha_d Ts+1} \tag{6.45}$$

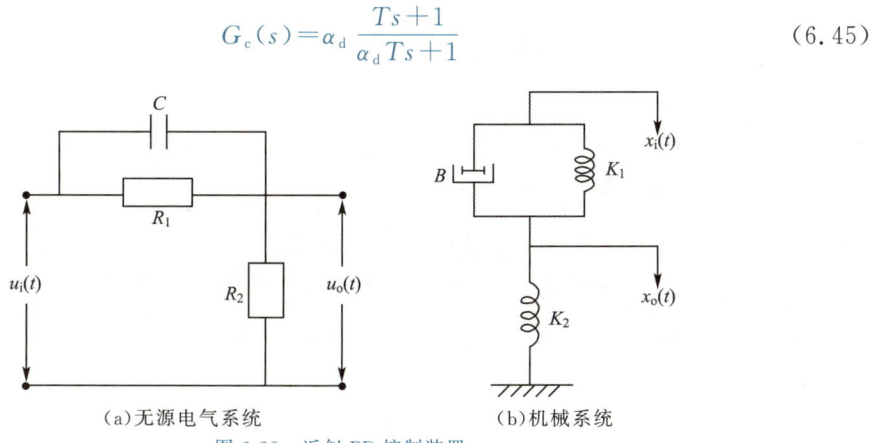

图 6-22　近似 PD 控制装置

对于无源电气系统而言,电压 $u_i(t)$ 为输入,电压 $u_o(t)$ 为输出,且式(6.45)中, $T=R_1C$, $\alpha_d = R_2/(R_1+R_2)<1$;对于机械系统而言,位移 $x_i(t)$ 为输入,位移 $x_o(t)$ 为输出,且上式中, $T=B/K_1$, $\alpha_d = K_1/(K_1+K_2)<1$。式(6.45)可被近似为

$$G_c(s) = \alpha_d(Ts+1) \tag{6.46}$$

式(6.46)满足 6.1.3 中的 PD 控制规律,但在 6.1.3 中微分增益等于 1,若微分增益小于 1,即 α_d 的值较小,则 PD 控制规律会引起过大的衰减,因此一般取 $\alpha_d \geqslant 0.07$,这也是如图 6-22 所示无源电气系统和机械系统为何被称为"近似的 PD 校正装置"的原因。

2. PD 校正装置的频率特性

由近似 PD 校正装置的传递函数式(6.45)可得其频率特性如下:

$$G_c(j\omega) = \alpha_d \frac{jT\omega+1}{j\alpha_d\omega+1} \tag{6.47}$$

因此,其对数幅频特性和相频特性分别为

$$L_c(\omega) = 20\lg\alpha_d + 20\lg\sqrt{1+T^2\omega^2} - 20\lg\sqrt{1+\alpha_d^2T^2\omega^2} \tag{6.48a}$$

$$\varphi_c(\omega) = \arctan T\omega - \arctan\alpha_d T\omega \quad \alpha_d<1 \tag{6.48b}$$

其中,转角频率分别为 $\omega_1=1/T$ 和 $\omega_2=1/\alpha_d T$ 且 $\omega_1<\omega_2$。绘制近似 PD 校正装置伯德图(图 6-23)。此幅频特性具有正斜率频段且相频特性均为正相位。正相位表明,近似 PD 校正装置在正弦信号作用下的稳态输出电压[图 6-22(a)]或稳态输出位移[图 6-22(b)]在相位上超前于输入,因此近似的 PD 校正装置又被称为相位超前校正装置。这里的相位超前指的是 ω_c,即中频段附近的相位超前,而它的高频段实际上是相位衰减的。

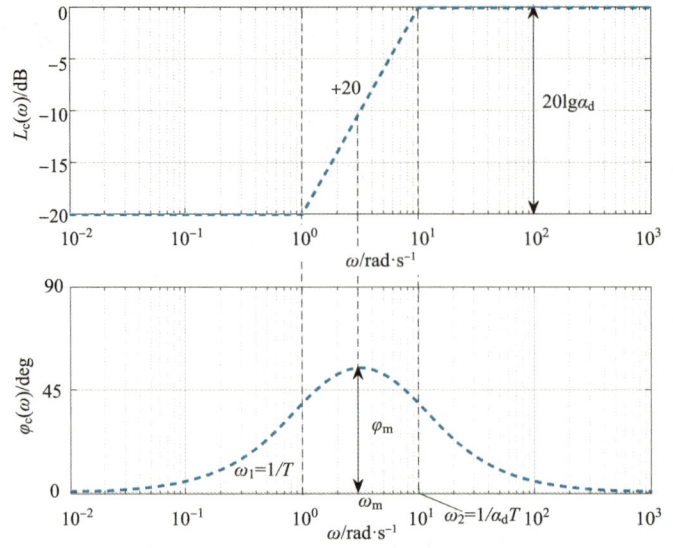

图 6-23 近似 PD 校正装置的伯德图

由于 $\alpha_d < 1$，由图 6-23 所示的超前校正环节就会产生一个 α_d 倍的增益衰减。由于开环增益与系统的稳态误差成反比，因此为了不影响系统的稳态精度，就必须将系统中原有的放大器倍数提高 $1/\alpha_d$ 倍，故校正环节的传递函数为

$$G_c(s) = \frac{Ts+1}{\alpha_d Ts+1} \tag{6.49}$$

对应的频率特性即

$$G_c(j\omega) = \frac{jT\omega+1}{j\alpha_d T\omega+1} \tag{6.50}$$

因此，其对数幅频特性和相频特性分别为

$$L_c(\omega) = 20\lg\sqrt{1+T^2\omega^2} - 20\lg\sqrt{1+\alpha_d^2 T^2\omega^2} \tag{6.51a}$$

$$\varphi_c(\omega) = \arctan T\omega - \arctan \alpha_d T\omega \tag{6.51b}$$

其中，转角频率依旧分别为 $\omega_1 = 1/T$ 和 $\omega_2 = \dfrac{1}{\alpha_d T}$，近似 PD 校正装置如图 6-24 所示。将图 6-23 和图 6-24 对比可知，对数幅频特性曲线沿着纵坐标向上平移了 $|20\lg\alpha_d|$，而相频特性曲线没有任何变化。这也说明了幅频特性的增益不改变相频特性。

3. PD 串联校正内涵

为充分发挥相位超前环节的相位超前作用，应求出其最大相位超前量，并对其充分利用。令 $\dfrac{d}{d\omega}\varphi_c(\omega) = 0$，结合导数公式，求得产生最大超前相角时的频率为

$$\omega_m = \frac{1}{T\sqrt{\alpha_d}} \tag{6.52}$$

又因为 $\omega_1 = 1/T$ 和 $\omega_2 = \dfrac{1}{\alpha_d T}$，因此有 $\omega_m^2 = \omega_1 \omega_2$，即 $\omega_2/\omega_m = \omega_m/\omega_1$，对其两边同时取对数运算有 $\lg\omega_2 - \lg\omega_m = \lg\omega_m - \lg\omega_1$。因此，$\omega_m$ 为近似 PD 校正装置频率特性两个

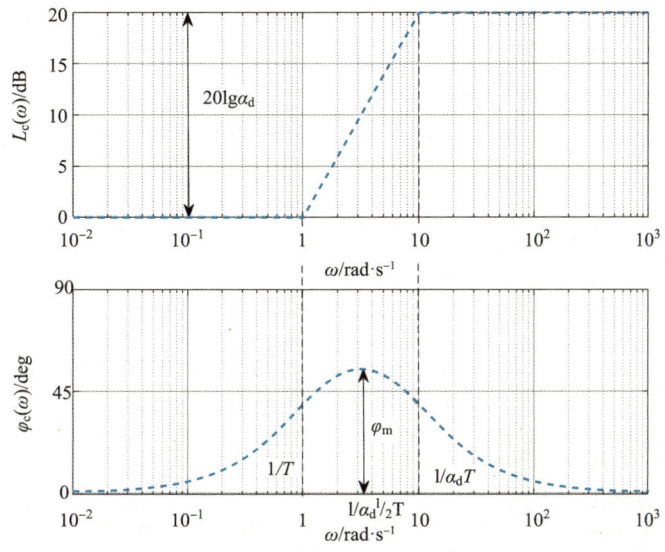

图 6-24 近似 PD 校正装置

转角频率 $\omega_1=1/T$ 和 $\omega_2=\dfrac{1}{\alpha_d T}$ 的几何中心(对于对数坐标来说,ω_m 为两个转角频率的中点)。将最大超前相角频率 ω_m 代入式(6.51b)中可得最大超前相角为

$$\varphi_m = \arcsin \frac{1-\alpha_d}{1+\alpha_d} \tag{6.53}$$

对式(6.53)进行三角函数变换可得

$$\alpha_d = \frac{1-\sin \varphi_m}{1+\sin \varphi_m} \tag{6.54}$$

综上可知,PD 串联校正的实质为将校正装置的最大超前相角补在校正后系统的幅值穿越频率处,提高相位裕度,右移幅值穿越频率,从而改善系统的动态性能(减小调整时间)。因此,可将最大超前相角频率 ω_m 设为校正后系统的幅值穿越频率 ω_c。

设某单位负反馈系统未经过校正前的开环对数幅频特性曲线和相频特性曲线如图 6-25 中的蓝线所示,图中原系统开环对数幅频特性曲线(蓝线)在中频段幅值穿越频率 ω_{c1} 附近的斜率为 -40 dB/dec。根据伯德定理,$L(\omega_{c1})$ 的斜率 -40 dB/dec 对应着的 $\varphi(\omega_{c1})$ 约为 $-180°$。由 $\gamma(\omega_{c1})=180+\varphi(\omega_{c1})$ 可知,未校正系统处于临界稳定状态。

将近似 PD 校正装置以串联的方式置于系统中,并使得校正环节的 2 个转角频率 $\omega_1=1/T$ 和 $\omega_2=\dfrac{1}{\alpha_d T}$ 分别位于原系统的幅值穿越频率 ω_{c1} 的两侧,同时使用放大器提高系统的开环增益 $1/\alpha_d$ 倍,补偿由近似 PD 校正装置引起的开环增益降低。校正后系统的开环对数幅频和相频特性曲线如图 6-25 中黑线所示。

对于开环对数幅频特性曲线 $L(\omega)$ 而言,由于校正环节正斜率对应的频率段为 $\omega_1=1/T$ 和 $\omega_2=\dfrac{1}{\alpha_d T}$ 之间的中频段,因此中频段的斜率就由蓝线中的 -40 dB/dec 变为黑线中的 -20 dB/dec,幅值穿越频率 ω_{c1} 也被校正为 ω_{c2}(ω_c 变大),相当于调整时间 t_s 减小,

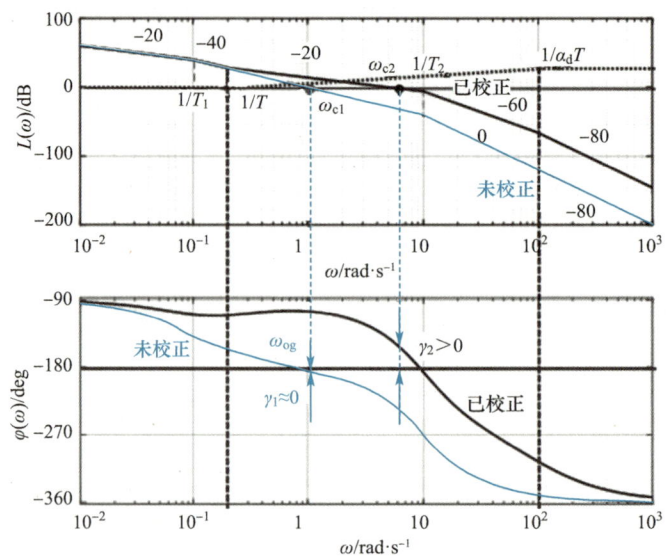

图 6-25 超前校正的作用

因此提高了原系统的响应快速性。

对于开环对数相频特性曲线 $\varphi(\omega)$ 而言,由于校正环节正相位的作用,使得幅值穿越频率附近的相位明显上升,因此校正后的相频特性曲线(黑线)具有较大的相位裕度,改善了原系统的稳定性。

下面以近似 PD 校正装置为例,对相位超前串联校正进行如下总结:

(1)近似 PD 校正装置通常被以串联的方式置于系统开环,因而被称为"相位超前串联校正"。由频率特性可知,整个系统的开环增益会随着近似 PD 校正装置的串入而下降 α_d 倍,从而导致系统开环增益减小,影响系统的稳态精度。因此为满足稳态精度的要求,保持系统必要的开环增益,就必须提供系统前向通路中放大器的增益,以对串入近似 PD 校正装置而导致系统开环增益减小进行补偿。

(2)相位超前串联校正的重要参数 α_d 的值对系统性能的影响:

①由式(6.53)可知,最大超前相角频率 ω_m 仅与 α_d 有关,α_d 越大,ω_m 越大,即相位超前越大,但过大的 α_d 会导致系统开环增益的减少,影响系统的稳态精度。

②相位超前具有高通滤波的特性,因此 α_d 的值过大对抑制系统高频噪声不利。

③过小的 α_d 会导致信号通过校正装置后的幅值大幅衰减。

综上,一般选择 α_d 不小于 0.07,通常来说,$\alpha_d=0.1$。

6.2.5 PID 串联校正

单纯地采用相位超前校正或相位滞后校正只能改善系统单方面的性能,若使系统同时具有较好的瞬态特性和稳态性能,可采用滞后-超前校正方法,即 PID 串联校正方法,一举两得。

1. 近似的 PID 校正装置

无源电气系统可被用来近似地实现 PID 控制规律[图 6-26(a)],以电压 $u_i(t)$ 为输

入,电压 $u_o(t)$ 为输出,其传递函数为

$$G_c(s) = \frac{(T_1 s + 1)(T_2 s + 1)}{T_1 T_2 s^2 + (T_1 + \alpha T_2)s + 1} \tag{6.55}$$

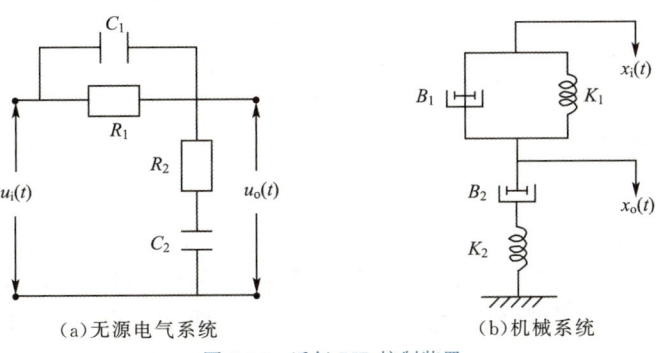

(a)无源电气系统　　　　(b)机械系统

图 6-26　近似 PID 控制装置

式(6.55)中,$T_1 = R_1 C_1$,$T_2 = R_2 C_2$,$T_1 + \alpha T_2 = R_1 C_1 + R_2 C_2 + R_1 C_2$,$\alpha = \dfrac{R_1 + R_2}{R_2}$,令 $T_2 > T_1$,则 $T_1 + \alpha T_2 \approx \dfrac{T_1}{\alpha} + \alpha T_2$,因此式(6.55)可被近似为

$$G_c(s) = \frac{T_2 s + 1}{\alpha T_2 s + 1} \cdot \frac{T_1 s + 1}{\dfrac{T_1}{\alpha} s + 1} \quad \alpha > 1 \tag{6.56}$$

将式(6.56)与相位滞后校正装置的传递函数和相位超前校正装置的传递函数对比可知,这是滞后与超前校正的组合,因此近似的 PID 校正装置又被称为相位滞后-超前校正装置,滞后在前是因为从该装置的伯德图上看,先滞后,后超前。

对于如图 6-26(b)所示的机械系统而言,位移 $x_i(t)$ 为输入,位移 $x_o(t)$ 为输出,其传递函数为

$$G_c(s) = \frac{(K_1 + B_1 s)(K_2 + B_2 s)}{(K_1 + B_1 s)(K_2 + B_2 s) + K_2 B_2 s} \tag{6.57}$$

式(6.57)中,$T_1 = \dfrac{B_1}{K_1}$,$T_2 = \dfrac{B_2}{K_2}$,$\alpha = \dfrac{K_1 + K_2}{K_1} > 1$,$\dfrac{B_1}{K_1} + \dfrac{B_2}{K_2} + \dfrac{B_2}{K_1} = T_1 + \alpha T_2$,令 $T_2 > T_1$,则 $T_1 + \alpha T_2 \approx \dfrac{T_1}{\alpha} + \alpha T_2$,因此式(6.57)可被近似为

$$G_c(s) = \frac{T_2 s + 1}{\alpha T_2 s + 1} \cdot \frac{T_1 s + 1}{\dfrac{T_1}{\alpha} s + 1} \tag{6.58}$$

即该机械系统是近似的相位滞后-超前校正装置。

2. PID 校正装置的频率特性

由近似 PID 校正装置的传递函数式(6.58)可得其频率特性如下:

$$G_c(j\omega) = \frac{j T_2 \omega + 1}{j \alpha T_2 \omega + 1} \cdot \frac{j T_1 \omega + 1}{j \dfrac{T_1}{\alpha} \omega + 1} \tag{6.59}$$

因此,其对数幅频特性和相频特性分别为

$$L_c(\omega) = 20\lg\sqrt{1+T_2^2\omega^2} + 20\lg\sqrt{1+T_1^2\omega^2} - 20\lg\sqrt{1+\alpha^2 T_2^2\omega^2} - 20\lg\sqrt{1+\frac{T_1^2}{\alpha^2}\omega^2} \tag{6.60a}$$

$$\varphi_c(\omega) = \arctan T_2\omega + \arctan T_1\omega - \arctan\alpha T_2\omega - \arctan\frac{T_1}{\alpha}\omega \tag{6.60b}$$

其中,转角频率分别为 $\omega_1=1/T_2$,$\omega_2=1/T_1$,$\omega_3=1/\alpha T_2$ 和 $\omega_3=\alpha/T_1$,绘制近似 PID 校正装置伯德图(图 6-27)。

3. PID 串联校正内涵

由图 6-27 可知,其对数相频特性曲线的前半部分是滞后的,即低频部分为负斜率、负相位;其对数相频特性曲线的前半部分是超前,即高频部分是正斜率、正相位。这也是近似 PID 校正被称作"相位滞后-超前校正"的原因。由于前半部分对数幅频特性曲线具有负斜率,因此具有使系统增益衰减的作用,所以允许系统在低频段提高增益,即加入放大器以改善系统的稳态特性。后半部分对数幅频特性曲线具有正斜率,因此可提高相位,使得系统的相位裕度增大,幅值穿越频率增大,从而有效改善系统的动态特性。

基于无源 RC 电气系统的近似 PID 校正装置的优点是校正元件的特性比较稳定,但其放大倍数 α 不可能大于1,经常需要另加放大器并进行前后隔离,且常因负载效应而削弱了校正作用。有源电气系统本身带有放大器,增益可调,因此在实际应用过程中,多采用以运算放大器组成的有源校正装置。

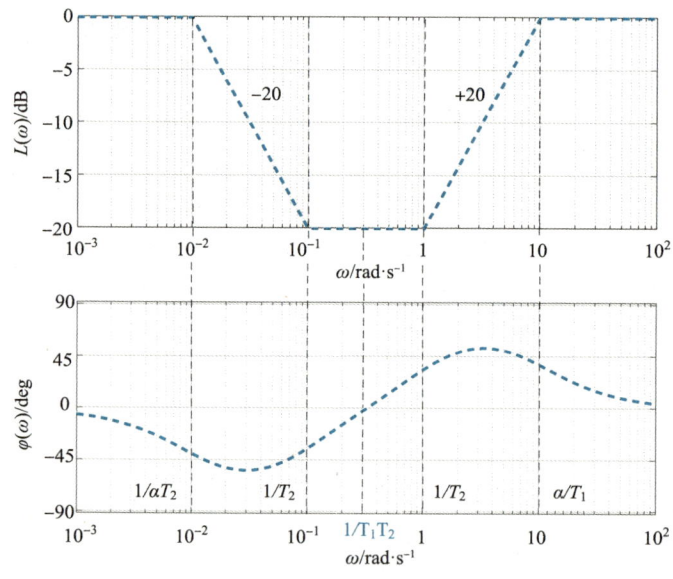

图 6-27 近似 PID 校正装置的伯德图

6.3 并联校正

并联校正是以并联的方式加入原系统的开环,对其中的部分结构或参数构成包围,因此其又被称为反馈校正,在控制系统设计中得到广泛应用。在机电随动系统和调速系统中,转速、加速度、电枢电流等都可作为反馈信号,对应的反馈元件实际上是测量传感器,如测速电机、加速度计、电流互感器等。从系统某一环节输出的信号经由这些反馈元件,重新以输入的方式加入该环节的前面,从而形成一个新的局部内反馈回路。为与系统的整体外环控制回路区别,也称其为"局部反馈"或"内部反馈"。

一般来说,串联校正比并联校正简单,但系统中其他元件参数的不稳定会影响串联校正的效果,因此在使用串联校正装置时,通常要对系统元件的稳定性提出较高的要求。并联校正由于其接入系统的方式是反馈,因此从控制的观点来看,并联校正比串联校正具有更加显著的特点,不仅对系统中各元件的稳定性要求较低,其校正装置还能在一定条件下取代被包围部分,进而去除、削弱或抑制被包围部分给系统造成的不利影响。但并联校正也存在一定的缺点,比如,测速发电机、电流互感器、加速度测量仪等常用的并联校正装置昂贵且体积庞大,且并联校正环节的设计也比较烦琐。

为在章节标题上与串联校正形成呼应,本节标题为"并联校正"。为使陈述形象化,在正文撰写中采用"反馈校正"。反馈校正具有改变局部结构、减小时间常数、改善局部稳定性、取代局部结构等作用,常用的反馈校正方法有速度反馈和加速度反馈。

1. 改变局部结构

对某系统的局部结构积分环节 K/s 引入比例反馈环节 K_H,则该局部结构由积分环节变为惯性环节(图 6-28):

$$G(s)=\frac{\dfrac{K}{s}}{\dfrac{KK_H}{s}+1}=\frac{\dfrac{1}{K_H}}{\dfrac{s}{KK_H}+1} \tag{6.61}$$

2. 减小时间常数

对某系统的局部结构惯性环节引入比例反馈环节。以比例负反馈形成的局部反馈又被称为硬反馈(图 6-29)。此局部结构的传递函数为

$$G(s)=\frac{\dfrac{K}{Ts+1}}{\dfrac{KK_H}{Ts+1}+1}=\frac{\dfrac{K}{1+KK_H}}{\dfrac{T}{1+KK_H}s+1} \tag{6.62}$$

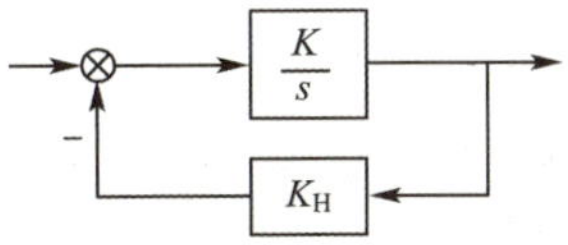

图 6-28 反馈校正的作用:改变局部结构

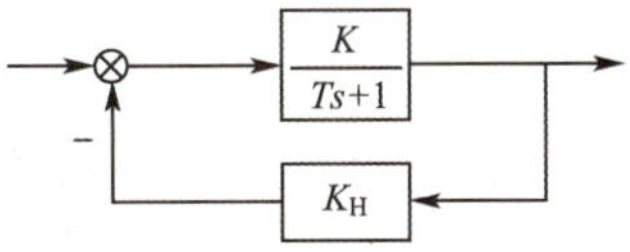

图 6-29 反馈校正的作用:减小时间常数

由式(6.62)可知,引入硬反馈后,该局部结构仍为惯性环节,但校正前后惯性环节的时间常数发生了变化,由 T 变为了 $T/(1+KK_H)$,即时间常数变小,甚至反馈环节的比例系数 K_H 越大,时间常数越小。这意味着响应的快速性得到了提高。但是,校正前后该结构的增益由 K 变为了 $K/(1+KK_H)$,即增益变小,变小的倍数与时间常数变小的倍数,均为 $(1+KK_H)$ 倍。这说明稳态误差变大。究竟想要快速性还是想要准确性? 通常来

说,快速性与准确性是很难兼顾的。

3. 改善局部稳定性

某系统的局部结构如图 6-30 所示,$K/(T^2s^2+1)$ 为二阶等幅振荡环节,在经典控制里其为不稳定结构。对其引入理想微分反馈环节 K_1s,传递函数为

$$G(s)=\frac{\dfrac{K}{T^2s^2+1}}{\dfrac{KK_1}{T^2s^2+1}+1}=\frac{K}{T^2s^2+KK_1s+1} \tag{6.63}$$

式(6.63)为典型的二阶衰减振荡环节,即系统的局部稳定性得到了提高。

理想微分环节的引入还能增大局部结构的阻尼比,这对小阻尼振荡环节减小谐振峰值是非常有利的,局部回路传递函数(图 6-31)为:

$$G(s)=\frac{K}{T^2s^2+(2\zeta T+KK_1)s+1} \tag{6.64}$$

由式(6.64)可知,校正后的环节仍为振荡环节,但该局部结构的阻尼比由校正前的 ζ 增大为 $\zeta+KK_1/2T$,且无阻尼自然频率并没有改变,依旧是 $1/T$。

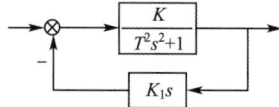

图 6-30　反馈校正的作用:改善局部稳定性 1

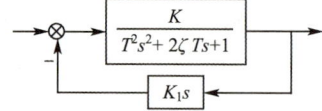

图 6-31　反馈校正的作用:改善局部稳定性 2

4. 取代局部结构

某系统的局部结构如图 6-32 所示,其传递函数为

$$G(s)=\frac{G_1(s)}{1+G_1(s)H_1(s)} \tag{6.65}$$

其频率特性为

$$G(j\omega)=\frac{G_1(j\omega)}{1+G_1(j\omega)H_1(j\omega)} \tag{6.66}$$

在系统的主要工作频率范围内(或在满足下式的系统工作频段内),若该开环增益足够大,即能选择合适的结构参数,使得

$$|G_1(j\omega)H_1(j\omega)|\gg 1 \tag{6.67}$$

则

$$G(j\omega)=\frac{G_1(j\omega)}{1+G_1(j\omega)H_1(j\omega)}\approx\frac{G_1(j\omega)}{G_1(j\omega)H_1(j\omega)}\approx\frac{1}{H_1(j\omega)} \tag{6.68}$$

即该局部结构的传递函数等效为

$$G(s)\approx\frac{1}{H_1(s)} \tag{6.69}$$

这说明被包围结构的传递函数与被包围环节基本无关,达到了用 $1/H_1(s)$ 取代 $G(s)$ 的目的。反馈校正的该作用常被用于改造不希望有的某些环节,尤其是消除系统中局部位置的非线性、时变参数的存在及抑制干扰。

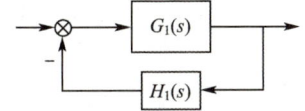

图 6-32 反馈校正的作用：取代局部结构

5. 速度反馈和加速度反馈

前面叙述的反馈环节是理想微分环节，本质上相当于位移的微分，即速度信号，因此这种情况也被称为速度反馈。同理，若反馈环节为速度的微分，即加速度信号，则称为加速度反馈。

速度反馈被广泛应用于机电随动系统中，除能提高系统的稳定性外，也能提高快速性。设速度反馈通路的传递函数为

$$H(s) = \frac{K_1 s}{T_1 s + 1} \tag{6.70}$$

以位置控制系统测速电机反馈校正为例（图 6-33），未加入测速反馈校正装置前，以 $\theta_o(s)$ 为输出，以 $U(s)$ 为输入的局部结构的传递函数为

$$\frac{\theta_o(s)}{U(s)} = \frac{K_2}{s(T_m s + 1)} \tag{6.71}$$

加入测速反馈校正装置后，该部分结构的传递函数为

$$\frac{\theta_o(s)}{U(s)} = \frac{\dfrac{K_2}{s(T_m s + 1)}}{1 + \dfrac{K_2}{s(T_m s + 1)} K_c s} = \frac{\dfrac{K_2}{1 + K_2 K_c}}{s\left(\dfrac{1}{1 + K_2 K_c} T_m s + 1\right)} = \frac{K_2}{s(T_m s + 1)} \cdot \frac{\dfrac{1}{1 + K_2 K_c}(T_m s + 1)}{\dfrac{1}{1 + K_2 K_c} T_m s + 1} \tag{6.72}$$

对比式(6.71)和(6.72)可知，加入测速电机反馈环节后，系统相当于加入了串联校正环节 $\theta_j(s)$：

$$\theta_j(s) = \frac{\dfrac{1}{1 + K_2 K_c}(T_m s + 1)}{\dfrac{1}{1 + K_2 K_c} T_m s + 1} \tag{6.73}$$

可见，该测速电机反馈校正的作用相当于串联校正中的超前校正，即近似的 PD 校正。

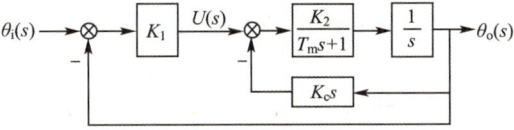

图 6-33 位置控制系统测速电机反馈校正

与上述测速电机反馈校正的原理相似，可用加速度测量仪作为位置伺服控制系统的加速度反馈元件，对位置控制系统进行加速度测量仪反馈校正（图 6-34），加入加速度反馈校正装置前，以 $\theta_o(s)$ 为输出、以 $U(s)$ 为输入的局部结构的传递函数为

$$\frac{\theta_o(s)}{U(s)} = \frac{K_2}{s(T_m s + 1)} \tag{6.74}$$

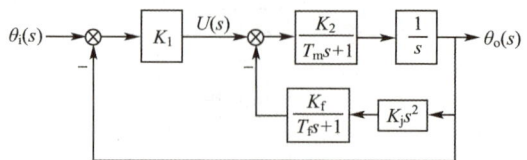

图 6-34 位置控制系统加速度测量仪反馈校正

引入 $K_f/(T_f s+1)$ 用于滤除加速度测量仪的输出噪声,则加入加速度测量仪反馈校正装置后,以 $\theta_o(s)$ 为输出、以 $U(s)$ 为输入的局部结构的传递函数为

$$\frac{\theta_o(s)}{U(s)} = \frac{\dfrac{K_2}{s(T_m s+1)}}{1+\dfrac{K_2}{s(T_m s+1)}K_j s^2 \dfrac{K_f}{T_f s+1}} = \frac{K_2(T_f s+1)}{s[T_m T_f s^2+(T_m+K_2 K_j K_f+T_f)s+1]}$$

$$= \frac{K_2}{s(T_m s+1)} \cdot \frac{(T_m s+1)(T_f s+1)}{T_m T_f s^2+(T_m+K_2 K_j K_f+T_f)s+1} \tag{6.75}$$

对比式(6.74)和(6.75)可知,加入加速度测量仪反馈环节后,系统相当于加入了串联校正环节 $G_j(s)$:

$$G_j(s) = \frac{(T_m s+1)(T_f s+1)}{T_m T_f s^2+(T_m+K_2 K_j K_f+T_f)s+1} \tag{6.76}$$

可见,该加速度测量仪反馈校正的作用相当于串联校正中的超前-滞后校正,即近似的 PID 校正。

6.4 复合校正

在闭环系统中,自动控制是由偏差产生的,即以偏差纠正偏差。对于稳态精度要求较高的系统而言,为减少偏差(误差),可提高该系统的开环增益或提高系统的类型,但随之而来的是系统的稳定性变差,甚至不稳定。若在闭环的基础上,引入开环控制部分,两者以复合的方式对系统进行校正,这就是本节的主要内容——复合校正。

复合校正又称复合控制,主要包括按给定量顺馈补偿和按扰动量前馈补偿两种方式,均是根据输入信号或干扰信号对系统进行开环补偿控制,它们本身并没有纠正偏差的能力,而是在输入信号或干扰信号引起偏差之前对偏差进行了补偿,因此通常将顺馈补偿与串联控制、前馈补偿与反馈控制联合使用,以形成复合控制。

1. 按给定量顺馈补偿控制

在反馈控制的基础之上引入输入信号的一阶或二阶微分形式的控制器,将其与输入信号一起对控制对象进行控制,可提高系统对输入信号的跟踪精度,比如,大幅提高系统的速度误差和加速度误差。

向如图 6-35(a)所示系统中引入控制器 $G_c(s)$,形成图 6-35(b)所示新的控制系统,其中,$G_c(s)G_2(s)$ 为顺馈补偿控制,$G_1(s)G_2(s)$ 为反馈控制,这 2 个部分通过复合控制的方式实现减少系统稳态误差的目的,因此称其为"按给定量顺馈补偿控制"。

由梅森增益公式可得图 6-35(b)的闭环传递函数为

$$\frac{Y(s)}{X(s)} = \frac{[G_1(s)+G_c(s)]G_2(s)}{1+G_1(s)G_2(s)} \quad (6.77)$$

即

$$Y(s) = \frac{G_1(s)G_2(s)+G_c(s)G_2(s)}{1+G_1(s)G_2(s)} X(s) \quad (6.78)$$

由于该系统为单位负反馈系统,因此误差为

$$E(s) = X(s) - Y(s) = X(s) - \frac{G_1(s)G_2(s)+G_c(s)G_2(s)}{1+G_1(s)G_2(s)} X(s) = \frac{1-G_c(s)G_2(s)}{1+G_1(s)G_2(s)} X(s) \quad (6.79)$$

显然,若满足 $E(s)=0$,则

$$1-G_c(s)G_2(s)=0 \quad (6.80)$$

即

$$G_c(s) = \frac{1}{G_2(s)} \quad (6.81)$$

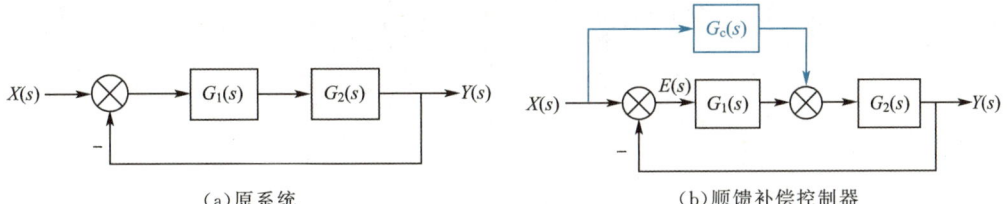

图 6-35 按给定量顺馈补偿控制

综上,可选择合适的顺馈补偿器 $G_c(s)$,使得系统的稳态误差为 0,即系统的输出信号复现输入信号,或理解为从输入到输出只存在增益,此时的系统可被看作无惯性的比例环节,既没有动态误差,也没有稳态误差,因此这种现象被称为"按给定输入的输出绝对不变性条件"。遵循此原则的系统具有理想的快速性能。

在工程实际中很难实现绝对不变性,因为这需要很高的运行速度和功率,同时实际系统中的 $G_2(s)$ 很复杂,因此只能实现近似不变性,即部分顺馈补偿法:

$$G_c(s) \approx \frac{1}{G_2(s)} \quad$$

此外,顺馈补偿法能提高系统的型号,有效减小系统的速度和加速度误差。

工程师必备
工程素养(4)

2. 按扰动量前馈补偿控制

若扰动信号是可测量的,则在扰动信号产生不利影响之前,可采用前馈补偿的方式将扰动信号产生的误差消除。对于图 6-36(a)所示系统,$G_n(s)$ 为扰动通道传递函数,把扰动信号 $N(s)$ 经一控制器 $G_c(s)$ 再次送回输入信号 $X(s)$ 端[图 6-36(b)],该控制器被称为按扰动量前馈补偿控制器。为分析扰动信号对系统产生的不良影响,在图 6-36(b)中,令 $X(s)=0$,以 $N(s)$ 为输入、$Y(s)$ 为输出的传递函数为

$$\frac{Y(s)}{N(s)} = \frac{G_c(s)G_1(s)G_2(s)+G_n(s)}{1+G_1(s)G_2(s)} \quad (6.83)$$

由式(6.83)可知,当 $G_c(s) = -\dfrac{G_n(s)}{G_1(s)G_2(s)}$ 时,由系统干扰信号 $N(s)$ 造成的影响为零。

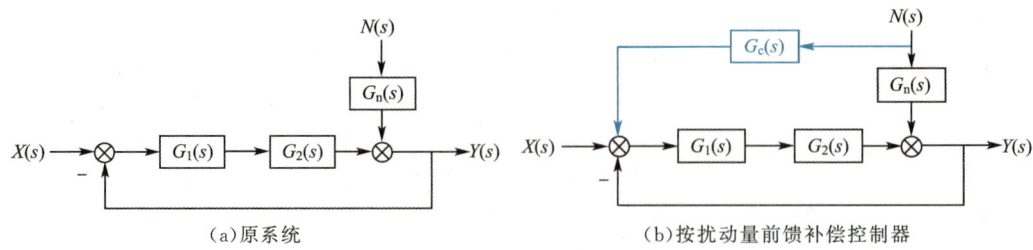

(a)原系统 (b)按扰动量前馈补偿控制器

图 6-36　前馈补偿控制系统

习　题

6-1　(1)请在图 6-37 中画出能将系统①校正为系统②的校正装置的对数幅频特性渐近线。

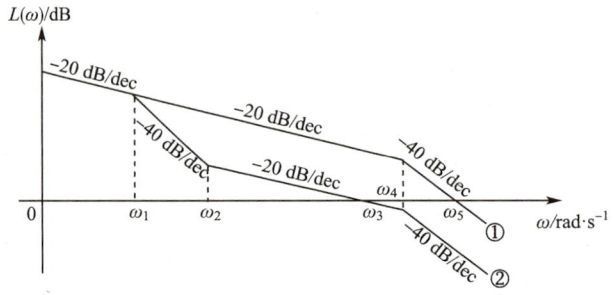

图 6-37　习题 6-1

(2)校正装置的转角频率为何值? 校正装置引起的幅值衰减或幅值放大数值是多少?

(3)该校正装置影响了原系统的什么性能,为什么?

6-2　某最小相位系统校正前、后的对数开环幅频特性渐近线分别如图 6-38 中曲线①和②所示,试求:

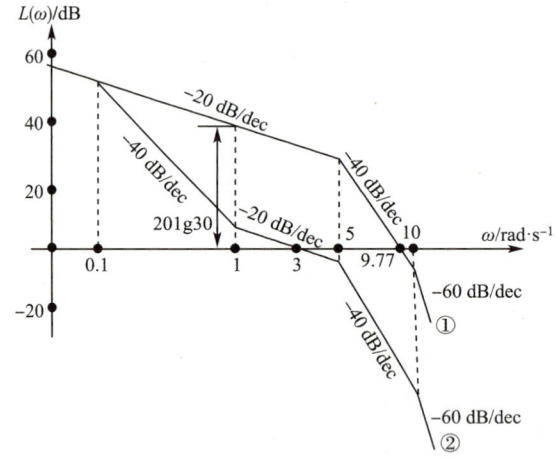

图 6-38　习题 6-2

(1)校正前系统的开环传递函数 $G_o(s)H_o(s)$,即曲线①的传递函数。

(2)校正后系统的开环传递函数 $G(s)H(s)$,即曲线②的传递函数。

(3)校正环节的传递函数 $G_c(s)H_c(s)$,并说明该校正环节为何种校正(相位超前还是相位滞后),校正方式是什么(串联还是并联)。

(4)该校正环节改善了系统的什么性能,为什么?

(5)该校正环节影响了系统的什么性能,为什么?

6-3 某单位负反馈系统的开环传递函数为

$$G_o(s)=\frac{5}{s(s+1)(0.5s+1)}$$

请设计校正装置,使得校正后系统的幅值裕度 $K_g \geqslant 10$ dB,相位裕度 $\gamma \geqslant 40°$。

提示:

(1)绘制校正前系统的伯德图,计算校正前系统的幅值裕度、相位裕度以及幅值穿越频率 ω_{oc}。

(2)判断采用何种校正装置:PI 校正装置。

(3)校正后幅值穿越频率 ω_c 的确定:根据伯德定理,按 $2\omega_c = \omega_1$ 确定,ω_1 为校正前距离 ω_c 最近的转角频率。

(4)确定校正后相位滞后装置的参数及传递函数。

(5)PI 校正装置第 2 个转角频率 ω 的确定:根据伯德定理,按 5 倍校正后幅值穿越频率 ω_c 确定。

(6)根据原系统对数幅频特性渐近线"沿着纵坐标被拉下来"的距离确定相位滞后装置的参数 α_i,且取整。

(7)写出 PI 校正装置加入后系统的开环传递函数。

(8)绘制校正后系统的伯德图,并计算验证校正后系统的幅值裕度 $\gamma(\omega_c)$ 和相位裕度 K_g(dB)。

6-4 某系统传递函数如图 6-39 所示,其开环传递函数为

$$G_o(s)=\frac{4K}{s(s+2)}$$

若使系统单位速度输入下的稳态误差为 $e_{ss}=0.05$,相位裕度 $\gamma \geqslant 50°$,幅值裕度 $K_g \geqslant 10$ dB,试设计系统的校正装置。

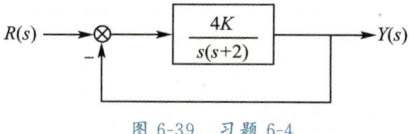

图 6-39 习题 6-4

提示:

(1)绘制校正前系统的伯德图,计算校正前系统的幅值裕度、相位裕度及幅值穿越频率 ω_{oc}。

(2)判断采用何种校正装置:PD 校正装置。

(3)校正前后幅值穿越频率的比较。

(4)引入 PD 校正的目的是带来正相位补偿,工程上通常令校正环节补进来的正相位为 $\varphi_c(\omega_c)=\gamma-\gamma_o+\varepsilon$,其中 $\varepsilon \in [5°,20°]$,本题可选 $\varepsilon=6°$(用来补偿相位的些许变小)。

(5)求 PD 校正参数 α_d、最大超前相角对应的频率,即校正后系统的幅值穿越频率

ω_{cm} 及 PD 校正参数 T。

(6) 写出 PD 校正装置加入后系统的开环传递函数。

(7) 绘制校正后系统的伯德图,并计算验证校正后系统的稳态误差、幅值裕度 $\gamma(\omega_c)$ 和相位裕度 K_g(dB)。

6-5 某单位负反馈系统的开环传递函数为

$$G_o(s) = \frac{180}{s(0.167s+1)(0.5s+1)}$$

请对该系统进行再设计,使得校正后系统的幅值穿越频率 $\omega_c = 3.5$,相位裕为 $\gamma = 45°$。

提示:

(1) 绘制校正前系统的伯德图,计算校正前系统的幅值裕度、相位裕度及幅值穿越频率 ω_{oc}。

(2) 判断采用何种校正装置:是否为 PD 校正装置?是否为 PI 校正装置?最终判断需采用 PID 校正装置。

(3) 引入 PID 校正装置后,写出校正后系统的开环传递函数。

(4) 引入 PID 校正装置后,系统会成为高阶系统,因此基于偶极子概念对系统进行降阶处理,由此可求得 PID 校正装置参数 T_1,即相位超前环节时间常数。

(5) 求出相位滞后环节将原系统拉下来的幅值,进而求得 PID 校正装置参数 α。

(6) 由校正后系统的相位裕度求得 PID 校正装置参数 T_2(相位滞后环节时间常数)。

(7) 写出 PID 校正装置加入后系统的开环传递函数。

(8) 绘制校正后系统的伯德图,并计算验证校正后系统的幅值穿越频率 ω_c 和相位裕度 γ。

6-6 某控制系统如图 6-40(a)所示,为使得系统对给定输入信号的稳态误差为零,可采用顺馈补偿装置,校正后系统如图 6-40(b)所示。试求该顺馈补偿装置的传递函数(求 a_0 和 a_1)。

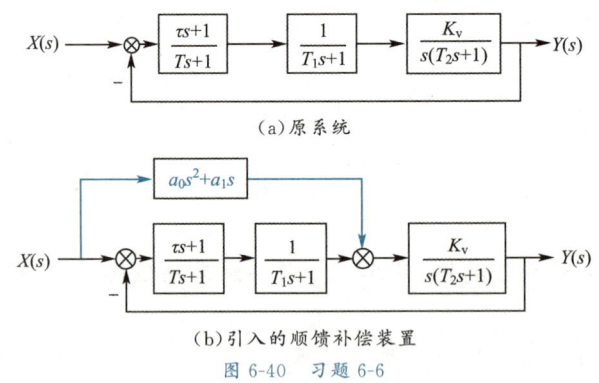

图 6-40 习题 6-6

参考文献

[1] Norbert Wiener. Cybernetics[M]. MIT Press, 1948.

[2] Tsien, H. S. Engineering Cybernetics[M]. McGraw Hill, 1954.

[3] 钱学森.《工程控制论》[M]. 科学出版社, 1958 年.

[4] 宋健. 工程控制论[J]. 系统工程理论与实践, 1985(02): 1-4.

[5] 戴汝为. 从工程控制论到综合集成研讨厅体系——纪念钱学森先生归国 50 周年[J]. 自然杂志, 2005(06): 366-370.

[6] 钱学森. 工程控制论[J]. 科学大众, 1957(05): 219-221.

[7] Gao, Z. Engineering cybernetics: 60 years in the making[J]. Control Theory Technology. 12, 97-109 (2014).

[8] 孔祥东, 姚成玉. 控制工程基础(第 4 版)[M]. 机械工业出版社, 2019.

[9] 董景新, 赵长德, 郭美凤, 等. 控制工程基础(第 4 版)[M]. 清华大学出版社, 2015.

[10] 王积伟, 吴振顺. 控制工程基础(第 4 版)[M]. 高等教育出版社, 2019.

[11] 许贤良, 王传礼. 控制工程基础(第 1 版)[M]. 国防工业出版社, 2008.

[12] 孙晶, Fundamentals of Control Engineering(第 1 版)[M], 科学出版社, 2017.

[13] 孙晶, 孙伟, 张宏. 控制工程基础(第 1 版)[M], 科学出版社, 2021.

[14] 王丽君. 控制工程基础(第 1 版)[M]. 机械工业出版社, 2022.

[15] 柴天佑, 岳恒. 自适应控制[M]. 清华大学出版社, 2016.

[16] Walter Evans. Graphical Analysis of Control Systems[J]. Transactions of the American Institute of Electrical Engineers, 1948, 67(1): 547-551.

[17] 王天威. 控制之美(卷 1)——控制理论从传递函数到状态空间[M]. 清华大学出版社, 2022.

附录A 拉普拉斯变换及其逆变换

为求解微分方程,需要分别求出通解、特解等,方法相对烦琐。在系统的动态分析过程中,使用拉普拉斯变换可将微分方程转化为代数方程,即系统的传递函数,然后通过求解代数方程及拉普拉斯逆变换求解微分方程,极大简化了微分方程的求解过程。

A.1 拉普拉斯变换定义

当 $t \geqslant 0$ 时,函数 $f(t)$ 的拉普拉斯变换 $F(s)$ 为

$$F(s) = L[f(t)] = \int_0^\infty f(t) e^{-st} dt \tag{A.1}$$

从科学家到我们(4)

式中,$s = \sigma + j\omega$;L 表示对 $f(t)$ 做拉普拉斯变换,积分运算后,变量 t 不存在,仅存在关于复变量 s 的函数 $F(s)$,即函数 $f(t)$ 的拉普拉斯变换式;$f(t)$ 为 $F(s)$ 的原函数,$F(s)$ 为 $f(t)$ 的象函数。

由于式(A.1)的积分下限为 0,因此若函数 $f(t)$ 在 $t=0$ 处存在跳动,那么在积分过程中需要区分积分下限是从 0^+ 开始还是从 0^- 开始。这两种积分下限对应的拉普拉斯变换是不同的:

$$L_-[f(t)] = \int_{0^-}^\infty f(t) e^{-st} dt = \int_{0^-}^{0^+} f(t) e^{-st} dt + \int_{0^+}^\infty f(t) e^{-st} dt$$

$$= \int_{0^-}^{0^+} f(t) e^{-st} dt + L_+[f(t)] \tag{A.2-1}$$

$$L_+[f(t)] = \int_{0^+}^\infty f(t) e^{-st} dt \tag{A.2-2}$$

A.2 常见函数的拉普拉斯变换

A.2.1 阶跃函数

阶跃函数为

$$f(t) = \begin{cases} 0 & (t < 0) \\ R & (t \geqslant 0) \end{cases} \tag{A.3}$$

式(A.3)中,当 $R=1$ 时,为单位阶跃函数。单位阶跃函数是一种特殊的连续时间函数,是一个从 0 跳变到 1 的过程,属于奇异函数。在电路分析中,单位阶跃函数是研究动态电路阶跃响应的基础。

▶ **例 A.1** 求单位阶跃函数 $f(t)=\begin{cases}0 & (t<0)\\ 1 & (t\geqslant 0)\end{cases}$ 的拉普拉斯变换。

解：根据拉普拉斯变换定义式(A.1)可知，单位阶跃函数的拉普拉斯变换为

$$F(s)=\int_0^\infty f(t)\mathrm{e}^{-st}\mathrm{d}t=\int_0^\infty 1\times \mathrm{e}^{-st}\mathrm{d}t=\int_0^\infty \left(-\frac{1}{s}\right)\times \mathrm{e}^{-st}\mathrm{d}(-st)$$

$$=-\frac{1}{s}\times [\mathrm{e}^{-st}]_0^\infty=-\frac{1}{s}\times (\mathrm{e}^{-s\cdot\infty}-\mathrm{e}^0)=\frac{1}{s} \tag{A.4}$$

若阶跃函数如式(A.3)所示，则其拉普拉斯变换为

$$F(s)=\frac{R}{s} \tag{A.5}$$

A.2.2　斜坡函数

斜坡函数为

$$f(t)=\begin{cases}0 & (t<0)\\ Rt & (t\geqslant 0)\end{cases} \tag{A.6}$$

式(A.6)中，当 $R=1$ 时，为单位斜坡函数。斜坡函数是系统动力学中用来研究系统模型及其反馈系统有关信息的常用测试函数。

▶ **例 A.2** 求单位斜坡函数 $f(t)=\begin{cases}0 & (t<0)\\ t & (t\geqslant 0)\end{cases}$ 的拉普拉斯变换。

解：根据拉普拉斯变换定义式(A.1)可知，单位斜坡函数的拉普拉斯变换为

$$F(s)=\int_0^\infty f(t)\mathrm{e}^{-st}\mathrm{d}t=\int_0^\infty t\mathrm{e}^{-st}\mathrm{d}t=\int_0^\infty \left(-\frac{1}{s}\right)\times t\mathrm{e}^{-st}\mathrm{d}(-st)=-\frac{1}{s}\times \int_0^\infty t\mathrm{d}(\mathrm{e}^{-st})$$

$$\tag{A.7}$$

令

$$\begin{cases}u=t\\ \mathrm{d}v=\mathrm{d}\mathrm{e}^{-st}\end{cases} \tag{A.8}$$

则

$$\begin{cases}\mathrm{d}u=\mathrm{d}t\\ v=\mathrm{e}^{-st}\end{cases} \tag{A.9}$$

根据分部积分法：

$$\int u\mathrm{d}v=uv-\int v\mathrm{d}u \tag{A.10}$$

可得单位斜坡函数的拉普拉斯变换为

$$F(s)=-\frac{1}{s}\times [t\mathrm{e}^{-st}]_0^\infty+\frac{1}{s}\times \int_0^\infty \mathrm{e}^{-st}\mathrm{d}t=0+\frac{1}{s}\times \left(-\frac{1}{s}\right)\times [\mathrm{e}^{-st}]_0^\infty=\frac{1}{s^2}$$

$$\tag{A.11}$$

若斜坡函数如式(A.6)所示，则其拉普拉斯变换为

$$F(s)=\frac{R}{s^2} \tag{A.12}$$

A.2.3 脉冲函数

脉冲函数也称"δ 函数",主要用于描述瞬间或空间几何点上的物理量。例如,瞬时的冲击力、脉冲电流或电压等急速变化的物理量,以及质点的质量分布、点电荷的电量分布等在空间或时间上高度集中的物理量。单位脉冲函数 $\delta(t)$ 为

$$\delta(t)=\begin{cases}0 & t\neq 0\\ \infty & t=0\end{cases} \tag{A.13}$$

单位脉冲函数满足以下两个条件

$$\int_{-\infty}^{\infty}\delta(t)g(t)\mathrm{d}t=g(0) \tag{A.14-1}$$

$$\int_{-\infty}^{\infty}\delta(t)\mathrm{d}t=1 \tag{A.14-2}$$

式(A.14-1)中的 $g(0)$ 为函数 $g(t)$ 的初值。脉冲函数 $\delta(t)$ 的积分曲线高度为"无限高",宽度为"无限窄",积分后面积为1,它是一个纯数学函数,无法在现实生活中找到,因此可把脉冲函数理解成在 $t=0$ 时刻对系统进行的一次采样。

▶ **例 A.3** 求单位脉冲函数(A.13)的拉普拉斯变换。

解:由于脉冲函数在 $t=0$ 时刻处发生突跳,因此 $L_+[\delta(t)]$ 不能反映脉冲函数在区间 $[0^-,0^+]$ 之间的特性。结合拉普拉斯变换定义式(A.1)、式(A.2-1)和(A.2-2)以及脉冲函数条件式(A.14-1)和(A.14-2),可得脉冲函数的拉普拉斯变换为

$$F(s)=\int_{0^-}^{\infty}f(t)\mathrm{e}^{-st}\mathrm{d}t=\int_{0^-}^{\infty}\delta(t)\mathrm{e}^{-st}\mathrm{d}t=\int_{0^-}^{0^+}\delta(t)\mathrm{e}^{-st}\mathrm{d}t+\int_{0^+}^{\infty}\delta(t)\mathrm{e}^{-st}\mathrm{d}t$$

$$=\int_{0^-}^{0^+}\delta(t)\times g(t)\mathrm{d}t+\int_{0^+}^{\infty}0\times\mathrm{e}^{-st}\mathrm{d}t=g(0)=\mathrm{e}^{-st}\Big|_{t=0}=1 \tag{A.15}$$

A.2.4 指数函数

▶ **例 A.4** 求指数函数 $f(t)=\mathrm{e}^{at}$ 的拉普拉斯变换。

解:根据拉普拉斯变换定义式(A.1)可知,指数函数的拉普拉斯变换为

$$F(s)=\int_{0}^{\infty}f(t)\mathrm{e}^{-st}\mathrm{d}t=\int_{0}^{\infty}\mathrm{e}^{at}\times\mathrm{e}^{-st}\mathrm{d}t=\int_{0}^{\infty}\mathrm{e}^{-(s-a)t}\mathrm{d}t=-\frac{1}{s-a}\times\mathrm{e}^{-(s-a)t}\Big|_{0}^{\infty}=\frac{1}{s-a} \tag{A.16}$$

A.2.5 三角函数

▶ **例 A.5** 求正弦函数 $f(t)=\sin\omega t$ 的拉普拉斯变换。

解:

考虑复数域内的欧拉公式:

$$\sin\omega t=\frac{1}{2\mathrm{j}}(\mathrm{e}^{\mathrm{j}\omega t}-\mathrm{e}^{-\mathrm{j}\omega t}) \tag{A.17-1}$$

联合拉普拉斯变换定义式(3.1)可知,正弦函数的拉普拉斯变换为:

$$L[\sin \omega t] = \int_0^\infty \frac{e^{j\omega t} - e^{-j\omega t}}{2j} \cdot e^{-st} dt = \frac{1}{2j} \int_0^\infty [e^{-(s-j\omega)t} - e^{-(s+j\omega)t}] dt$$

$$= \frac{1}{2j} \left[-\frac{e^{-(s-j\omega)t}}{s-j\omega} + \frac{e^{-(s+j\omega)t}}{s+j\omega} \right]_0^\infty = \frac{1}{2j} \left[\frac{1}{s-j\omega} - \frac{1}{s+j\omega} \right]$$

$$= \frac{1}{2j} \cdot \frac{2j\omega}{s^2 + \omega^2} = \frac{\omega}{s^2 + \omega^2}$$

例 A.6 求余弦函数 $f(t) = \cos \omega t$ 的拉普拉斯变换。

解:考虑复数域内的欧拉公式:

$$\cos \omega t = \frac{1}{2}(e^{j\omega t} + e^{-j\omega t}) \tag{A.17-2}$$

联合拉普拉斯变换定义式(A.1)可知,余弦函数的拉普拉斯变换为

$$L[\cos \omega t] = \frac{1}{2} \int_0^\infty (e^{j\omega t} + e^{-j\omega t}) e^{-st} dt = \frac{1}{2} \left[\int_0^\infty e^{-(s-j\omega)t} dt - \int_0^\infty e^{-(s+j\omega)t} dt \right]$$

$$= \frac{1}{2} \left\{ -\frac{1}{s-j\omega} [e^{-(s-j\omega)t}]_0^\infty - \frac{1}{s+j\omega} [e^{-(s+j\omega)t}]_0^\infty \right\}$$

$$= \frac{1}{2} \left(\frac{1}{s-j\omega} - \frac{1}{s+j\omega} \right) = \frac{s}{s^2 + \omega^2}$$

A.2.6 幂函数

例 A.7 求幂函数 $f(t) = \dfrac{t^2}{2}$ 的拉普拉斯变换。

解:根据拉普拉斯变换定义式(A.1)可知,幂函数的拉普拉斯变换为

$$F(s) = \int_0^\infty \frac{t^2}{2} e^{-st} dt = -\frac{1}{s} \int_0^\infty \frac{t^2}{2} de^{-st} = -\frac{t^2}{2s} e^{-st} \bigg|_0^\infty + \frac{1}{s} \int_0^\infty t e^{-st} dt = \frac{1}{s} \int_0^\infty t e^{-st} dt$$

$$= \frac{1}{s} \left(-\frac{t}{s} e^{-st} \bigg|_0^\infty + \frac{1}{s} \int_0^\infty e^{-st} dt \right) = -\frac{1}{s^3} \int e^{-st} d(-st)$$

$$= -\frac{1}{s^3} e^{-st} \bigg|_0^\infty = \frac{1}{s^3}$$

类似地,还可得到 $t^n (n=1,2,3,\cdots,n)$ 的拉普拉斯变换为 $\dfrac{n!}{s^{n+1}}$。

A.2.7 拉普拉斯变换小结

常见函数的拉普拉斯变换见表 A-1。

表 A-1　　　　　　　　　　常见函数的拉普拉斯变换

序号	原函数 $f(t)$	象函数 $F(s)$
1	$1(t)$	$\dfrac{1}{s}$

续表

序号	原函数 $f(t)$	象函数 $F(s)$
2	t	$\dfrac{1}{s^2}$
3	$\delta(t)$	1
4	e^{at}	$\dfrac{1}{s-a}$
5	$\sin \omega t$	$\dfrac{\omega}{s^2+\omega^2}$
6	$\cos \omega t$	$\dfrac{s}{s^2+\omega^2}$
7	$\dfrac{t^2}{2}$	$\dfrac{1}{s^3}$
8	$t e^{-at}$	$\dfrac{1}{(s+a)^2}$
9	$t^n\,(n=1,2,3,\cdots)$	$\dfrac{n!}{s^{n+1}}$
10	$t^n e^{-at}\,(n=1,2,3,\cdots)$	$\dfrac{n!}{(s+a)^{n+1}}$
11	$\dfrac{1}{b-a}(e^{-at}-e^{-bt})$	$\dfrac{1}{(s+a)(s+b)}$
12	$\dfrac{1}{b-a}(b e^{-bt}-a e^{-at})$	$\dfrac{s}{(s+a)(s+b)}$
13	$\dfrac{1}{ab}\left[1+\dfrac{1}{a-b}(b e^{-at}-a e^{-bt})\right]$	$\dfrac{1}{s(s+a)(s+b)}$
14	$e^{-at}\sin \omega t$	$\dfrac{\omega}{(s+a)^2+\omega^2}$
15	$e^{-at}\cos \omega t$	$\dfrac{s+a}{(s+a)^2+\omega^2}$
16	$\dfrac{1}{a^2}(at-1+e^{-at})$	$\dfrac{1}{s^2(s+a)}$
17	$\dfrac{\omega_n}{\sqrt{1-\zeta^2}}e^{-\zeta\omega_n t}\sin \omega_n\sqrt{1-\zeta^2}\,t$	$\dfrac{\omega_n^2}{s^2+2\zeta\omega_n s+\omega_n^2}$
18	$\dfrac{-1}{\sqrt{1-\zeta^2}}e^{-\zeta\omega_n t}\sin(\omega_n\sqrt{1-\zeta^2}\,t-\varphi)$ $\varphi=\arctan\dfrac{\sqrt{1-\zeta^2}}{\zeta}$	$\dfrac{s}{s^2+2\zeta\omega_n s+\omega_n^2}$
19	$1-\dfrac{1}{\sqrt{1-\zeta^2}}e^{-\zeta\omega_n t}\sin(\omega_n\sqrt{1-\zeta^2}\,t+\varphi)$ $\varphi=\arctan\dfrac{\sqrt{1-\zeta^2}}{\zeta}$	$\dfrac{\omega_n^2}{s(s^2+2\zeta\omega_n s+\omega_n^2)}$

A.3 拉普拉斯变换的性质

简单函数的拉普拉斯变换形式可基于拉普拉斯变换定义式获得,但对于复杂函数而言,由于积分运算的烦琐,通常可基于拉普拉斯变换的性质进行计算。此外,拉普拉斯变换性质也是求解系统动态响应的有效工具。

A.3.1 常数定理

函数 $f(t)$ 的拉普拉斯变换为 $F(s)$,即 $F(s)=L[f(t)]$,则函数 $af(t)$ 的拉普拉斯变换为

$$L[af(t)]=\int_0^\infty af(t)\mathrm{e}^{-st}\mathrm{d}t=a\int_0^\infty f(t)\mathrm{e}^{-st}\mathrm{d}t=aF(s) \tag{A.18}$$

由式(A.18)可知,某函数与常数乘积的拉普拉斯变换等于该函数的拉普拉斯变换与此常数的乘积。

A.3.2 叠加定理

函数 $f(t)$ 的拉普拉斯变换为 $F(s)$,函数 $g(t)$ 的拉普拉斯变换为 $G(s)$,即 $F(s)=L[f(t)]$,$G(s)=L[g(t)]$,则函数 $f(t)+g(t)$ 的拉普拉斯变换为

$$\begin{aligned}L[f(t)+g(t)]&=\int_0^\infty [f(t)+g(t)]\mathrm{e}^{-st}\mathrm{d}t=\int_0^\infty f(t)\mathrm{e}^{-st}\mathrm{d}t+\int_0^\infty g(t)\mathrm{e}^{-st}\mathrm{d}t\\&=F(s)+G(s)\end{aligned} \tag{A.19}$$

若将式(A.18)和(A.19)合并,可得广义叠加定理:

$$L[af(t)+bg(t)]=aF(s)+bG(s) \tag{A.20}$$

例如,函数 $2+3\sin 4t$ 的拉普拉斯变换 $L[2+3\sin 4t]$ 为

$$L[2+3\sin 4t]=\frac{2}{s}+3\left(\frac{4}{s^2+4^2}\right)=\frac{2s^2+12s+32}{s^3+16s}$$

A.3.3 微分定理

设函数 $f(t)$ 的拉普拉斯变换为 $F(s)$,则函数 $f(t)$ 的 n 阶导数的拉普拉斯变换为

$$L\left[\frac{\mathrm{d}^n f(t)}{\mathrm{d}t^n}\right]=s^n F(s)-s^{n-1}f(0)-s^{n-2}f^{(1)}(0)-\cdots-sf^{(n-2)}(0)-f^{(n-1)}(0) \tag{A.21}$$

式(A.21)中,$f(0),f^{(1)}(0),\cdots,f^{(n-1)}(0)$ 为函数 $f(t)$ 各阶导数的初值。

常用的二阶微分定理和一阶微分定理如下:

$$L\left[\frac{\mathrm{d}^2 f(t)}{\mathrm{d}t^2}\right]=s^2 F(s)-sf(0)-f^{(1)}(0) \tag{A.22}$$

$$L\left[\frac{\mathrm{d}f(t)}{\mathrm{d}t}\right]=sF(s)-f(0) \tag{A.23}$$

当所有初值均为 0 时，即 $f(0)=0, f^{(1)}(0)=0, \cdots, f^{(n-1)}(0)=0$，式(A.22)和式(A.23)分别为

(1) 初值为 0 的 n 阶微分定理

$$L\left[\frac{\mathrm{d}^n f(t)}{\mathrm{d}t^n}\right] = s^n F(s) \tag{A.24-1}$$

(2) 初值为 0 的二阶微分定理

$$L\left[\frac{\mathrm{d}^2 f(t)}{\mathrm{d}t^2}\right] = s^2 F(s) \tag{A.24-2}$$

(3) 初值为 0 的一阶微分定理

$$L\left[\frac{\mathrm{d}f(t)}{\mathrm{d}t}\right] = s F(s) \tag{A.24-3}$$

例 A.8 求下述微分方程的拉普拉斯变换，所有初值均为 0：

$$5\frac{\mathrm{d}^3 y(t)}{\mathrm{d}t^3} + 6\frac{\mathrm{d}^2 y(t)}{\mathrm{d}t^2} + \frac{\mathrm{d}y(t)}{\mathrm{d}t} + 2y(t) = 4\frac{\mathrm{d}x(t)}{\mathrm{d}t} + x(t) \tag{A.25-1}$$

解：根据广义叠加定理和初值为 0 的微分定理可得

$$5s^3 Y(s) + 6s^2 Y(s) + s Y(s) + 2Y(s) = 4s X(s) + X(s) \tag{A.25-2}$$

A.3.4 积分定理

设函数 $f(t)$ 的拉普拉斯变换为 $F(s)$，则函数 $f(t)$ 的 n 阶积分的拉普拉斯变换为

$$L\left[\int\cdots\int f(t)(\mathrm{d}t)^n\right] = \frac{1}{s^n}F(s) + \frac{1}{s^n}f^{(-1)}(0) + \frac{1}{s^{n-1}}f^{(-2)}(0) + \cdots + \frac{1}{s}f^{(-n)}(0) \tag{A.26}$$

式(A.26)中，$f(0), f^{(-1)}(0), \cdots, f^{(-n)}(0)$ 为函数 $f(t)$ 各阶积分的初值。

常用的二阶积分定理和一阶积分定理如下：

$$L\left[\iint f(t)(\mathrm{d}t)^2\right] = \frac{1}{s^2}F(s) + \frac{1}{s^2}f^{(-1)}(0) + \frac{1}{s}f^{(-2)}(0) \tag{A.27}$$

$$L\left[\int f(t)\mathrm{d}t\right] = \frac{1}{s}F(s) + \frac{1}{s}f^{(-1)}(0) \tag{A.28}$$

当所有初值均为 0 时，即 $f(0)=0, f^{(-1)}(0)=0, \cdots, f^{(-n)}(0)=0$，上述积分定理表达式分别为

(1) 初值为 0 的 n 阶积分定理

$$L\left[\int\cdots\int f(t)(\mathrm{d}t)^n\right] = \frac{1}{s^n}F(s) \tag{A.29-1}$$

(2) 初值为 0 的二阶积分定理

$$L\left[\iint f(t)(\mathrm{d}t)^2\right] = \frac{1}{s^2}F(s) \tag{A.29-2}$$

(3) 初值为 0 的一阶积分定理

$$L\left[\int f(t)\mathrm{d}t\right] = \frac{1}{s}F(s) \tag{A.29-3}$$

A.3.5 初值定理

初值定理和终值定理常被用于控制系统的设计和分析上,一般来说,初值定理通常被用来确定系统或元件的初始状态,终值定理更多地被用来求控制系统的稳态误差。

设函数 $f(t)$ 和它的一阶微分都具有拉普拉斯变换形式,那么函数 $f(t)$ 的初值为

$$f(0) = \lim_{t \to 0} f(t) = \lim_{s \to \infty} sF(s) \tag{A.30}$$

式(A.30)中,$t \to 0$ 的极限是函数 $f(t)$ 初值的极限求法,$s \to \infty$ 的极限是函数 $f(t)$ 初值的基于拉普拉斯变换初值定理的求法。

例 A.9 求函数 $f(t) = e^{-at}$ 的初值。

解:函数 $f(t) = e^{-at}$ 的拉普拉斯变换为

$$F(s) = L[e^{-at}] = \frac{1}{s+\alpha} \tag{A.31}$$

根据拉普拉斯变换的初值定理可得函数 $f(t)$ 的初值为

$$f(0) = \lim_{t \to 0} f(t) = \lim_{s \to \infty} sF(s) = \lim_{s \to \infty} s \times \frac{1}{s+\alpha} = \lim_{s \to \infty} \frac{1}{1+\frac{\alpha}{s}} = 1 \tag{A.32}$$

A.3.6 终值定理

设函数 $f(t)$ 和它的一阶微分都具有拉普拉斯变换形式,那么函数 $f(t)$ 的终值为

$$f(\infty) = \lim_{t \to \infty} f(t) = \lim_{s \to 0} sF(s) \tag{A.33}$$

式(A.33)中,$t \to \infty$ 的极限是函数 $f(t)$ 终值的极限求法,$s \to 0$ 的极限是函数 $f(t)$ 终值的基于拉普拉斯变换终值定理的求法。

例 A.10 求函数 $f(t)$ 的终值,其中函数 $f(t)$ 的拉普拉斯变换为

$$F(s) = \frac{5}{s(s^2+s+2)}$$

解:根据拉普拉斯变换的终值定理可知函数 $f(t)$ 的终值为

$$f(\infty) = \lim_{t \to \infty} f(t) = \lim_{s \to 0} s \times F(s) = \lim_{s \to 0} \frac{5}{s^2+s+2} = \frac{5}{2} \tag{A.34}$$

拉普拉斯变换终值定理在求解函数终值时比较方便,需要注意的是,若 $sF(s)$ 的分母包括实部为 0 或实部为正的极点,那么终值定理是不可用的。例如,函数 $f(t) = \sin \omega t$ 的拉普拉斯变换为 $F(s) = \frac{\omega}{s^2+\omega^2}$,根据拉普拉斯变换终值定理是无法获得其终值的。这从正弦函数的物理意义上也能得到解释。

A.3.7 时域位移定理

时域位移定理又称延迟定理。设函数 $f(t)$ 的拉普拉斯变换为 $F(s)$,则对于任意正

实数 a 而言有

$$L[f(t-a)1(t-a)] = e^{-as}F(s) \tag{A.35}$$

A.3.8 复域位移定理

设函数 $f(t)$ 的拉普拉斯变换为 $F(s)$，则对于任意常数（实数或复数）a 而言有

$$L[e^{-at} \times f(t)] = \int_0^\infty e^{-at} \times f(t) \times e^{-st} dt = F(s+a) \tag{A.36}$$

式(A.36)表明，函数 $f(t)$ 与 e^{-at} 的拉普拉斯变换为函数 $f(t)$ 的拉普拉斯变换 $F(s)$ 的变量 s 被 $(s+a)$ 替换，由此可得表 A-1 中部分函数的拉普拉斯变换：

$$L[e^{-at}\cos\omega t] = \frac{s+a}{(s+a)^2+\omega^2} \tag{A.37}$$

$$L[e^{-at}\sin\omega t] = \frac{\omega}{(s+a)^2+\omega^2} \tag{A.38}$$

$$L[te^{-at}] = \frac{1}{(s+a)^2} \tag{A.39}$$

A.4 拉普拉斯逆变换

如前所述，当使用拉普拉斯变换求解系统响应时，首先需要求出输出变量的拉普拉斯变换 $F(s)$，然后再基于部分分式法求出原函数，即输出变量在时域内的解 $f(t)$，这就是系统的响应，记为 $f(t)=L^{-1}[F(s)]$，读作 $F(s)$ 的拉普拉斯逆变换。根据象函数 $F(s)$ 求原函数 $f(t)$ 的过程称为拉普拉斯逆变换：

$$f(t) = L^{-1}[F(s)] = \frac{1}{2\pi j}\int_{-j\infty}^{+j\infty} F(s)e^{st} ds \tag{A.40}$$

简写为

$$f(t) = L^{-1}[F(s)] \tag{A.41}$$

求解拉普拉斯逆变换的方法如下：

(1)对于简单的象函数，可借助表 A-1 获取原函数，例如，求 $F(s)=\dfrac{1}{s-a}$ 的原函数：

$$f(t) = L^{-1}[F(s)] = L^{-1}\left[\frac{1}{s-a}\right] = e^{at} \tag{A.42}$$

(2)对于工程实际中的复杂象函数，可根据部分分式法将其化为若干简单象函数的和，然后再重复上面步骤得到每个简单象函数的原函数，利用叠加定理获得复杂象函数的原函数。例如，$F(s)$ 是原函数 $f(t)$ 的象函数，$F_n(s)$ 是原函数 $f_n(t)$ 的象函数，因此可将 $F(s)$ 化为 $F_n(s)$ 的和：

$$F(s) = F_1(s) + F_2(s) + \cdots + F_{n-1}(s) + F_n(s) \tag{A.43}$$

然后基于表 A-1 得到式(A.43)中每一个 $F_n(s)$ 对应的 $f_n(t)$：

$$f(t) = L^{-1}[F(s)] = L^{-1}[F_1(s)] + L^{-1}[F_2(s)] + \cdots + L^{-1}[F_{n-1}(s)] + L^{-1}[F_n(s)]$$

$$= f_1(t) + f_2(t) + \cdots + f_{n-1}(t) + f_n(t) \tag{A.44}$$

下面给出具体步骤。假设象函数 $F(s)$ 可被写为如下有理分式的形式：

$$F(s) = \frac{B(s)}{A(s)} = \frac{b_m s^m + b_{m-1} s^{m-1} + b_{m-2} s^{m-2} + \cdots + b_1 s + b_0}{a_n s^n + a_{n-1} s^{n-1} + a_{n-2} s^{n-2} + \cdots + a_1 s + a_0} \tag{A.45}$$

式中，$n \geqslant m$。为将式（A.45）化为部分分式的形式，将分母多项式 $A(s)$ 改写为以下形式：

$$A(s) = (s - p_1)(s - p_2)(s - p_3) \cdots (s - p_n) \tag{A.46}$$

式（A.45）的分母多项式 $A(s)$ 中 s 的最高阶次系数是 1，若不是 1 例如 a_n，可将分子分母同时除以 a_n 使得阶次系数为 1。

式（A.46）中的 $p_1, p_2, \cdots, p_n$ 为象函数 $F(s)$ 的极点，其值既可能为实数，也可能为复数。因此，式（A.45）可被改写为

$$F(s) = \frac{B(s)}{A(s)} = \frac{A_1}{s - p_1} + \frac{A_2}{s - p_2} + \cdots + \frac{A_n}{s - p_n} \tag{A.47}$$

由式（A.47）可知，复杂的象函数 $F(s)$ 可被改写为若干简单象函数的和，因此可根据表 A-1 得到每个简单象函数的原函数，叠加后即复杂象函数 $F(s)$ 的原函数 $f(t)$。上述过程的关键在于找到系数 $A_1, A_2, \cdots, A_n$，而获得这些系数的关键在于极点，分三种情况讨论：①所有极点均为不同的实数极点；②部分极点为相同的实数极点；③部分极点为共轭的复数极点。

A.4.1 部分分式法

部分分式法是拉普拉斯逆变换的重要工具，设有微分方程及其初值如下：

$$4 \frac{d^2 x}{dt^2} + \frac{dx}{dt} + 4x = 1 \tag{A.48-1}$$

$$x(0) = \dot{x}(0) = 0 \tag{A.48-2}$$

对式（A.48-1）进行拉普拉斯变换有

$$4[s^2 X(s) - sx(0) - \dot{x}(0)] + sX(s) - x(0) + 4X(s) = \frac{1}{s} \tag{A.49}$$

考虑式（A.48-2）的初值，将式（A.49）化简为

$$4s^2 X(s) + sX(s) + 4X(s) = \frac{1}{s} \tag{A.50}$$

整理为

$$X(s) = \frac{1}{s(4s^2 + s + 4)} \tag{A.51}$$

根据部分分式法可将式（A.51）化为

$$\frac{1}{s(4s^2 + s + 4)} = \frac{A}{s} + \frac{Bs + C}{4s^2 + s + 4} \tag{A.52}$$

令式（A.52）两侧的分子对应相等可得

$$1 = A(4s^2 + s + 4) + s(Bs + C) \tag{A.53}$$

根据变量 s 对上述方程进行合并同类项：

$$1 = (4A+B)s^2 + (A+C)s + 4A \tag{A.54}$$

上式两端对应项相等可得

$$\begin{aligned} 4A + B &= 0 \\ A + C &= 0 \\ 1 &= 4A \end{aligned} \tag{A.55}$$

求得

$$\begin{aligned} A &= \frac{1}{4} \\ B &= -1 \\ C &= -\frac{1}{4} \end{aligned} \tag{A.56}$$

将式(A.56)带入式(A.52)得

$$\frac{1}{s(4s^2+s+4)} = \frac{1}{4}\left(\frac{1}{s} + \frac{-s-\frac{1}{4}}{s^2+\frac{1}{4}s+1}\right) \tag{A.57}$$

进一步分解可得

$$\begin{aligned} X(s) &= \frac{1}{4}\left[\frac{1}{s} - \frac{s+\frac{1}{8}}{\left(s+\frac{1}{8}\right)^2+\left(\frac{\sqrt{63}}{8}\right)^2} - \frac{\frac{1}{8}}{\left(s+\frac{1}{8}\right)^2+\left(\frac{\sqrt{63}}{8}\right)^2}\right] \\ &= \frac{1}{4}\left[\frac{1}{s} - \frac{s+\frac{1}{8}}{\left(s+\frac{1}{8}\right)^2+\left(\frac{\sqrt{63}}{8}\right)^2} - \frac{\frac{\sqrt{63}}{8}\times\frac{1}{\sqrt{63}}}{\left(s+\frac{1}{8}\right)^2+\left(\frac{\sqrt{63}}{8}\right)^2}\right] \end{aligned} \tag{A.58}$$

参考表 A-1 可得式(A.58)右侧各部分对应的原函数,因此 $X(s)$ 原函数为

$$x(t) = \frac{1}{4}\left[1 - e^{-\frac{1}{8}t}\cos\frac{\sqrt{63}}{8}t - \frac{1}{\sqrt{63}}e^{-\frac{1}{8}t}\sin\frac{\sqrt{63}}{8}t\right] \tag{A.59}$$

上述过程实际上为通过拉普拉斯变换求解微分方程,即首先将微分方程基于拉普拉斯变换转换为代数方程,其次基于部分分式法将代数方程进行分解,最后,求出每部分的原函数,叠加后即微分方程的解。上述求原函数的过程即拉普拉斯逆变换。下面基于极点的类型求解拉普拉斯逆变换

A.4.2 不同的实数极点

当极点 p_i 为不同的实数极点时,式(A.45)可改写为

$$\begin{aligned} F(s) &= \frac{B(s)}{(s-p_1)(s-p_2)\cdots(s-p_k)\cdots(s-p_n)} \\ &= \frac{A_1}{s-p_1} + \frac{A_2}{s-p_2} + \cdots + \frac{A_k}{s-p_k} + \cdots + \frac{A_n}{s-p_n} \end{aligned}$$

$$= \sum_{i=1}^{n} \frac{A_i}{s-p_i} \tag{A.60}$$

式(A.60)中,$A_1,A_2,\cdots,A_k,\cdots,A_n$为不同的实数极点对应的部分分式系数。

根据表A-1可知,式(A.60)中的任一项$\frac{A_k}{s-p_k}$的原函数是$A_k \mathrm{e}^{p_k t}$,那么,根据线性叠加定理,当$t>0$时,式(A.60)对应的原函数即

$$f(t) = A_1 \mathrm{e}^{p_1 t} + A_2 \mathrm{e}^{p_2 t} + \cdots + A_k \mathrm{e}^{p_k t} + \cdots + A_n \mathrm{e}^{p_n t} = \sum_{i=1}^{n} A_i \mathrm{e}^{p_i t} \tag{A.61}$$

因此求原函数的关键在于求系数$A_1,A_2,\cdots,A_k,\cdots,A_n$。为求任意系数$A_k$,将式(A.60)的两侧同时乘上$(s-p_k)$:

$$\begin{aligned}&\frac{A_1}{s-p_1}(s-p_k) + \cdots + \frac{A_k}{s-p_k}(s-p_k) + \cdots + \frac{A_n}{s-p_n}(s-p_k) \\ &= \frac{B(s)}{(s-p_1)(s-p_2)\cdots(s-p_k)\cdots(s-p_n)} \times (s-p_k) = F(s) \times (s-p_k)\end{aligned} \tag{A.62}$$

化简为

$$\begin{aligned}&\frac{A_1}{s-p_1}(s-p_k) + \cdots + A_k + \cdots + \frac{A_n}{s-p_n}(s-p_k) \\ &= \frac{B(s)}{(s-p_1)(s-p_2)\cdots(s-p_{k-1})(s-p_{k+1})\cdots(s-p_n)} = F(s) \times (s-p_k)\end{aligned} \tag{A.63}$$

令$s=p_k$得任意系数A_k:

$$A_k = F(s) \times (s-p_k) \big|_{s=p_k} \tag{A.64}$$

▶ **例 A.11** 求如下象函数$F(s)$的原函数:

$$F(s) = \frac{(-s+5)}{(s+1)(s+4)} \tag{A.65}$$

解:该象函数具有2个不同的实数极点,$s_1=-1$和$s_2=-4$。因此,根据式(A.60)可将该象函数改写为

$$F(s) = \frac{A_1}{s+1} + \frac{A_2}{s+4} \tag{A.66}$$

根据式(A.64)可知

$$A_1 = \frac{(-s+5)}{(s+1)(s+4)} \times (s+1) \Big|_{s=-1} = 2 \tag{A.67}$$

$$A_2 = \frac{(-s+5)}{(s+1)(s+4)} \times (s+4) \Big|_{s=-4} = -3 \tag{A.68}$$

将A_1和A_2带入式(A.66)中得

$$F(s) = \frac{2}{s+1} - \frac{3}{s+4} \tag{A.69}$$

由表A-1可得象函数$F(s)$的原函数为

$$f(t) = 2\mathrm{e}^{-t} - 3\mathrm{e}^{-4t} \tag{A.70}$$

A.4.3 相同的实数极点

如果有 r 个相同的实数极点 p_1 且其他极点全为不同的实数极点，即分母多项式 $A(s)$ 为

$$A(s)=(s-p_1)^r(s-p_{r+1})(s-p_{r+2})\cdots(s-p_n) \quad (A.71)$$

则 $F(s)$ 的部分分式形式为

$$F(s)=\frac{B(s)}{A(s)}=\frac{A_r}{(s-p_1)^r}+\frac{A_{r-1}}{(s-p_1)^{r-1}}+\cdots+\frac{A_1}{s-p_1}+\frac{B_{r+1}}{s-p_{r+1}}+\frac{B_{r+2}}{s-p_{r+2}}+\cdots+\frac{B_n}{s-p_n} \quad (A.72)$$

式(A.72)中，$A_r, A_{r-1}, \cdots, A_1$ 为相同的实数极点对应展开项的分子系数：

$$A_r = F(s)(s-p_1)^r \big|_{s=p_1}$$

$$A_{r-1} = \left\{\frac{\mathrm{d}}{\mathrm{d}s}[F(s)(s-p_1)^r]\right\}_{s=p_1}$$

$$\cdots\cdots$$

$$A_{k-j} = \frac{1}{k!}\left\{\frac{\mathrm{d}^k}{\mathrm{d}s^k}[F(s)(s-p_1)^r]\right\}_{s=p_1} \quad (A.73)$$

$$\cdots\cdots$$

$$A_1 = \frac{1}{(r-1)!}\left\{\frac{\mathrm{d}^{r-1}}{\mathrm{d}s^{r-1}}[F(s)(s-p_1)^r]\right\}_{s=p_1}$$

因为 $\dfrac{1}{(s-p_1)^n}$ 的拉普拉斯逆变换为

$$L^{-1}\left[\frac{1}{(s-p_1)^n}\right]=\frac{t^{n-1}}{(n-1)!}\mathrm{e}^{p_1 t} \quad (A.74)$$

对不同的实数极点对应展开项的分子系数 $B_{r+1}, B_{r+2}, \cdots, B_n$ 依旧可采用上一小节的方法来处理：

$$B_k = [F(s)\times(s-p_k)]_{s=p_k} \quad (k=r+1, r+2, \cdots, n) \quad (A.75)$$

综上，$F(s)$ 的拉普拉斯逆变换为

$$\begin{aligned}f(t) &= L^{-1}[F(s)] \\ &= \left[\frac{A_r}{(r-1)!}t^{r-1}+\frac{A_{r-1}}{(r-2)!}t^{r-2}+\cdots+A_2 t+A_1\right]\mathrm{e}^{p_1 t}+B_{r+1}\mathrm{e}^{p_{r+1}t}+B_{r+2}\mathrm{e}^{p_{r+2}t}+\\ &\quad \cdots+B_n\mathrm{e}^{p_n t}\end{aligned} \quad (A.76)$$

例 A.12 求象函数 $F(s)$ 的原函数：

$$F(s)=\frac{5s+16}{(s+2)^2(s+5)}$$

解：该象函数有 3 个极点，分别为 $s_1=s_2=-2$ 和 $s_3=-5$，将象函数 $F(s)$ 展开为如下的部分分式形式：

$$F(s)=\frac{A_{11}}{(s+2)^2}+\frac{A_{12}}{s+2}+\frac{A_2}{s+5}$$

根据式(A.73)和(A.64)可知

$$A_{11} = (s+2)^2 F(s)\Big|_{s=-2} = \frac{5s+16}{s+5}\Big|_{s=-2} = 2$$

$$A_{12} = \left\{\frac{\mathrm{d}}{\mathrm{d}s}\left[\frac{(5s+16)}{s+5}\right]\right\}\Big|_{s=-2} = \frac{9}{(s+5)^2}\Big|_{s=-2} = 1$$

$$A_2 = (s+5)F(s)\Big|_{s=-5} = \frac{5s+16}{(s+2)^2}\Big|_{s=-5} = -1$$

将求得的 3 个系数代入 $F(s)$ 的部分分式展开形式中得

$$F(s) = \frac{2}{(s+2)^2} + \frac{1}{s+2} - \frac{1}{s+5}$$

因此,由表 A-1 可得,该象函数对应的原函数为

$$f(t) = 2t\mathrm{e}^{-2t} + \mathrm{e}^{-2t} - \mathrm{e}^{-5t}$$

A.4.4 共轭的复数极点

若 p_1 和 p_2 是一对共轭的复数极点且其他极点全为不同的实数极点,则 $F(s)$ 可被改写为

$$F(s) = \frac{b_m s^m + b_{m-1} s^{m-1} + b_{m-2} s^{m-2} + \cdots + b_1 s + b_0}{a_n s^n + a_{n-1} s^{n-1} + a_{n-2} s^{n-2} + \cdots + a_1 s + a_0}$$

$$= \frac{\alpha_1 s + \alpha_2}{(s-p_1)(s-p_2)} + \frac{A_3}{s-p_3} + \cdots + \frac{A_n}{s-p_n} \tag{A.77}$$

为求 α_1 和 α_2,在式(A.77)两侧同时乘以 $(s-p_1)(s-p_2)$ 且令 $s=p_1$(或 $s=p_2$),得

$$\left[\frac{\alpha_1 s + \alpha_2}{(s-p_1)(s-p_2)} + \frac{A_3}{s-p_3} + \cdots + \frac{A_n}{s-p_n}\right] \times (s-p_1)(s-p_2)\Big|_{s=p_1} = (\alpha_1 s + \alpha_2)\Big|_{s=p_1} \tag{A.78}$$

求 α_1 或 α_2 值的具体方法如下:

(1) 由于 p_1 是复数,所以式(A.78)的两侧均有复数,可令式(A.78)两侧的实部对应相等,虚部对应相等,分别获得 2 个方程。

(2) 联立求解上述 2 个方程即可求出 α_1 和 α_2 值。

例 A.13 求 $F(s) = \dfrac{s+1}{s(s^2+s+1)}$ 的拉普拉斯逆变换。

解:令 $s^2+s+1=0$,得共轭复根:$p_{1,2} = -0.5 \pm \mathrm{j}0.866$。$s=0$ 为实数极点。$F(s)$ 可被展成如下形式:

$$F(s) = \frac{s+1}{s(s^2+s+1)} = \frac{\alpha_1 s + \alpha_2}{s^2+s+1} + \frac{A}{s} \tag{A.79}$$

式(A.78)的两侧同时乘以 $(s-p_1)(s-p_2)$ 且令 $s=p_1$(或 $s=p_2$),得

$$[F(s) \times (s-p_1)(s-p_2)]_{s=p_1} = \left[\frac{\alpha_1 s + \alpha_2}{s^2+s+1} + \frac{A}{s}\right] \times (s-p_1)(s-p_2)\Big|_{s=p_1} = (\alpha_1 s + \alpha_2)_{s=p_1} \tag{A.80}$$

化简为

$$\frac{s+1}{s(s^2+s+1)} \times (s^2+s+1) \bigg|_{s=-0.5-j0.866} = (\alpha_1 s + \alpha_2)_{s=-0.5-j0.866} \quad (A.81)$$

$$\frac{0.5-j0.866}{-0.5-j0.866} = \alpha_1(-0.5-j0.866) + \alpha_2 \quad (A.82)$$

令式（A.82）两侧的实部对应相等，虚部对应相等，得

$$\begin{cases} -0.5\alpha_1 + \alpha_2 = 0.5 \\ 0.866\alpha_1 = -0.866 \end{cases} \quad (A.83)$$

解得

$$\begin{cases} \alpha_1 = -1 \\ \alpha_2 = 0 \end{cases} \quad (A.84)$$

为求实数极点对应的系数 A，将式（A.79）两端同时乘以 s 且令 $s=0$，得

$$A = \left[\frac{s+1}{s(s^2+s+1)} \times s\right]_{s=0} = 1 \quad (A.85)$$

将式（A.84）、式（A.85）代入式（A.79）得

$$F(s) = \frac{-s}{s^2+s+1} + \frac{1}{s} \quad (A.86)$$

为获得 $F(s)$ 的拉普拉斯逆变换形式，将式（A.86）做如下处理：

$$\begin{aligned}
F(s) &= \frac{-s}{s^2+s+1} + \frac{1}{s} = \frac{1}{s} - \frac{s}{(s+0.5-0.866j)(s+0.5+0.866j)} \\
&= \frac{1}{s} - \frac{s}{(s+0.5)^2+0.866^2} = \frac{1}{s} - \frac{s+0.5-0.5}{(s+0.5)^2+0.866^2} \\
&= \frac{1}{s} - \frac{s+0.5}{(s+0.5)^2+0.866^2} + \frac{0.5}{(s+0.5)^2+0.866^2} \\
&= \frac{1}{s} - \frac{s+0.5}{(s+0.5)^2+0.866^2} + \frac{0.578 \times 0.866}{(s+0.5)^2+0.866^2}
\end{aligned} \quad (A.87)$$

由表 A-1 可得 $F(s)$ 的拉普拉斯逆变换形式：

$$f(t) = L^{-1}[F(s)] = 1 - e^{-0.5t}\cos 0.866t + 0.578e^{-0.5t}\sin 0.866t \quad (A.88)$$

附录B 控制系统设计与分析的MATLAB实现

B.1 MATLAB 简介及其在控制领域的主要应用

MATLAB被誉为最好用的科学与工程计算软件之一,它将数值分析、矩阵计算、科学数据可视化及非线性动态系统的建模和仿真等多种功能集成在一个易于使用的视窗环境中,为众多领域的科学计算与分析提供了较为全面的解决方案。MATLAB的底层基于矩阵计算,因此对矩阵和数组的处理非常高效;此外,它还提供了友好的图形用户界面和命令行界面、丰富的工具箱和函数库且具有良好的可扩展性和灵活性。

MATLAB因其强大的工具和函数库而被广泛应用于系统建模与仿真、时频域分析等控制领域。

(1)线性和非线性系统的建模与仿真

通过使用 tf(传递函数)、ss(状态空间)、zpk(零点、极点形式)、lsim(时域仿真)等函数,创建系统模型,并对其进行仿真。

(2)频域分析

通过使用 bode(伯德图)、nyquist(奈奎斯特图)、margin(稳定裕度)、freqz(频率响应)等函数,评估系统的频率响应、稳定性及其他频域性能。

(3)时域分析

通过使用 step(阶跃响应)、impulse(脉冲响应)、lsim(任意输入响应)等函数,进行时域分析,获得系统的时间响应特性。

(4)控制器设计

MATLAB 提供了各种用于设计控制器的工具箱,如 Control System Toolbox、Robust Control Toolbox 等。这些工具箱提供了各种控制器设计方法,包括 PID 控制器、根轨迹方法、频域设计、状态反馈、最优控制等。

控制工程师们可利用 MATLAB 的强大功能解决实际控制问题,提高系统的稳定性、精度和响应速度。无论是在航空航天、机械工程还是其他领域,MATLAB 均为控制系统设计与优化的首选科学软件。

B.2 控制系统建模的 MATLAB 实现

例 B.1 求传递函数 $G(s) = \dfrac{s^6 + 20s^5 + 53s^4 - 154s^3 - 524s^2 - 144s + 264}{s^6 + 5s^5 - 9s^4 - 65s^3 - 16s^2 + 180s + 144}$ 的部分分式展开形式。

解：

```
clc;
clear;
close all;
num=[1 20 53 −154 −524 −144 264];
den=[1 5 −9 −65 −16 180 144];
[r,p,k]=residue(num,den)

r =
    2.0000
    5.0000
    1.0000
    5.0000
    1.0000
    1.0000

p =
   −4.0000
   −3.0000
    3.0000
    2.0000
   −2.0000
   −1.0000

k =
    1
```

因此，展开式为

$$G(s) = \frac{2}{s+4} + \frac{5}{s+3} + \frac{1}{s-3} + \frac{5}{s-2} + \frac{1}{s+2} + \frac{1}{s+1} + 1$$

▶ **例 B.2** （1）求将 $G_1(s) = \dfrac{2}{s-1}$ 和 $G_2(s) = \dfrac{1}{s+2}$ 两个环节分别串联、并联而成的新环节。（2）求以新环节为开环传递函数的单位负反馈系统的传递函数（因式分解形式）。

解：

```
clc;
clear;
close all;
num1 = [2];
den1 = [1,−1];
num2 = [1];
den2 = [1,2];
```

```
num3 = [1];
den3 = [1];
[numc,denc] = series(num1,den1,num2,den2)
[numb,denb] = parallel(num1,den1,num2,den2)
[numf1,denf1] = feedback(numc,denc,num3,den3,-1);
[r1,p1,k1]=residue(numf1,denf1);
[numf2,denf2] = feedback(numb,denb,num3,den3,-1);
[r2,p2,k2]=residue(numf2,denf2);

% 显示第一个反馈系统的部分分式分解
fprintf('r1 = '); disp(r1');
fprintf('p1 = '); disp(p1');
fprintf('k1 = \n'); disp(k1);

% 显示第二个反馈系统的部分分式分解
fprintf('r2 = '); disp(r2');
fprintf('p2 = '); disp(p2');
fprintf('k2 = '); disp(k2);

numc =
     0     0     2
denc =
     1     1    -2
numb =
     0     3     3
denb =
     1     1    -2
r1 =      -2     2
p1 =      -1     0
k1 =
r2 =     2.3660    0.6340
p2 =    -3.7321   -0.2679
k2 =
```

因此串联和并联后的新环节分别为

$$G_1(s) = \frac{2}{s^2+s-2}$$

$$G_2(s) = \frac{3s+3}{s^2+s-2}$$

以新环节为开环传递函数的单位负反馈系统的闭环传递函数分别为(小数保留 2 位)

$$\Phi_1(s) = \frac{-2}{s+1} + \frac{2}{s}$$

$$\Phi_2(s) = \frac{2.36}{s+3.73} + \frac{0.63}{s+0.27}$$

B.3 控制系统时间响应的 MATLAB 实现

例 B.3 某系统闭环传递函数为 $\Phi(s) = \dfrac{65}{28s^2+3s+1}$,试绘制其单位阶跃响应曲线、单位脉冲响应曲线、单位斜坡响应曲线和单位加速度响应曲线(图 B.1)。

解:

```
clc;
clear;
close all;
num = [0,0,65];
den = [28,3,1];
subplot(2,2,1);
set(gcf,'Color','white');
step(num,den);
title('单位阶跃响应曲线','FontSize',20);
gridon;
subplot(2,2,2);
impulse(num,den);
title('单位脉冲响应曲线','FontSize',20);
gridon;
subplot(2,2,3);
t = 0:0.01:10;
u = t;
lsim(num,den,u,t);
title('单位斜坡响应曲线','FontSize',20);
gridon;
subplot(2,2,4);
t = 0:0.01:10;
u = 0.5*t.^2;
lsim(num,den,u,t);
title('单位加速度响应曲线','FontSize',20);

gridon;
set(findall(gcf,'type','axes'),'FontSize',20);
```

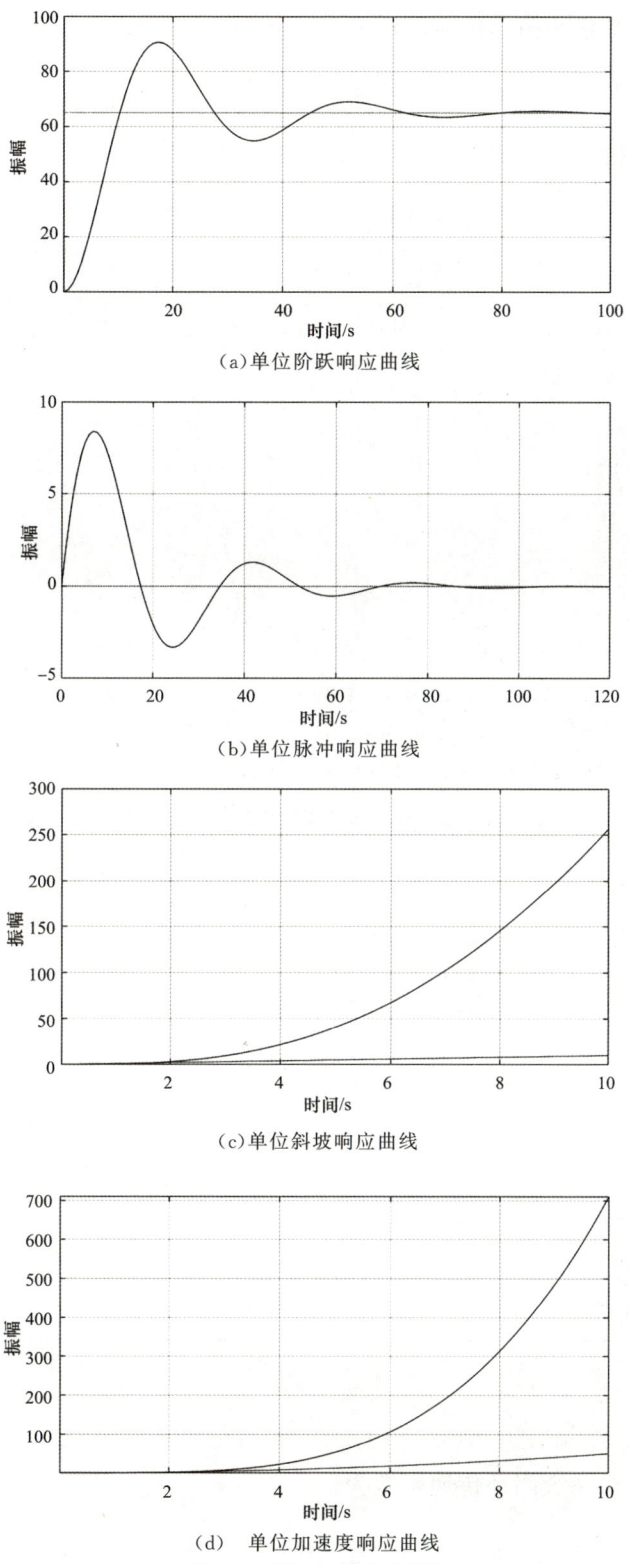

(a) 单位阶跃响应曲线

(b) 单位脉冲响应曲线

(c) 单位斜坡响应曲线

(d) 单位加速度响应曲线

图 B.1 例 B.3 的响应曲线

例 B.4 某系统闭环传递函数为

$$G(s)=\frac{2s^3+9s^2+27s+27}{s^8+3s^7+4s^6+5s^5+6s^4+7s^3+8s^2+9s+10}$$

试求该系统的闭环极点并绘制零点、极点分布图(图 B.2)。

解：

```
clc;
clear;
close all;
num=[2 9 27 27];
den=[1 3 4 5 6 7 8 9 10];
poles=roots(den);
zeros=roots(num);
%绘制零点、极点分布图
figure;
set(gcf,'Color','white');
zplane(num, den);
title('零点、极点图','FontSize', 20);
set(findall(gcf,'type','axes'),'FontSize', 20);
set(findall(gcf,'Type','text'),'FontSize', 20);
set(findall(gcf,'Type','numtext'),'FontSize', 20);
```

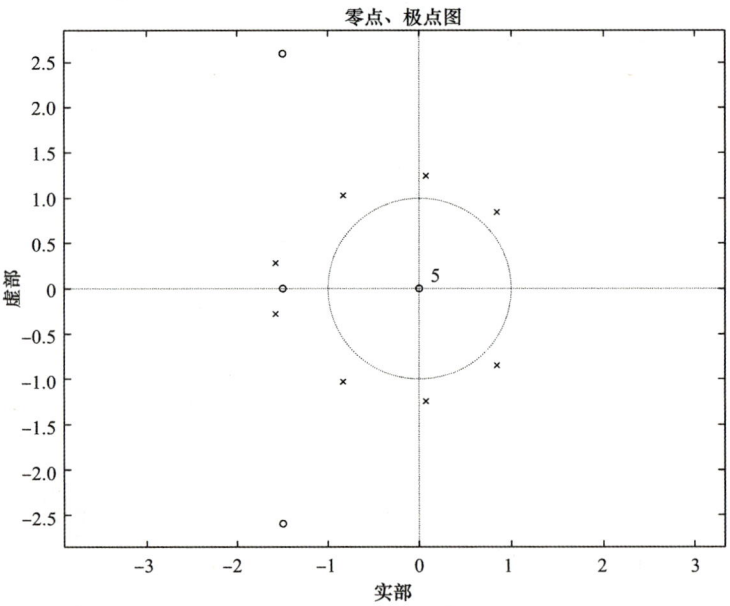

图 B.2　例 B.4 的零点、极点分布图

例 B.5 某系统闭环传递函数为

$$\Phi(s)=\frac{K\omega_n^2}{s^3+2\zeta\omega_n s^2+\omega_n^2 s+K\omega_n^2}$$

其中 $\omega_n = 150$ rad/s。

(1)若阻尼比 $\zeta = 0.2$,试绘制增益 K 分别为 20、50、60 时系统的单位阶跃响应曲线,并分析增益 K 对系统动态特性的影响(图 B.3)。

(2)若增益 $K = 60$,试绘制阻尼比 ζ 分别为 0.18、0.2、0.25 时系统的单位阶跃响应曲线,并分析阻尼比 ζ 对系统动态特性的影响(图 B.4)。

解:(1)

```
clc;
clear;
close all;
t1 = 0:0.001:0.4;
t2 = 0:0.001:1;

set(gcf,'Color', 'white');
subplot(2,2,1);
num1=[20 * 150 * 150];
den1=[1 2 * 0.2 * 150 150 * 150 20 * 150 * 150];
step(num1,den1,t1)
grid;
subplot(2,2,2);
num2=[50 * 150 * 150];
den2=[1 2 * 0.2 * 150 150 * 150 50 * 150 * 150];
step(num2,den2,t2)
grid;
subplot(2,2,3);
num3=[60 * 150 * 150];
den3=[1 2 * 0.2 * 150 150 * 150 60 * 150 * 150];
step(num3,den3,t2)
grid
set(findall(gcf,'type','axes'),'FontSize', 20);
```

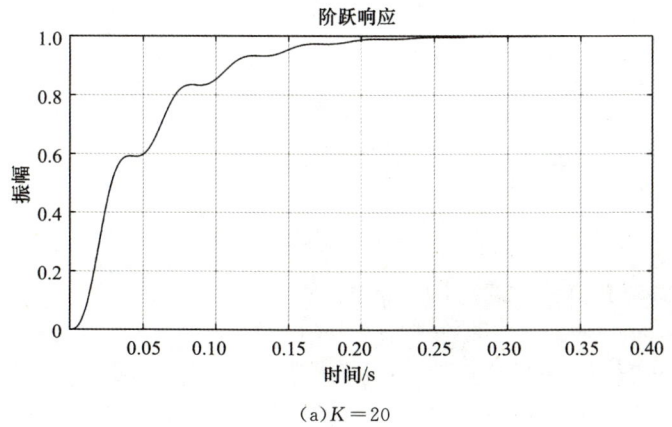

(a)$K = 20$

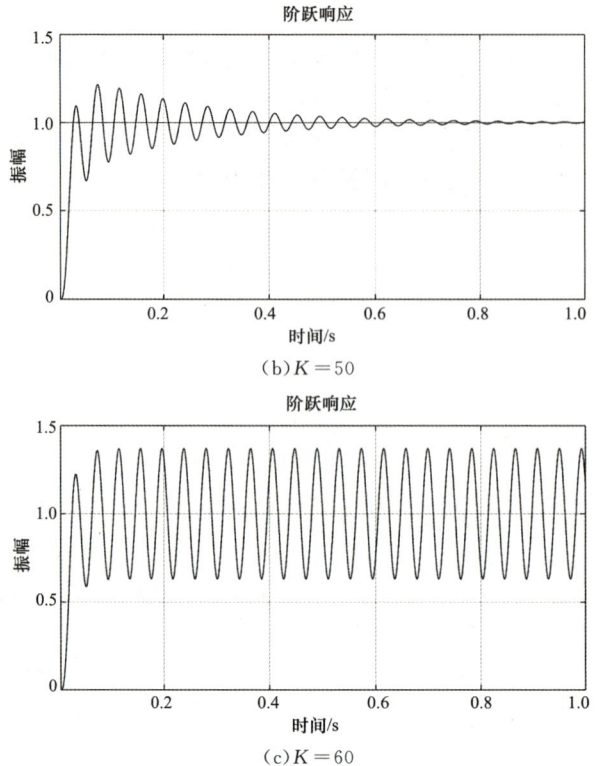

(b) $K=50$

(c) $K=60$

图 B.3　例 B.5 改变增益时的单位阶跃响应曲线

由图 B.3 可知,系统开环增益对系统的动态特性影响较大,开环增益越大系统稳定性越差,系统快速性越好。当开环增益 $K=60$ 时有 $K_v=2\zeta\omega_n=2\times0.2\times150=60$,系统处于临界稳定状态[图 B.3(c)]。

解:(2)

```
set(gcf,'Color','white');
subplot(2,2,1);
num1=[60*150*150];
den1=[1 2*0.18*150 150*150 60*150*150];
step(num1,den1,t1)
grid;
subplot(2,2,2);
num2=[60*150*150];
den2=[1 2*0.2*150 150*150 60*150*150];
step(num2,den2,t2)
grid;
subplot(2,2,3);
num3=[60*150*150];
den3=[1 2*0.25*150 150*150 60*150*150];
step(num3,den3,t2)
grid
set(findall(gcf,'type','axes'),'FontSize',20);
```

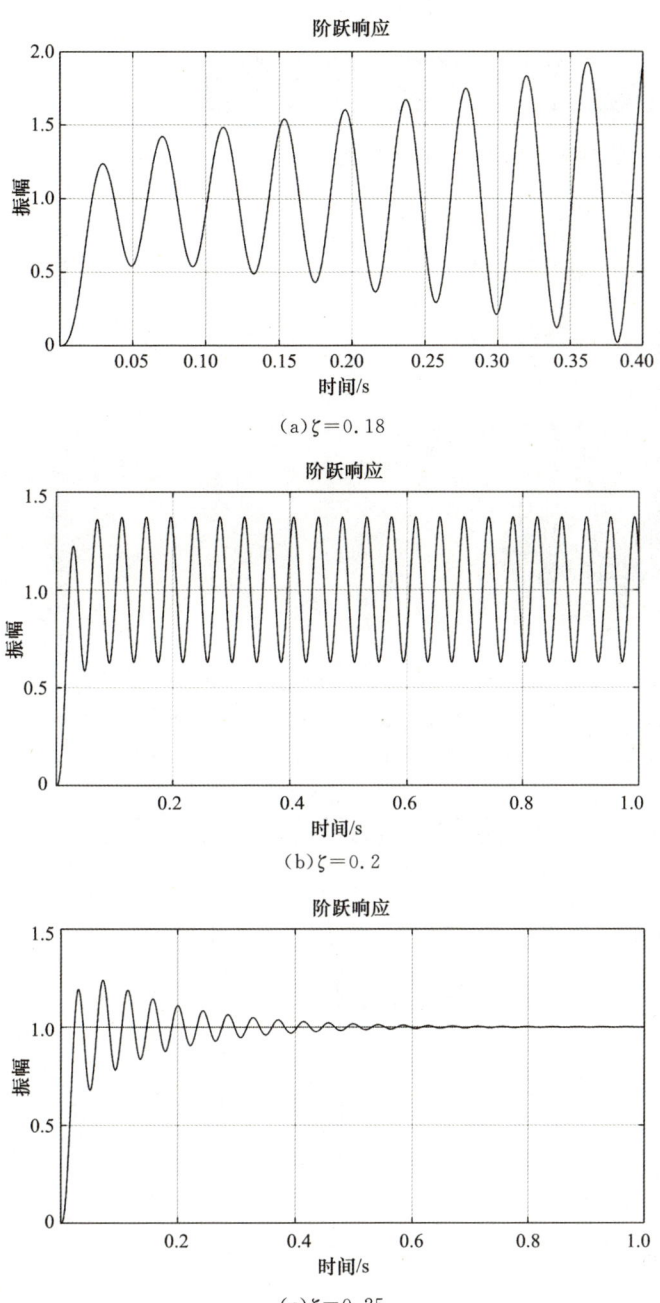

图 B.4　例 B.5 改变阻尼比时的单位阶跃响应曲线

由图 B.4 可知,系统阻尼比的减小,直接影响系统的稳定性,阻尼比越小,系统稳定性越差。当阻尼比 $\zeta=0.25$ 时,系统虽然稳定,但在过渡过程特性曲线的初始阶段也有振荡。这是因为阻尼比较小,靠近虚轴附近极点的影响所致。阻尼比继续减小,系统的振荡加剧,当 $\zeta=0.2$ 时,有 $\dfrac{K_v}{2\zeta\omega_n}=\dfrac{60}{2\times0.2\times150}=1$,即系统处于临界稳定;当 $\zeta=0.18$ 时系统不稳定。

B.4 根轨迹的 MATLAB 实现

例 B.6 某系统的闭环传递函数为

$$\Phi(s)=\frac{3s^2+7s+2}{s^2+2s+3}$$

试绘制其根轨迹(图 B.5)。

解：

```
clc;
clear;
close all;
num = [3 7 2];
den = [1 2 3];
G=tf(num,den);
set(gcf,'Color','white');
rlocus(G)
gridon
set(findall(gcf,'Type','axes'),'FontSize',20);
set(findall(gcf,'Type','text'),'FontSize',20);
set(findall(gcf,'Type','numtext'),'FontSize',20);
```

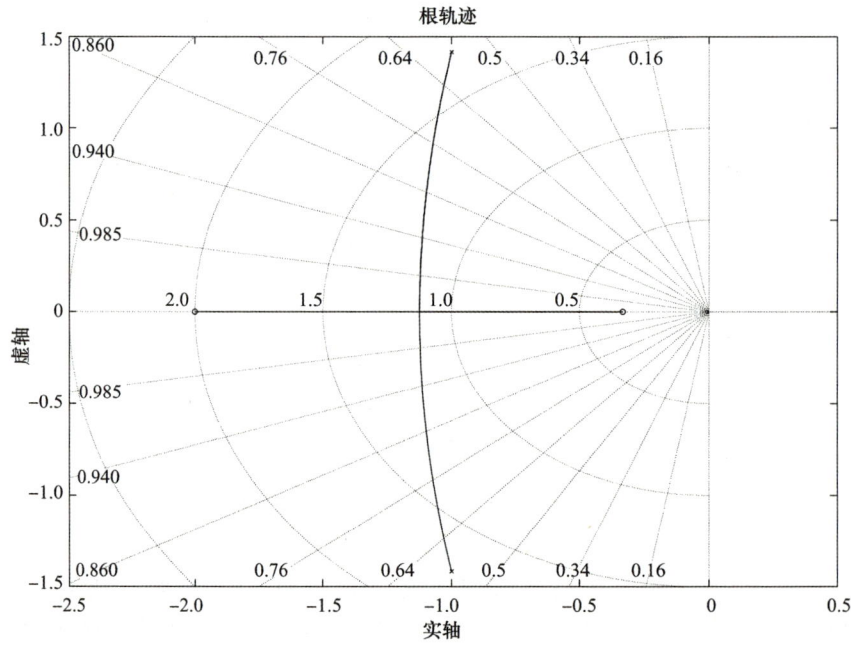

图 B.5 例 B.6 的根轨迹

例 B.7 某系统的闭环传递函数为

$$\Phi(s)=\frac{K}{s(s+3)(s+6)}$$

(1) 试绘制其闭环系统的根轨迹。
(2) 求根轨迹上任意一点对应的根轨迹增益及其他闭环极点。

解:(1)

```
clc;
clear;
close all;
num = [1];
den1 = [1,2,0];
den2 = [1,5];
den = conv(den1,den2);
set(gcf,'Color','white');
rlocus(num,den);
v=[-10 10 -10 10];axis(v);
[k,p] = rlocfind(num,den)
set(findall(gcf,'type','axes'),'FontSize',20);
```

(2) 以下值为示例,为任取一点的增益与极点:

```
selected_point =
    -6.4139 - 0.0207i
k =
    40.0330
p =
    -6.4140+0.0000i
    -0.2930+2.4811i
    -0.2930 - 2.4811i
```

在图 B.6 中选定一点,说明该点处的根轨迹增益为 40.033,另 2 个闭环极点为 $-0.2930\pm2.4811j$,系统稳定。

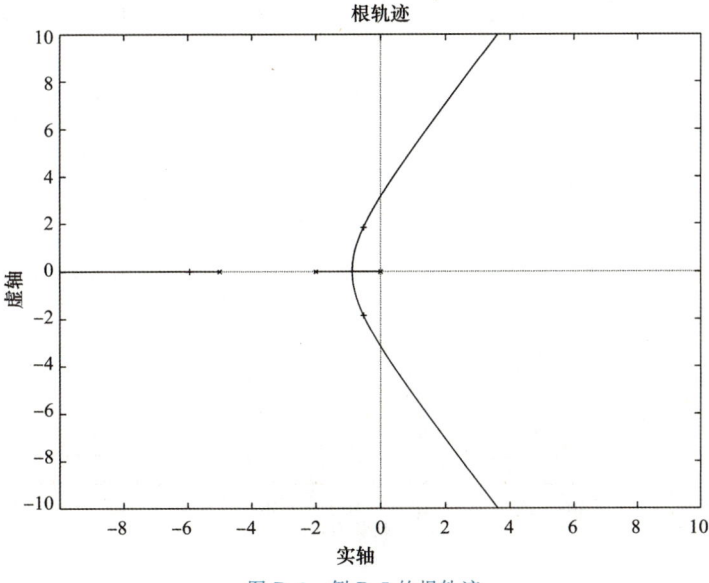

图 B.6 例 B.7 的根轨迹

B.5 频率特性分析的 MATLAB 实现

例 B.8 某系统的开环传递函数为

$$G(s)=\frac{20(1+0.4s)}{s(2s^2+12s+105)}$$

试在频率 $\omega = 0.01 \sim 1\,000.00\text{rad/s}$ 内绘制该系统的开环伯德图(图 B.7)。

解：

```
clc;
clear;
close all;
num=[0 0 8 20];
den=[2 12 105 0];
w=logspace(-2,3,100);
[mag,phase,w] = bode(num,den,w);
set(gcf,'Color','white');
subplot(2,1,1)
semilogx(w,20*log(mag));
gridon
xlabel('频率(rad/s)');ylabel('幅值(dB)')
title('伯德图')
subplot(2,1,2)
semilogx(w,phase);
grid on
xlabel('频率(rad/s)');ylabel('相位(deg)')
set(findall(gcf,'type','axes'),'FontSize',20);
```

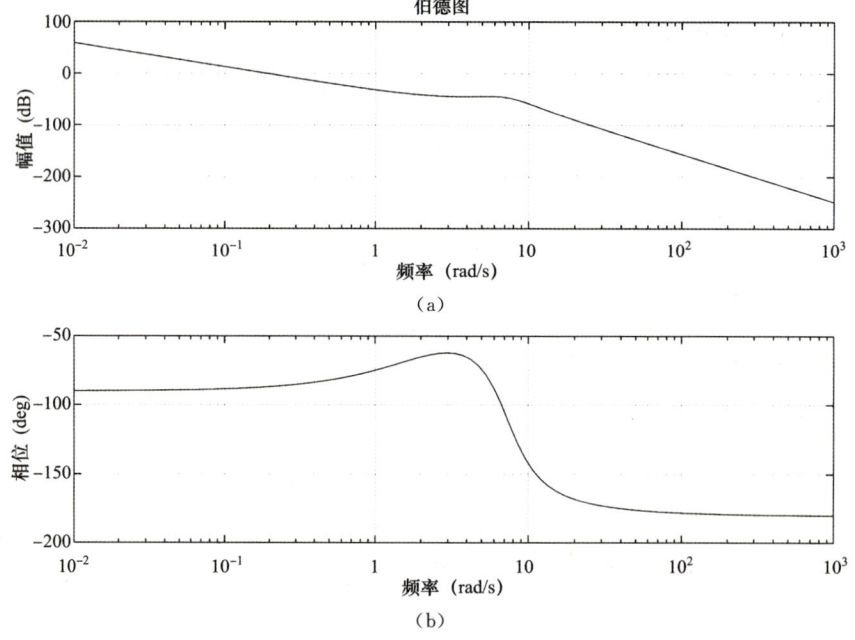

图 B.7 例 B.8 的开环伯德图

例 B.9 试绘制如下系统的奈奎斯特图（图 B.8）：

$$G(s)=\frac{1}{s^3+2.2s^2+1.6s+1}$$

解：

```
clc;
clear;
close all;
num=[0 0 0 1];
den=[1 2.2 1.6 1];
nyquist(num,den)
v=[-2 2 -2 2];
set(gcf,'Color','white');
axis(v)
grid
title('奈奎斯特图')
set(findall(gcf,'Type','axes'),'FontSize',20);
set(findall(gcf,'Type','text'),'FontSize',20);
set(findall(gcf,'Type','numtext'),'FontSize',20);
```

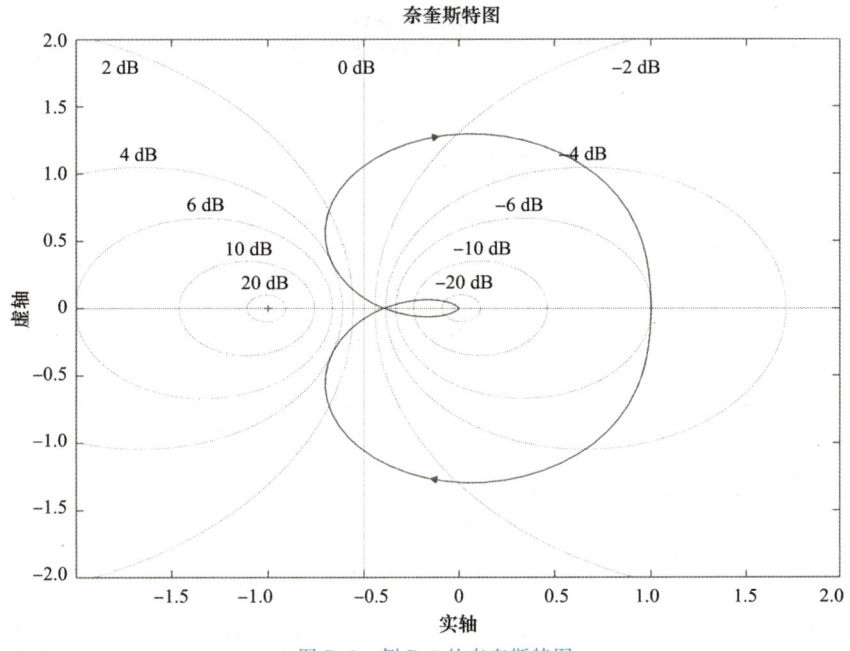

图 B.8 例 B.9 的奈奎斯特图

例 B.10 某系统开环传递函数如下：

$$G(s)=\frac{12}{s(s+2)(s+5)}$$

试计算相位裕度 γ 和幅值裕度 K_g(dB)(图 B.9)。

解：

```
% GH=tf(12,conv([1,0],conv([1,2],[1,5])));%这行是输入在命令行窗口的
sys= feedback(GH,1);
z=[zero(sys)]'%求系统零点,符号"'"为向量的转置
p=[pole(sys)]'%求系统极点
ii=find(real(p)>0);n1=length(ii);ij=find(real(z)>0);n2=length(ij);
if(n1>0),disp('系统不稳定!');...
else,disp('系统稳定!');end
if(n2>0),disp('系统不是最小相位系统!');...
else,disp('系统是最小相位系统!');end
margin(GH);%求稳定裕度
[Gm,Pm,Wcg,Wep]=margin(GH);
set(gcf,'Color','white');
PGm=num2str(20*log10(Gm));
PPm=num2str(Pm);
Gms=char('系统的幅值裕度为',PGm);
Pms=char('系统的相位裕度为',PPm);disp(Gms);disp(Pms);
set(findall(gcf,'type','axes'),'FontSize',20);
```

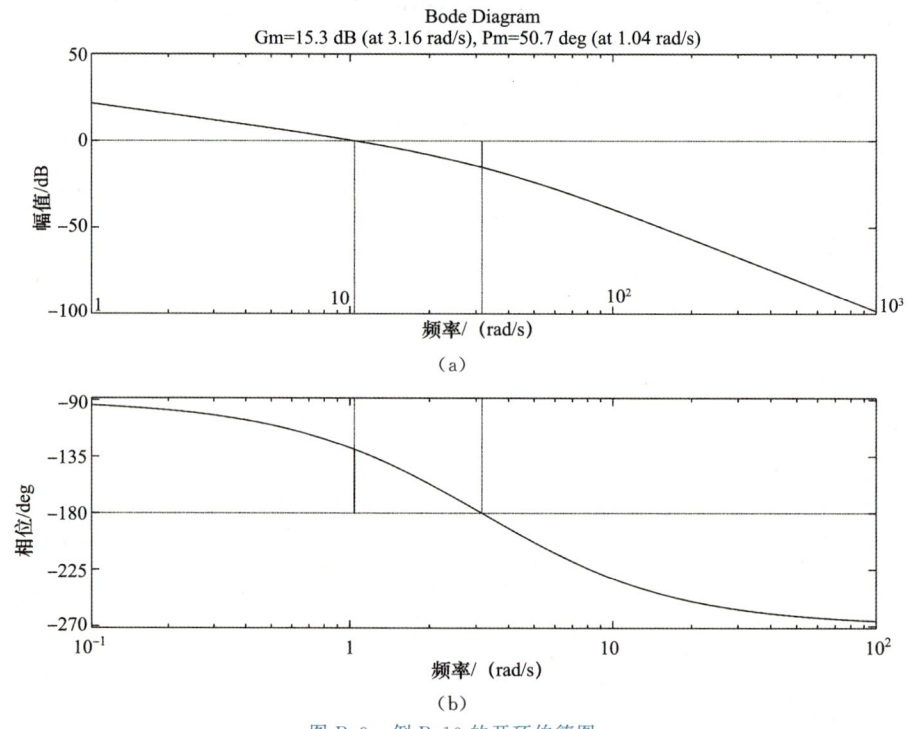

图 B.9 例 B.10 的开环伯德图

由图 B.9 可知系统稳定，系统的幅值裕度为 15.3 dB，系统的相位裕度为 50.7°。

B.6 控制系统设计与校正的 MATLAB 实现

例 B.11 某单位负反馈系统校正前的开环传递函数为

$$G_1(s) = \frac{90}{s(0.03s+1)(0.015s+1)}$$

校正后开环传递函数为

$$G_1(s) = \frac{90(0.5s+1)}{s(5s+1)(0.03s+1)(0.015s+1)}$$

试求校正前后系统的相位裕度 γ 和幅值裕度 K_g(dB)(图 B.10、图 B.11)。

解：

```
num=[90];
den=conv([0.03 1 0],[0.015 1]);
sys=tf(num,den);
[gm,pm,wcg,wcp] = margin(sys)
set(gcf,'Color','white');
margin(sys)
grid
set(findall(gcf,'type','axes'),'FontSize',20);
```

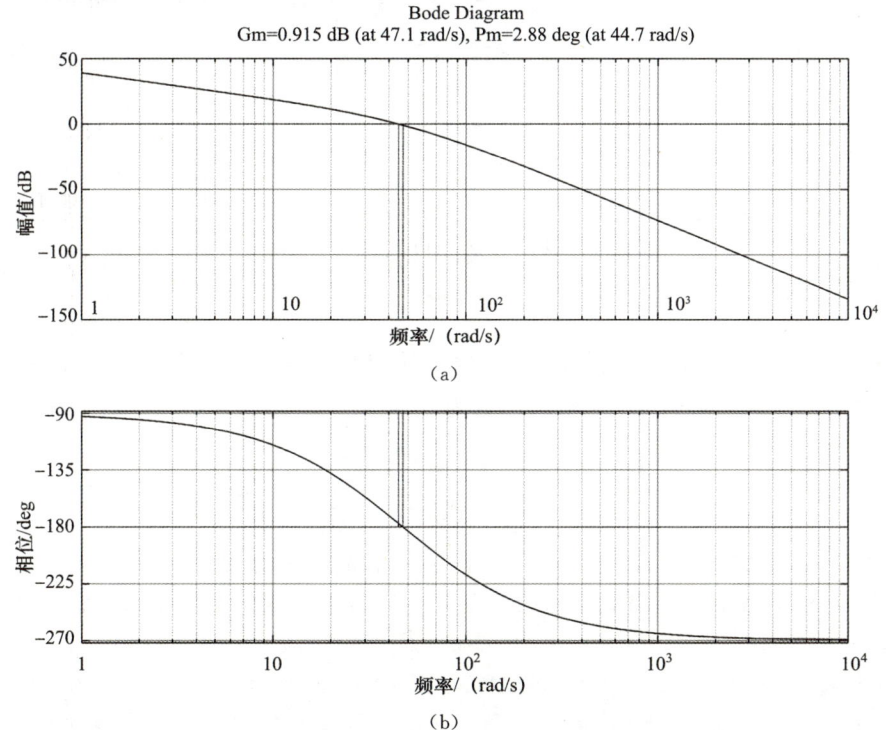

图 B.10 例 B.11 所示系统校正前的伯德图

由图 B.10 可知，校正前幅值裕度为 0.915 dB，相位裕度为 2.88°，系统处于临界状态。

```
num=[45 90];
den=conv([0.03 1 0],[0.015 1]);
    den1=conv([5,1],den);
    sys=tf(num,den1);
    set(gcf,'Color','white');
    [gm,pm,wcg,wcp] = margin(sys)
    margin(sys)
    grid
    set(findall(gcf,'type','axes'),'FontSize', 20);
```

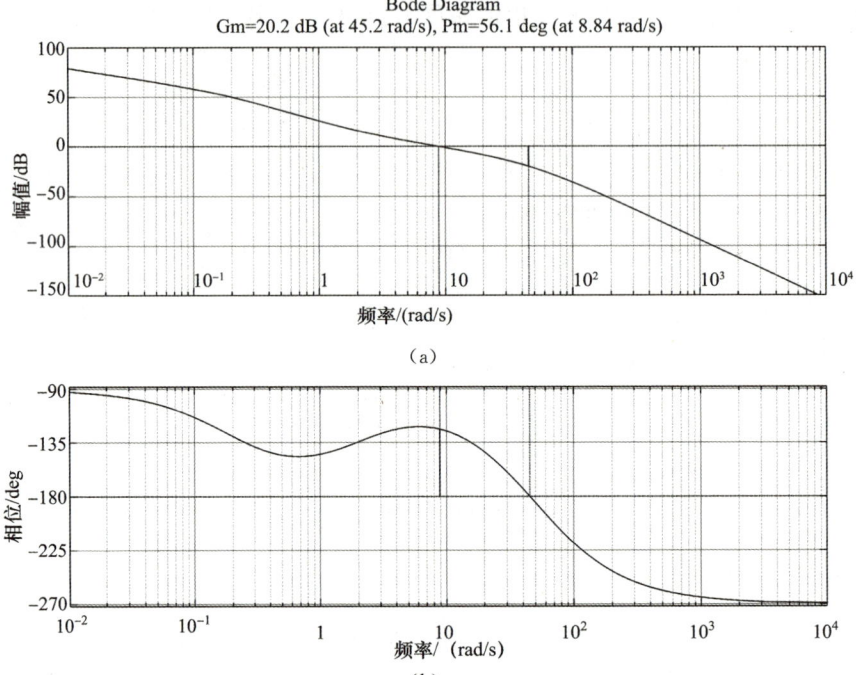

图 B.11 例 B.11 所示系统校正后的伯德图

由图 B.11 可知,校正后幅值裕度为 20.2 dB,相位裕度为 56.1°,系统处于稳定状态。

例 B.12 某系统的开环传递函数为

$$G_1(s)=\frac{K_a K_f K_d}{s\left(\dfrac{s}{\omega_r}+1\right)\left(\dfrac{s^2}{\omega_d^2}+\dfrac{2\zeta_d}{\omega_d}s+1\right)}$$

已知 $K_a=40, K_f=1, K_d=1, \omega_r=15$ rad/s, $\omega_d=85$ rad/s, $\zeta_d=0.3$。试设计串联校正装置,使校正后系统的幅值穿越频率 $\omega'_c \geqslant 45$ rad/s,相位裕度 $\gamma(\omega'_c) \geqslant 60°$。

解:
```
clc;
clear;
close all;
k=40;
wr=15;
```

```
wd=85;
bd=0.3;
num =[k];
set(gcf,'Color','white');
den=conv([1 0],[1/(wd^2)2 * bd/wd 1]);
sys=tf(num ,den);
margin(sys)
grid
set(findall(gcf,'type','axes'),'FontSize',20);
```

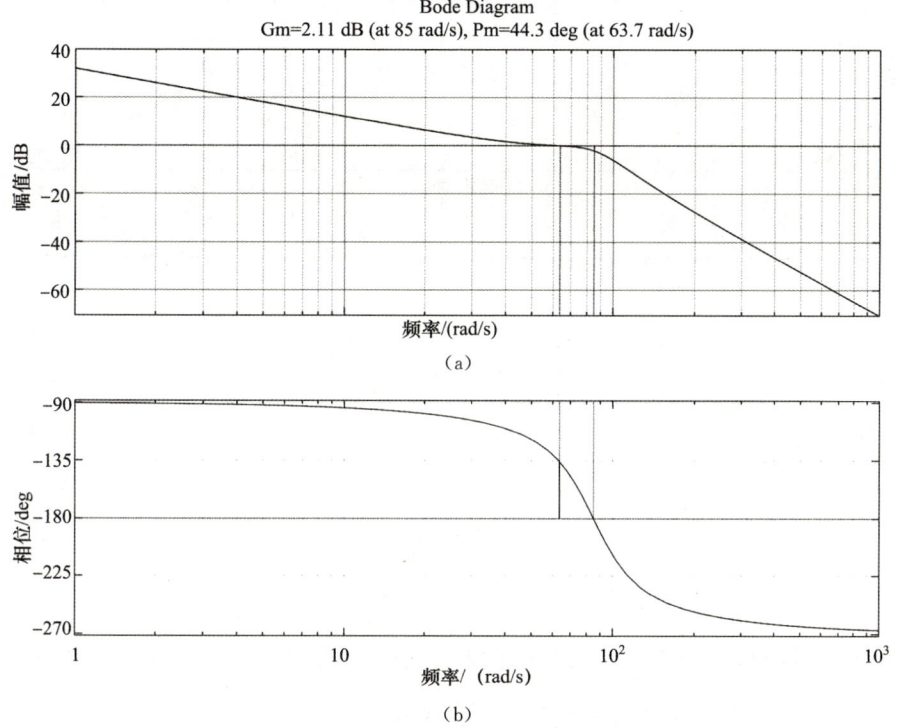

图 B.12　例 B.12 所示系统校正前的伯德图

由图 B.12 可知,幅值穿越频率为 63.7 rad/s,满足要求;幅值裕度为 2.11 dB,相位裕度为 44.3°,不满足系统要求。为提高系统相位裕量,采用 PD 校正装置(图 B.13)。

```
clc;
    clear;
    close all;
    k=40;
    wr=15;
    wd=85;
    bd=0.3;
    kc=0.9;
    num =[k * kc];
    den=conv([1 0],[1/(wd^2)2 * bd/wd 1]);
```

```
sys=tf(num,den);
set(gcf,'Color','white');
margin(sys)
grid
set(findall(gcf,'type','axes'),'FontSize',20);
```

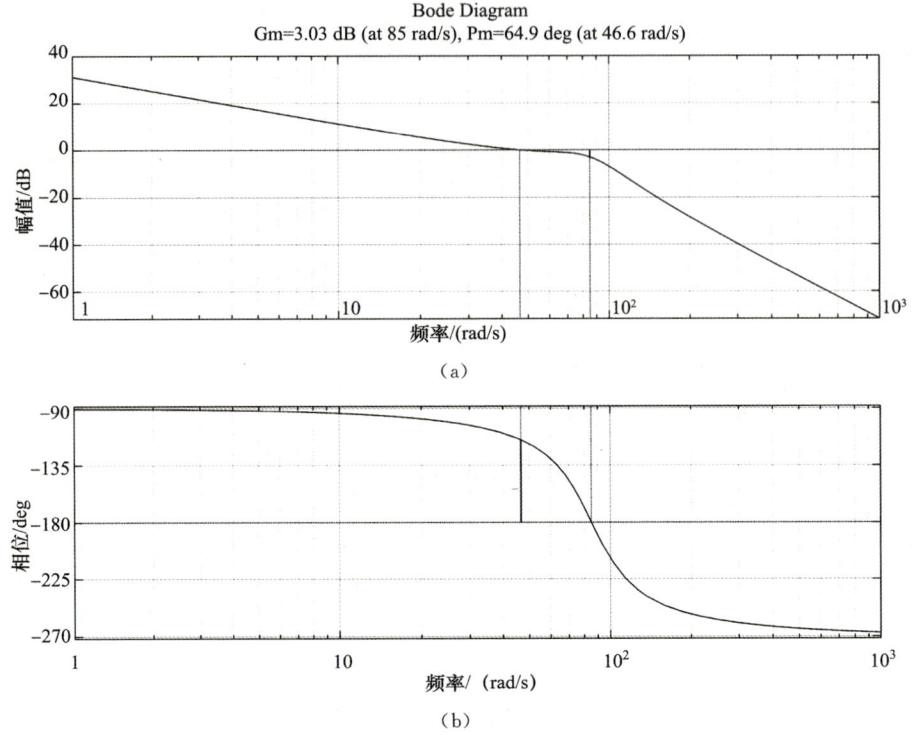

图 B.13　例 B.12 所示系统校正后的伯德图

由图 B.13 可知，取 $0.9\left(\dfrac{s}{\omega_r}+1\right)$ 进行校正，校正后幅值穿越频率为 46.6 rad/s，满足要求；相位裕度为 64.9°，满足系统相位裕度的要求。